广西壮族自治区"十四五"职业教育规划教材

建筑工程施工质量验收与资料管理

主　编　罗六强　杨业宇

副主编　陈　冬　高贯伟　潘颖秋

参　编　徐辉华　廖定国　吴芳君

　　　　周　凯　唐　甜　金京华

　　　　廖海均　薛艳莉　莫　克

主　审　姚　琦

U0268424

北京理工大学出版社
BEIJING INSTITUTE OF TECHNOLOGY PRESS

内 容 提 要

本书围绕高素质技术技能人才培养目标，对接教育部《建筑工程技术专业教学标准》和《建设工程监理专业教学标准》，基于工程真实项目和典型工作任务编写完成。全书共分八个项目，包括：认知建筑工程施工质量验收统一标准、地基与基础工程质量验收与资料管理、砌体结构工程质量验收与资料管理、混凝土结构工程质量验收与资料管理、钢结构工程质量验收与资料管理、屋面工程质量验收与资料管理、建筑装饰装修工程质量验收与资料管理、建筑节能工程质量验收与资料管理。

本书可作为高职高专土建施工类、建设工程管理类等相关专业的教学用书，也可作为供企业技术人员的学习参考书。

图书在版编目（CIP）数据

建筑工程施工质量验收与资料管理 / 罗六强，杨业宇主编 . -- 北京：北京理工大学出版社，2023.5
ISBN 978-7-5763-2398-6

Ⅰ . ①建…　Ⅱ . ①罗… ②杨…　Ⅲ . ①建筑工程－工程质量－工程验收②建筑工程－工程质量－资料管理
Ⅳ . ① TU712

中国国家版本馆 CIP 数据核字 (2023) 第 091443 号

责任编辑：钟　博		文案编辑：钟　博	
责任校对：周瑞红		责任印制：王美丽	

出版发行 / 北京理工大学出版社有限责任公司
社　　址 / 北京市丰台区四合庄路6号
邮　　编 / 100070
电　　话 / (010) 68914026（教材售后服务热线）
　　　　　　(010) 68944437（课件资源服务热线）
网　　址 / http://www.bitpress.com.cn
版 印 次 / 2023年5月第1版第1次印刷
印　　刷 / 北京紫瑞利印刷有限公司
开　　本 / 787 mm × 1092 mm　1/16
印　　张 / 20.5
字　　数 / 496千字
定　　价 / 68.00元

FOREWORD 前言

　　"建筑工程施工质量验收与资料管理"课程是高职高专土建施工类、建设工程管理类等相关专业的一门专业核心课程。为建设好该课程，编者认真研究教育部《建筑工程技术专业教学标准》和《建设工程监理专业教学标准》、住房与城乡建设部《建筑与市政工程施工现场专业人员职业标准》和《"1+X"建筑工程施工工艺实施与管理》职业技能等级标准（中级），开展广泛调研，开发了《建筑工程施工质量验收与资料管理课程教学标准》，按照《建筑工程施工质量验收与资料管理课程教学标准》中的知识、能力和素质要求，注重"以学生为中心，以立德树人为根本，强调知识、能力、思政目标并重"，联合中建八局第二建设有限公司广西公司、品茗科技股份有限公司广西公司，组建了校企"双元"合作的结构化课程开发团队，以企业实际工程项目为纽带，以建筑工程施工质量验收工作任务为载体，以建筑工程施工质量验收工作过程为导向，科学组织教材内容，注重理论与实践的有机衔接，开发工作页式工单，形成了多元多维、全时全程的评价体系，并基于工程真实项目和典型工作任务，以点概面，编写成该活页式教材。

　　本书由广西建设职业技术学院罗六强、杨业宇担任主编，广西建设职业技术学院陈冬、中建八局第二建设有限公司广西公司高贯伟、品茗科技股份有限公司广西公司潘颖秋担任副主编，广西建设职业技术学院徐辉华、廖定国、吴芳君、周凯、唐甜和中建八局第二建设有限公司广西公司金京华、廖海均参编，课程思政由广西建设职业技术学院薛艳莉、莫克、罗六强编写。全书由广西建设职业技术学院姚琦主审。

　　由于该书涉及内容广泛，编者水平有限，书中难免存在疏漏之处，恳请广大读者批评指正。

编　者

CONTENTS 目录

CONTENTS

项目一　认知建筑工程施工质量验收统一标准

【思政元素举例】

1. 规范意识

2. 诚实守信

3. 实事求是

4. 辩证思维

【典型思政案例】

未组织竣工验收擅自交付使用

2018年10月，浙江省××市××区综合行政执法局（区城市管理局）直属二中队巡查发现，某工业区内某企业存在疑似未组织竣工验收，擅自将已竣工的建设工程交付使用的情况。

经该局执法人员现场勘查，当事人在未组织竣工验收的情况下，将一幢已竣工的2层（局部3层）的框架结构建筑物投入使用，该建筑物高度为12.83 m，建筑面积为1 790.00 m²，目前作为生产车间使用，并且当事人不能当场出示该建设工程相关竣工验收资料。其行为违反了《建设工程质量管理条例》第十六条第一款、第三款规定，应当按照《建设工程质量管理条例》第五十八条予以处罚。该局以当事人在未组织竣工验收的情况下，擅自将该建设工程投入使用为由，决定责令当事人停止将该建设工程投入使用，对当事人作出行政处罚，并处工程合同价款2%的罚款。

2018年10月，本案调查终结后，该局依法向当事人送达了《××市××区综合行政执法局行政处罚事先告知书》（××综执规罚先告字〔2018〕××号），当事人在法定期限内未向该局提出任何陈述、申辩要求。之后，该局依法向当事人送达了《××市××区综合行政执法局行政处罚决定书》（××综执规罚决字〔2018〕××号）。最终，当事人于2018年10月停止了该建设工程的使用，并依法缴纳了罚款。

该建设工程未经竣工验收合格，没有质量保障，既影响企业自身的生产安全，也关系企业员工的生命安全，存在严重的安全隐患，影响周边环境和社会稳定。针对此类未组织竣工验收擅自将建设工程投入使用的行为，执法部门严厉打击，坚决查处。

任务一　建筑工程质量验收的划分

1.1.1　任务描述

根据×××学院实验实训综合楼的建筑和结构施工图及《建筑工程施工质量验收统一标准》(GB 50300—2013)，完成以下工作任务：
建筑工程施工质量验收层次的划分。

任务描述

1.1.2　学习目标

1. 知识目标

(1)掌握单位工程、子单位工程划分依据和方法。

(2)掌握分部、子分部工程划分依据和方法。

(3)掌握分项工程划分依据和方法。

(4)掌握检验批划分依据和方法。

2. 能力目标

(1)能进行单位工程、子单位工程划分。

(2)能进行分部工程、子分部工程划分。

(3)能进行分项工程划分。

(4)能进行检验批划分。

3. 素质目标

(1)培养科学精神和态度。

(2)培养自身的敬业精神。

(3)培养团结协作意识。

(4)培养严谨求实、专心细致的工作作风。

1.1.3　任务分析

1. 重点

建筑工程施工质量验收层次的划分。

2. 难点

检验批划分的方法。

1.1.4　素质养成

(1)引导学生具备严谨的思维、良好的创新意识和不断学习进取的精神，注重长期性和系统性的学习与培养。

(2)在参与建筑工程质量验收层次划分过程中，培养学生有批判思考的能力，坚持独立自主思考的态度；使其具备强烈的责任心和事业心，秉持正确的价值观和职业操守，注重道德修养，保持高度的敬业精神。

(3)在建筑工程质量验收层次划分过程中，使学生具有团队协作精神，能够有效地与团队成员、业主、监理等各方沟通协调，实现协同作战，共同完成建筑工程质量验收层次划分的工作。

1.1.5 任务分组

填写学生任务分配表(表1.1.5)。

表 1.1.5 学生任务分配表

班级		组号		指导教师	
组长		学号			
组员	姓名	学号		姓名	学号
任务分工					

1.1.6 工作实施

任务工作单

组号：＿＿＿＿＿＿ 姓名：＿＿＿＿＿ 学号：＿＿＿＿＿ 编号：＿1.1.6

引导问题：

(1)本项目可划分为几个子单位工程？

(2)请列出本项目单位工程包含的分部工程及各分部工程的子分部工程。

(3)请列出各分部(子分部)工程包含的分项工程。

(4)请对本项目中砌体结构子分部填充墙分项工程进行检验批划分。

1.1.7 评价反馈

任务工作单一

组号：_____ 姓名：_____ 学号：_____ 编号： 1.1.7－1

个人自评表

班级		组名		日期	年 月 日
评价指标		评价内容		分数	分数评定
信息理解与运用		能有效利用工程案例资料查找有用的相关信息；能将查到的信息有效地传递到学习中		10	
感知课堂生活		是否熟悉各自的工作岗位，认同工作价值；在学习中是否能获得满足感，课堂氛围如何		10	
参与状态		与教师、同学之间是否相互理解与尊重；与教师、同学之间是否保持多向、丰富、适宜的信息交流		10	
		能处理好合作学习和独立思考的关系，做到有效学习；能提出有意义的问题或能发表个人见解		10	
知识、能力获得情况		掌握单位工程、子单位工程划分依据和方法		10	
		掌握分部、子分部工程划分依据和方法		10	
		掌握分项工程划分依据和方法		10	
		掌握检验批划分依据和方法		15	
思维状态		是否能发现问题、提出问题、分析问题、解决问题		5	
自评反思		按时按质完成任务；较好地掌握了专业知识点；较强的信息分析能力和理解能力		10	
自评分数					
有益的经验和做法					
总结反思建议					

任务工作单二

组号：_____ 姓名：_____ 学号：_____ 编号： 1.1.7－2

小组互评表

班级		被评组名		日期	年 月 日
评价指标		评价内容		分数	分数评定
信息理解与运用		该组能否有效利用工程案例资料查找有用的相关信息		5	
		该组能否将查到的信息有效地传递到学习中		5	

班级		被评组名		日期	年 月 日
评价指标	评价内容			分数	分数评定
感知课堂生活	该组是否熟悉各自的工作岗位,认同工作价值			5	
	该组在学习中能否获得满足感			5	
参与状态	该组与教师、同学之间是否相互理解与尊重			5	
	该组与教师、同学之间是否保持多向、丰富、适宜的信息交流			5	
	该组能否处理好合作学习和独立思考的关系,做到有效学习			5	
	该组能否提出有意义的问题或发表个人见解			5	
任务完成情况	能进行划分单位工程、子单位工程划分			10	
	能进行分部工程、子分部工程划分			10	
	能进行分项工程划分			10	
	能进行检验批划分			15	
思维状态	该组是否能发现问题、提出问题、分析问题、解决问题			5	
自评反思	该组能严肃认真地对待自评			10	
互评分数					
简要评述					

任务工作单三

组号:_____ 姓名:_____ 学号:_____ 编号: 1.1.7－3

教师评价表

班级		组名		姓名	
出勤情况					
评价内容	评价要点	考查要点	分数	教师评定	
				结论	分数
信息理解与运用	任务实施过程中资料查阅	是否查阅信息资料	10		
		正确运用信息资料			
任务完成情况	能进行单位工程、子单位工程划分	内容正确,错一处扣2分	10		
	能进行分部工程、子分部工程划分	内容正确,错一处扣2分	10		
	能进行分项工程划分	内容正确,错一处扣2分	10		
	能进行检验批划分	内容正确,错一处扣2分	30		
素质目标达成情况	出勤情况	缺勤1次扣2分	10		
	培养科学精神和态度	根据情况,酌情扣分	5		
	培养自身的敬业精神	根据情况,酌情扣分	5		
	培养团结协作意识	根据情况,酌情扣分	5		
	培养严谨求实、专心细致的工作作风	根据情况,酌情扣分	5		

1.1.8 相关知识点

1.1.8.1 建筑工程施工质量验收层次划分的目的

建筑工程施工质量验收涉及建筑工程施工过程控制和竣工验收控制，是工程施工质量控制的重要环节，合理划分建筑工程施工质量验收层次是非常必要的。特别是不同专业工程的验收批的确定，将直接影响质量验收工作的科学性、经济性和实用性及可操作性。因此，有必要建立统一的工程施工质量验收的层次划分。通过验收批和中间验收层次及最终验收单位的确定，实

相关知识点

施对工程施工质量的过程控制和终端把关，确保工程施工质量达到工程项目决策阶段所确定的质量目标和水平。

为便于控制、检查和评定每个施工工序与工种的操作质量，建筑工程按检验批、分项工程、分部(子分部)工程和单位(子单位)工程四级划分进行评定。将一个单位(子单位)工程划分为若干个分部(子分部)工程，每个分部(子分部)工程又划分为若干个分项工程，每个分项工程又可划分为一个或若干个检验批。利用质量控制资料及有关安全和使用功能的检测资料、观感质量来综合评定验收单位(子单位)工程的质量。检验批、分项工程、分部(子分部)工程和单位(子单位)工程四级的划分目的是方便质量管理与控制工程质量，根据某项工程的特点对其进行质量控制和验收。

1.1.8.2 单位(子单位)工程的划分

单位(子单位)工程的划分应按下列原则确定：

(1)具备独立施工条件并能形成独立使用功能的建筑物或构筑物为一个单位工程，如一所学校中的一栋教学楼、一个商店、一座办公楼等均为一个单位工程。

(2)对于规模较大的单位工程，可将其能形成独立使用功能的部分划分为一个子单位工程。子单位工程的划分一般可根据工程的建设设计分区、使用功能的显著差异、结构缝的设置等实际情况，在施工前由建设单位、监理单位、施工单位自行商定，并据此收集、整理施工技术资料和验收。

(3)室外工程可根据专业类别和工程规模按表1.1.8.2的规定划分子单位工程、分部工程和分项工程。

表1.1.8.2　室外工程的划分

单位工程	子单位工程	分部工程
室外设施	道路	路基、基层、面层、广场与停车场、人行道、人行地道、挡土墙、附属构筑物
	边坡	土石方、挡土墙、支护
附属建筑及室外环境	附属建筑	车棚、围墙、大门、挡土墙
	室外环境	建筑小品、亭台、水景、连廊、花坛、场坪绿化、景观桥

1.1.8.3 分部(子分部)工程的划分

分部(子分部)工程的划分应按下列原则确定：

(1)可按专业性质、工程部位确定，如建筑工程划分为地基与基础、主体结构、建筑装饰装修、屋面、建筑给水排水及供暖、通风与空调、建筑电气、智能建筑、建筑节能、电梯10个分部工程。

(2)当分部工程较大或较复杂时，可按材料种类、施工特点、施工程序、专业系统及类别将分部工程划分为若干个子分部工程，如屋面分部工程就包含了基层与保护、保温与隔热、防水与密封、瓦面与板面、细部构造5个子分部工程。

1.1.8.4　分项工程的划分

分项工程的划分应按下列原则确定：

(1)分项工程可按主要工种、材料、施工工艺和设备类别进行划分。

(2)建筑工程的分部工程、分项工程划分宜按《建筑工程施工质量验收统一标准》(GB 50300—2013)附录B进行。

1.1.8.5　检验批的划分

检验批可根据施工、质量控制和专业验收的需要，按工程量、楼层、施工段和变形缝进行划分。

施工前，应由施工单位制订分项工程和检验批的划分方案，并由监理单位审核。对于《建筑工程施工质量验收统一标准》(GB 50300—2013)附录B及相关专业验收规范未涵盖的分项工程和检验批，可由建设单位组织监理、施工等单位协商确定。

任务二　建筑工程质量验收

1.2.1　任务描述

根据×××学院实验实训综合楼建筑和结构施工图及《建筑工程施工质量验收统一标准》(GB 50300—2013)，完成×××实验实训综合楼混凝土结构子分部的以下工作任务：

(1)填写检验批质量验收记录表(自定一个分项工程)。

(2)填写分项工程质量验收记录表(自定一个分项工程)。

(3)填写子分部工程质量验收记录表。

(4)×××实验实训综合楼单位工程竣工验收质量记录。

(5)给出验收不合格处理程序与方法。

任务描述

1.2.2　学习目标

1. 知识目标

(1)掌握检验批质量验收合格规定。

(2)掌握分项工程质量验收合格规定。

(3)掌握分部、子分部工程质量验收合格规定。

(4)掌握单位、子单位工程质量验收合格规定。

(5)了解验收不合格处理程序与方法。

2. 能力目标

(1)能填写检验批质量验收记录表，并给出质量验收结论。

(2)能填写分项工程质量验收记录表，并给出质量验收结论。

(3)能填写分部(子分部)工程质量验收记录表，并给出质量验收结论。

(4)能填写单位工程竣工验收质量记录表，并给出质量验收结论。

(5)能给出验收不合格项目处理程序与方法。

3. 素质目标

(1)培养科学精神和态度。

(2)培养自身的敬业精神。

(3)培养团结协作意识。

(4)培养严谨求实、专心细致的工作作风。

1.2.3 任务分析

1. 重点

检验批、分项工程、分部(子分部)、单位(子单位)工程质量验收合格规定。

2. 难点

填写检验批质量验收记录表,并给出质量验收结论。

1.2.4 素质养成

(1)引导学生具备严谨的思维、良好的创新意识和不断学习进取的精神,注重长期性和系统性的学习与培养。

(2)在参与质量验收过程中,培养学生有批判思考的能力,坚持独立自主思考的态度;使其具备强烈的责任心和事业心,秉持正确的价值观和职业操守,注重道德修养,保持高度的敬业精神。

(3)在参与工程质量验收过程中,使学生具有团队协作精神,能够有效地与团队成员、业主、监理等各方沟通协调,实现协同作战,共同完成建筑工程质量验收工作。

(4)填写质量验收表格过程中,要专心细致、如实记录数据、准确评价验收结果,训练中养成分工合作、不怕苦不怕累的精神。

1.2.5 任务分组

填写学生任务分配表(表1.2.5)。

表1.2.5 学生任务分配表

班级		组号		指导教师	
组长		学号			
组员	姓名	学号		姓名	学号
任务分工					

1.2.6 工作实施

任务工作单一

组号：_____ 姓名：_____ 学号：_____ 编号：1.2.6－1

引导问题：

简述建筑工程的检验批、分项工程、分部（子分部）工程、单位（子单位）工程等质量验收合格的规定。

任务工作单二

组号：_____ 姓名：_____ 学号：_____ 编号：1.2.6－2

引导问题：

（1）结合本工程项目，自行选定混凝土结构子分部工程的一个分项工程，填写检验批、分项工程质量验收记录。

（2）填写混凝土结构子分部工程质量验收记录。

（3）填写单位工程质量验收记录。

任务工作单三

组号：_____ 姓名：_____ 学号：_____ 编号：1.2.6－3

引导问题：

根据工程案例，给出不合格项目的处理程序与方法。

1.2.7 评价反馈

任务工作单一

组号：_____ 姓名：_____ 学号：_____ 编号：1.2.7－1

个人自评表

班级		组名		日期	年 月 日
评价指标	评价内容			分数	分数评定
信息理解与运用	能有效利用工程案例资料查找有用的相关信息；能将查到的信息有效地传递到学习中			10	

班级		组名		日期	年 月 日
评价指标	评价内容			分数	分数评定
感知课堂生活	是否熟悉各自的工作岗位，认同工作价值；在学习中是否能获得满足感，课堂氛围如何			10	
参与状态	与教师、同学之间是否相互理解与尊重；与教师、同学之间是否保持多向、丰富、适宜的信息交流			10	
	能处理好合作学习和独立思考的关系，做到有效学习；能提出有意义的问题或能发表个人见解			10	
知识、能力获得情况	掌握检验批质量验收合格规定			10	
	掌握分项工程质量验收合格规定			10	
	掌握分部、子分部工程质量验收合格规定			10	
	掌握单位、子单位工程质量验收合格规定			10	
	了解验收不合格处理方法			5	
思维状态	是否能发现问题、提出问题、分析问题、解决问题			5	
自评反思	按时按质完成任务；较好地掌握了专业知识点；较强的信息分析能力和理解能力			10	
自评分数					
有益的经验和做法					
总结反思建议					

任务工作单二

组号：_____ 姓名：_____ 学号：_____ 编号：__1.2.7－2__

小组互评表

班级		被评组名		日期	年 月 日
评价指标	评价内容			分数	分数评定
信息理解与运用	该组能否有效利用工程案例资料查找有用的相关信息			5	
	该组能否将查到的信息有效地传递到学习中			5	
感知课堂生活	该组是否熟悉各自的工作岗位，认同工作价值			5	
	该组在学习中是否能获得满足感			5	
参与状态	该组与教师、同学之间是否相互理解与尊重			5	
	该组与教师、同学之间是否保持多向、丰富、适宜的信息交流			5	
	该组能否处理好合作学习和独立思考的关系，做到有效学习			5	
	该组能否提出有意义的问题或发表个人见解			5	

班级		被评组名		日期	年 月 日
评价指标	评价内容			分数	分数评定
任务完成情况	能填写检验批质量验收记录表，并给出质量验收结论			10	
	能填写分项工程质量验收记录表，并给出质量验收结论			10	
	能填写分部(子分部)工程质量验收记录表，并给出质量验收结论			10	
	能填写单位工程竣工验收质量记录表，并给出质量验收结论			10	
	能给出验收不合格项目处理程序与方法			5	
思维状态	该组是否能发现问题、提出问题、分析问题、解决问题			5	
自评反思	该组能严肃、认真地对待自评			10	
互评分数					
简要评述					

任务工作单三

组号：＿＿＿＿＿＿　姓名：＿＿＿＿＿＿　学号：＿＿＿＿＿＿　编号：1.2.7－3

教师评价表

班级		组名		姓名		
出勤情况						
评价内容	评价要点	考查要点	分数	教师评定		
				结论	分数	
信息理解与运用	任务实施过程中资料查阅	是否查阅信息资料	10			
		正确运用信息资料				
任务完成情况	能填写检验批质量验收记录表，并给出质量验收结论	内容正确，错一处扣2分	10			
	能填写分项工程质量验收记录表，并给出质量验收结论	内容正确，错一处扣2分	10			
	能填写分部(子分部)工程质量验收记录表，并给出质量验收结论	内容正确，错一处扣2分	10			
	能填写单位工程竣工验收质量记录表，并给出质量验收结论	内容正确，错一处扣2分	15			
	能给出验收不合格项目处理程序与方法	内容正确，错一处扣1分	15			
素质目标达成情况	出勤情况	缺勤1次扣2分	10			
	培养科学精神和态度	根据情况，酌情扣分	5			
	培养严谨求实、专心细致的工作作风	根据情况，酌情扣分	5			
	培养团结协作意识	根据情况，酌情扣分	5			
	培养自身的敬业精神	根据情况，酌情扣分	5			

1.2.8 相关知识点

1.2.8.1 检验批质量验收合格应符合的规定

(1)主控项目的质量经抽样检验均应合格；主控项目是必须达到要求的，是保证工程安全和使用功能的重要检验项目，是对安全、卫生、环境保护和公众利益起决定性作用的检验项目，是确定该检验批主要性能的检验项目。如果主控项目达不到规定的质量指标，降低要求就相当于降低该工程项目的性能指标，就会严重影响工程的安全性能。如混凝土、砂浆的强度等级是保证混凝土结构、砌体工程强度的重要检验项目，所以必须全部达到要求。

相关知识点

(2)一般项目的质量经抽样检验合格。当采用计数抽样时，合格点率应符合有关专业验收规范的规定，且不得存在严重缺陷。对于计数抽样的一般项目，正常检验一次、二次抽样可按《建筑工程施工质量验收统一标准》(GB 50300—2013)的规定进行。

1)对于计数抽样的一般项目，正常检验一次抽样可按表1.2.8.1-1判定，正常检验二次抽样可按表1.2.8.1-2判定。抽样方案应在抽样前确定。

2)样本容量在表1.2.8.1-1或表1.2.8.1-2给出的数值之间时，合格判定数可通过插值并四舍五入取整确定。

表1.2.8.1-1 一般项目正常检验一次抽样判定

样本容量	合格判定数	不合格判定数	样本容量	合格判定数	不合格判定数
5	1	2	32	7	8
8	2	3	50	10	11
13	3	4	80	14	15
20	5	6	125	21	22

表1.2.8.1-2 一般项目正常检验二次抽样判定

抽样次数	样本容量	合格判定数	不合格判定数	抽样次数	样本容量	合格判定数	不合格判定数
(1)	3	0	2	(1)	20	3	6
(2)	6	1	2	(2)	40	9	10
(1)	5	0	3	(1)	32	5	9
(2)	10	3	4	(2)	64	12	13
(1)	8	1	3	(1)	50	7	11
(2)	16	4	5	(2)	100	18	19
(1)	13	2	5	(1)	80	11	16
(2)	26	6	7	(2)	160	26	27

注：(1)和(2)表示抽样次数，(2)对应的样本容量为两次抽样的累计数量。

(3)具有完整的施工操作依据、质量验收记录。

检验批质量验收记录由施工项目专业质量检查员填写，专业监理工程师(建设单位项目专业技术负责人)组织项目专业质量检查员等进行验收。

检验批质量验收记录可根据现场检查原始记录按表1.2.8.1-3填写，现场验收检查原始记录(表1.2.8.1-4)应在单位工程竣工验收前保留，并可追溯。

表1.2.8.1-3 _____ 工程检验批质量验收记录

桂建质   编号：_____

单位(子单位)工程名称		分部(子分部)工程名称			分项工程名称	
施工单位		项目负责人			检验批容量	
分包单位		分包单位项目负责人			检验批部位	
施工依据			验收依据			
主控项目	验收项目	设计要求及规范规定	最小/实际抽样数量	检查记录	检查结果	
	1		/			
	2		/			
	3		/			
一般项目	1		/			
	2		/			
施工单位检查结果				专业工长： 项目专业质量检查员： 年 月 日		
监理单位验收结论				专业监理工程师： 年 月 日		

表1.2.8.1-4 检验批现场验收检查原始记录

共 页 第 页

单位(子单位)工程名称				
检查工具				
检验批名称			检验批编号	
编号	验收项目	验收部位	验收情况记录	备注
主控项目1				
主控项目2				
主控项目3				

编号	验收项目	验收部位	验收情况记录	备注
一般项目1				
一般项目2				

检查人员 (签名)	专业监理工程师：	专业质量检查员：
	专业工长：	记录人：

检查日期：　　　年　月　日

1.2.8.2　分项工程验收合格应符合的规定

(1)所含检验批的质量均应验收合格；

(2)所含检验批的质量验收记录应完整。

分项工程质量验收记录可按表1.2.8.2填写。

分项工程质量应由专业监理工程师(建设单位项目专业技术负责人)组织项目专业技术负责人等进行验收。

表1.2.8.2　　　　　　分项工程质量验收记录　　　编号：

单位(子单位)工程名称		分部(子分部)工程名称		
分项工程数量		检验批数量		
施工单位		项目负责人		项目技术 负责人
分包单位		分包单位 项目负责人		分包内容
序号	检验批名称	检验批容量	部位/区段	施工单位检查结果	监理单位验收结论
1					
2					
3					
4					
5					
6					
7					
8					
9					
10					
11					

序号	检验批名称	检验批容量	部位/区段	施工单位检查结果	监理单位验收结论
12					
13					
14					
15					
说明：					
施工单位 检查结论		项目专业技术负责人： 年 月 日			
监理单位 验收结论		专业监理工程师： 年 月 日			

1.2.8.3 分部(子分部)工程质量验收应符合的规定

(1)所含各分项工程的质量均应验收合格；

(2)质量控制资料应完整；

(3)有关安全、节能、环境保护和主要使用功能的抽样检验结果应符合相关规定。

(4)观感质量应符合要求。

分部(子分部)工程质量验收记录可按表1.2.8.3填写。

分部(子分部)工程质量应由总监理工程师(建设单位项目专业负责人)组织施工单位项目负责人和勘察、设计单位项目负责人进行验收。

表 1.2.8.3 _____分部工程质量验收记录 　　编号：

单位(子单位)工程名称		子分部工程数量		分项工程数量	
施工单位		项目负责人		技术(质量)负责人	
分包单位		分包单位负责人		分包内容	
序号	子分部工程名称	分项工程名称	检验批数量	施工单位检查结果	监理单位验收结论
1					
2					
3					
4					
5					
6					
7					
8					
质量控制资料					
安全和功能检验报告					

观感质量检验结果	
综合验收结论	

施工单位 项目负责人： 年 月 日	勘察单位 项目负责人： 年 月 日	设计单位 项目负责人： 年 月 日	监理单位 总监理工程师： 年 月 日

注：1. 地基与基础分部工程的验收应由施工、勘察、设计单位项目负责人和总监理工程师参加并签字。

2. 主体结构、节能分部工程的验收应由施工、设计单位项目负责人和总监理工程师参加并签字。

1.2.8.4 单位(子单位)工程质量验收应符合的规定

(1)所含分部(子分部)工程的质量应验收合格。

(2)质量控制资料应完整。

(3)所含分部(子分部)工程中有关安全、节能、环境保护和主要使用功能的检验资料应完整。

(4)主要功能项目的抽查结果应符合相关专业验收规范的规定。

(5)观感质量应符合要求。检查的方法、内容、结论等应在分部工程的相应部分中阐述，最后共同确定是否通过验收。

单位(子单位)工程质量竣工验收应按表1.2.8.4-1记录，其应与表1.2.8.3分部(子分部)工程质量验收记录和表1.2.8.4-2单位(子单位)工程质量主要控制资料核查记录、表1.2.8.4-3单位(子单位)工程安全和功能检验资料核查及主要功能抽查记录、表1.2.8.4-4单位(子单位)工程观感质量检查记录配合使用。

表1.2.8.4-1中验收记录由施工单位填写，验收结论由监理(建设)单位填写。综合验收结论经参加验收各方共同商定，由建设单位填写，应对工程质量是否符合设计文件和相关标准的规定及总体质量水平做出评价。

表 1.2.8.4-1 ＿＿＿＿＿＿单位工程质量竣工验收记录

工程名称		结构类型		层数/建筑面积	
施工单位		技术负责人		开工日期	年 月 日
项目负责人		项目技术负责人		完工日期	年 月 日
序号	项目	验收记录		验收结论	
1	分部工程验收	共 分部，经查符合设计及标准规定 分部			
2	质量控制资料核查	共 项，经核查符合规定 项			
3	安全和主要使用功能核查及抽查结果	共核查 项，符合规定 项，共抽查 项，符合规定 项，经返工处理符合规定 项			
4	观感质量验收	共抽查 项，达到"好"和"一般"的 项，经返修处理符合要求的 项			

综合验收结论					
参加验收单位	建设单位	监理单位	施工单位	设计单位	勘察单位
	（公章） 项目负责人： 　年 月 日	（公章） 总监理工程师： 　年 月 日	（公章） 项目负责人： 　年 月 日	（公章） 项目负责人： 　年 月 日	（公章） 项目负责人： 　年 月 日
注：单位工程验收时，验收签字人员应由相应单位的法人代表书面授权。					

表 1.2.8.4-2　单位（子单位）工程质量主要控制资料核查记录

GB 50300—2013　　　　　　　　　　　　　　　　　　　　　　　　　　　桂建质 00（二）

工程名称				施工单位				
序号	项目	资料名称		份数	施工单位		监理单位	
					核查意见	核查人	核查意见	核查人
1	建筑与结构	图纸会审记录、设计变更通知单、工程洽商记录						
2		工程定位测量、放线记录						
3		原材料出厂合格证及进场检验、试验报告						
4		结构混凝土设计配合比报告/强度统计验收记录						
5		防水混凝土设计配合比报告						
6		砌筑砂浆设计配合比报告/强度统计验收记录						
7		施工试验报告及见证检测报告						
8		隐蔽工程验收记录						
9		施工记录						
10		预制构件、预拌混凝土合格证						
11		地基、基础、主体结构检验及抽样检测资料						
12		分项、分部工程质量验收记录						
13		工程质量事故及事故调查处理资料						
14		新技术论证、备案及施工记录						
15								
1	给水排水与供暖	图纸会审记录、设计变更通知单、工程洽商记录						
2		原材料出厂合格证书及进场检验、试验报告						
3		管道、设备强度试验、严密性试验记录						
4		隐蔽工程验收记录						
5		系统清洗、灌水、通水、通球试验记录						
6		施工记录						
7		分项、分部工程质量验收记录						
8		新技术论证、备案及施工记录						
9								

工程名称			施工单位				
序号	项目	资料名称	份数	施工单位		监理单位	
				核查意见	核查人	核查意见	核查人
1	通风与空调	图纸会审记录、设计变更通知单、工程洽商记录					
2		原材料出厂合格证书及进场检验、试验报告					
3		制冷、空调、水管管道强度试验、严密性试验记录					
4		隐蔽工程验收记录					
5		制冷设备运行调试记录					
6		通风、空调系统调试记录					
7		施工记录					
8		分项、分部工程质量验收记录					
9		新技术论证、备案及施工记录					
10							
1	建筑电气	图纸会审记录、设计变更通知单、工程洽商记录					
2		原材料出厂合格证书及进场检验、试验报告					
3		设备调试记录					
4		接地、绝缘电阻测试记录					
5		隐蔽工程验收记录					
6		施工记录					
7		分项、分部工程质量验收记录					
8		新技术论证、备案及施工记录					
9							
1	智能建筑	图纸会审记录、设计变更通知单、工程洽商记录					
2		原材料出厂合格证书及进场检验、试验报告					
3		隐蔽工程验收记录					
4		施工记录					
5		系统功能测定及设备调试记录					
6		系统技术、操作和维护手册					
7		系统管理、操作人员培训记录					
8		系统检测报告					
9		分项、分部工程质量验收记录					
10		新技术论证、备案及施工记录					
11							

工程名称				施工单位			
序号	项目	资料名称	份数	施工单位		监理单位	
				核查意见	核查人	核查意见	核查人
1	建筑节能	图纸会审记录、设计变更通知单、工程洽商记录					
2		原材料出厂合格证书及进场检验、试验报告					
3		隐蔽工程验收记录					
4		施工记录					
5		外墙、外窗节能检验报告					
6		设备系统节能检测报告					
7		分项、分部工程质量验收记录					
8		新技术论证、备案及施工记录					
9							
1	电梯	图纸会审记录、设计变更通知单、工程洽商记录					
2		设备出厂合格证书及开箱检验记录					
3		隐蔽工程验收记录					
4		施工记录					
5		接地、绝缘电阻测试记录					
6		负荷试验、安全装置检查记录					
7		分项、分部工程质量验收记录					
8		新技术论证、备案及施工记录					
9							

结论：

施工单位项目负责人：
　　　　　　　　年　月　日

总监理工程师：
　　　　　　　　年　月　日

注：资料核查人应为竣工验收组成员，可以为同一人，也可以为多人。

表1.2.8.4-3 单位(子单位)工程
安全和功能检验资料核查及主要功能抽查记录

GB 50300—2013   桂建质00(三)

工程名称				施工单位			
序号	项目	安全和功能检查项目		份数	核查意见	抽查结果	核查(抽查)人
1	建筑与结构	地基承载力检测报告					
2		桩基承载力检测报告					
3		混凝土强度试验报告					
4		砂浆强度试验报告					
5		主体结构尺寸、位置抽查记录					
6		建筑物垂直度、标高、全高测量记录					
7		屋面淋水或蓄水试验记录					
8		地下室渗漏水检测记录					
9		有防水要求的地面蓄水试验记录					
10		抽气(风)道检查记录					
11		外窗气密性、水密性、耐风压检测报告					
12		幕墙气密性、水密性、耐风压检测报告					
13		建筑物沉降观测测量记录					
14		节能、保温测试记录					
15		室内环境检测报告					
16		土壤氡气浓度检测报告					
17							
1	给水排水与供暖	给水管道通水试验记录					
2		暖气管道、散热器压力试验记录					
3		卫生器具满水试验记录					
4		消防管道、燃气管道压力试验记录					
5		排水干管通球试验记录					
6		室内(外)给水管道(网)消毒检测报告					
7		锅炉试运行、安全阀及报警联动测试记录					
8							
1	通风与空调	通风、空调系统试运行记录					
2		风量、温度测试记录					
3		空气能量回收装置测试记录					
4		洁净室洁净度测试记录					
5		制冷机组试运行调试记录					
6							

工程名称				施工单位			
序号	项目	安全和功能检查项目	份数	核查意见	抽查结果	核查(抽查)人
1	建筑电气	建筑照明通电试运行记录				
2		灯具固定装置及悬吊装置的载荷强度试验记录				
3		绝缘电阻测试记录				
4		剩余电流动作保护器测试记录				
5		应急电源装置应急持续供电记录				
6		接地电阻测试记录				
7		接地故障回路阻抗测试记录				
8						
1	智能建筑	系统试运行记录				
2		系统电源及接地检测报告				
3		系统接地检测报告				
4						
1	建筑节能	外墙节能构造检查记录或热工性能检验报告				
2		设备系统节能性能检查记录				
3						
1	电梯	电梯运行记录				
2		电梯安全装置检测报告				
3						

结论：

施工单位项目负责人：　　　　　　　　　　　　　　　　　　总监理工程师：

　　　　　　年　月　日　　　　　　　　　　　　　　　　　　　　　年　月　日

注：抽查项目由验收组协商确定。

21

表 1.2.8.4-4　单位(子单位)工程观感质量检查记录

工程名称			施工单位		
序号	项目		抽查质量状况		质量评价
1	建筑与结构	主体结构外观	共检查　点，好　点，一般　点，差　点		
2		室外墙面	共检查　点，好　点，一般　点，差　点		
3		变形缝、雨水管	共检查　点，好　点，一般　点，差　点		
4		屋面	共检查　点，好　点，一般　点，差　点		
5		室内墙面	共检查　点，好　点，一般　点，差　点		
6		室内顶棚	共检查　点，好　点，一般　点，差　点		
7		室内地面	共检查　点，好　点，一般　点，差　点		
8		楼梯、踏步、护栏	共检查　点，好　点，一般　点，差　点		
9		门窗	共检查　点，好　点，一般　点，差　点		
10		雨罩、台阶、坡道、散水	共检查　点，好　点，一般　点，差　点		
给水排水与供暖	略				
通风与空调	略				
建筑电气	略				
智能建筑	略				
电梯	略				
观感质量综合评价					
结论：					

施工单位项目负责人：　　　　　　　　　　　　　总监理工程师：

年　月　日　　　　　　　　　　　　　　　　年　月　日

注：1. 以监理(建设)单位为主，会同竣工验收组人员复查分部工程验收时的质量状况是否有变化、成品保护情况等。

2. 在分部工程验收时未形成观感质量的，在竣工验收中加以确认。

3. 质量评价为差的项目，应进行返修。若因条件限制不能返修的，只要不影响结构安全和使用功能，可协商接收并在表中注明。

4. 观感质量现场检查原始记录应作为本表附件。

广西建设工程质量安全监督总站编制

1.2.8.5　工程质量验收相关注意事项

(1)当建筑工程施工质量不符合要求时，应按下列规定进行处理：

1)经返工或返修的检验批，应重新进行验收。这种情况是指主控项目不能满足验收规范的规定或一般项目超过偏差限制的子项不符合检验规定的要求时，应及时进行处理的检验批。其中，严重的缺陷应推倒重来；一般的缺陷通过返修或更换器具、设备予以解决，应允许施工单位在采取相应的措施后重新验收。若能够符合相应的专业工程质量验收规范，则应认为该检验批合格。

2)经有资质的检测机构鉴定能够达到设计要求的检验批，应予以验收。这种情况是指个别检验批发现试块强度等不满足要求等问题，难以确定是否验收时，应请具有资质的法定检测单位检测，当鉴定结果能够达到设计要求时，该检验批应允许通过验收。

3)经有资质的检测机构鉴定达不到设计要求，但经原设计单位核算可能满足安全和使用功能的检验批，可予以验收。这种情况是指一般情况下，规范标准给出了满足安全和功能的最低限度要求而设计往往在此基础上留有一些余量。不满足设计要求和符合相应规范标准的要求，两者并不矛盾。

4)经返修或加固的分项、分部工程满足安全使用功能要求时，可按技术处理方案和协商文件的要求予以验收。这种情况是指更为严重的缺陷或范围超过检验批的更大范围内的缺陷可能影响结构的安全性和使用功能。为了避免更大的损失，在不影响安全和主要使用功能的条件下可按处理技术方案与协商文件进行验收，但不能作为轻视质量而回避责任的一种出路，这是应该特别注意的。

(2)工程质量控制资料应齐全完整。当部分资料缺失时，应委托有资质的检测机构按有关标准进行相应的实体检验或抽样试验。

(3)经返修或加固处理仍不能满足安全或重要使用要求的分部工程及单位工程，严禁验收。

任务三　建筑工程质量验收程序与组织

1.3.1　任务描述

任务描述

根据×××实验实训综合楼建筑和结构施工图、《建筑工程施工质量验收统一标准》(GB 50300—2013)，以及职务分工表(表1.3.1)完成以下工作任务：参与填充墙砌体工程检验批质量验收。

表 1.3.1　职务及任务分配

职务		1	2	3	4	5	6
施工员	查规范	组员1—1	组员2—1	组员3—1	组员4—1	组员5—1	组员6—1
	检查	组员1—2	组员2—2	组员3—2	组员4—2	组员5—2	组员6—2
	检查	组员1—3	组员2—3	组员3—3	组员4—3	组员5—3	组员6—3
	记录	组员1—4	组员2—4	组员3—4	组员4—4	组员5—4	组员6—4
监理员	检查	组员1—5	组员2—5	组员3—5	组员4—5	组员5—5	组员6—5
	评定	组员1—6	组员2—6	组员3—6	组员4—6	组员5—6	组员6—6
项目经理	检查	×××					
总监理工程师	总负责	×××					
注：1. 施工员、项目经理和总监理工程师均由学生扮演； 　　2. 总监理工程师负责收集验收表，并进行砖砌体通病统计。							

1.3.2　学习目标

1. 知识目标

(1)掌握检验批施工质量验收的程序和组织。

(2)掌握分项工程施工质量验收的程序和组织。

(3)掌握分部工程、子分部工程施工质量验收的程序和组织。

(4)掌握单位工程、子单位工程施工质量验收的程序和组织。

2. 能力目标

(1)能判别检验批质量验收的程序和组织是否合规。

(2)能判别分项工程质量验收的程序和组织是否合规。

(3)能判别分部工程质量验收的程序和组织是否合规。

(4)能判别单位工程质量验收的程序和组织是否合规。

3. 素质目标

(1)培养科学精神和态度。

(2)培养严谨求实、专心细致的工作作风。

(3)培养团结协作意识。

(4)培养自身的敬业精神。

1.3.3　任务分析

1. 重点

检验批质量验收的程序与组织。

2. 难点

单位工程预验收、竣工验收的程序与组织。

1.3.4　素质养成

(1)引导学生具备严谨的思维、良好的创新意识和不断学习进取的精神,注重长期性和系统性的学习与培养。

(2)在参与质量验收过程中,培养学生批判思考的能力,坚持独立自主思考的态度;使其具备强烈的责任心和事业心,秉持正确的价值观和职业操守,注重道德修养,保持高度的敬业精神。

(3)在参与工程质量验收过程中,使学生具有团队协作精神,能够有效地与团队成员、业主、监理等各方沟通协调,实现协同作战,共同完成建筑工程质量验收工作。

1.3.5　任务分组

填写学生任务分配表(表1.3.5)。

表 1.3.5 学生任务分配表

班级		组号		指导教师	
组长		学号			

组员	姓名	学号	姓名	学号

任务分工	

1.3.6 工作实施

任务工作单

组号：_____　姓名：_____　学号：_____　编号： 1.3.6

引导问题：

简述工程项目各层次施工质量验收的程序和组织。

序号	工程项目层次	组织者	参与者	程序

1.3.7　评价反馈

任务工作单一

组号：＿＿＿＿＿＿　姓名：＿＿＿＿＿＿　学号：＿＿＿＿＿＿　编号： 1.3.7－1

个人自评表

班级		组名		日期	年 月 日
评价指标	评价内容			分数	分数评定
信息理解与运用	能有效利用工程案例资料查找有用的相关信息；能将查到的信息有效地传递到学习中			10	
感知课堂生活	是否熟悉各自的工作岗位，认同工作价值；在学习中是否能获得满足感，课堂氛围如何			10	
参与状态	与教师、同学之间是否相互理解与尊重；与教师、同学之间是否保持多向、丰富、适宜的信息交流			10	
	能处理好合作学习和独立思考的关系，做到有效学习；能提出有意义的问题或能发表个人见解			10	
知识、能力获得情况	掌握检验批施工质量验收的程序和组织			10	
	掌握分项工程施工质量验收的程序和组织			10	
	掌握分部工程、子分部工程施工质量验收的程序和组织			10	
	掌握单位工程、子单位工程施工质量验收的程序和组织			15	
思维状态	是否能发现问题、提出问题、分析问题、解决问题			5	
自评反思	按时按质完成任务；较好地掌握了专业知识点；较强的信息分析能力和理解能力			10	
自评分数					
有益的经验和做法					
总结反思建议					

任务工作单二

组号：＿＿＿＿＿＿＿＿　姓名：＿＿＿＿＿＿＿＿　学号：＿＿＿＿＿＿＿＿　编号：　1.3.7－2

小组互评表

班级		被评组名		日期	年 月 日
评价指标	评价内容			分数	分数评定
信息理解与运用	该组能否有效利用工程案例资料查找有用的相关信息			5	
	该组能否将查到的信息有效地传递到学习中			5	
感知课堂生活	该组是否熟悉各自的工作岗位，认同工作价值			5	
	该组在学习中是否能获得满足感			5	
参与状态	该组与教师、同学之间是否相互理解与尊重			5	
	该组与教师、同学之间是否保持多向、丰富、适宜的信息交流			5	
	该组能否处理好合作学习和独立思考的关系，做到有效学习			5	
	该组能否提出有意义的问题或发表个人见解			5	
任务完成情况	能判别检验批质量验收的程序和组织是否合规			10	
	能判别分项工程质量验收的程序和组织是否合规			10	
	能判别分部工程质量验收的程序和组织是否合规			10	
	能判别单位工程质量验收的程序和组织是否合规			15	
思维状态	该组是否能发现问题、提出问题、分析问题、解决问题			5	
自评反思	该组能严肃、认真地对待自评			10	
互评分数					
简要评述					

任务工作单三

组号：＿＿＿＿＿＿＿＿　姓名：＿＿＿＿＿＿＿＿　学号：＿＿＿＿＿＿＿＿　编号：　1.3.7－3

教师评价表

班级		组名		姓名	
出勤情况					
评价内容	评价要点	考查要点	分数	教师评定	
				结论	分数
信息理解与运用	任务实施过程中资料查阅	是否查阅信息资料	10		
		正确运用信息资料			
任务完成情况	能判别检验批质量验收的程序和组织	是否合规	15		
	能判别分项工程质量验收的程序和组织	是否合规	15		
	能判别分部工程质量验收的程序和组织	是否合规	15		
	能判别单位工程质量验收的程序和组织	是否合规	15		

班级		组名		姓名		
出勤情况						
评价内容	评价要点		考查要点	分数	教师评定	
					结论	分数
素质目标达成情况	出勤情况		缺勤1次扣2分	10		
	培养科学精神和态度		根据情况，酌情扣分	5		
	培养严谨求实、专心细致的工作作风		根据情况，酌情扣分	5		
	培养团结协作意识		根据情况，酌情扣分	5		
	培养自身的敬业精神		根据情况，酌情扣分	5		

1.3.8　相关知识点

1.3.8.1　检验批和分项工程验收程序和组织

检验批应由专业监理工程师组织施工单位项目专业质量检查员、专业工长等进行验收。分项工程应由专业监理工程师组织施工单位项目专业技术负责人等进行验收。

相关知识点

检验批及分项工程是建筑工程施工质量基础，因此，验收前，施工单位先填好"检验批及分项工程的验收记录"（有关监理记录和结论不填），并由项目专业质量检验员和项目专业技术负责人分别在检验批与分项工程质量检验相关记录的相关栏目中签字，然后由监理工程师组织严格按规定程序进行验收。

1.3.8.2　分部(子分部)工程验收程序和组织

分部工程应由总监理工程师组织施工单位项目负责人和项目技术负责人等进行验收。

勘察、设计单位项目负责人和施工单位技术、质量部门负责人应参加地基与基础分部工程的验收。

设计单位项目负责人和施工单位技术、质量部门负责人应参加主体结构、节能分部工程的验收。

1.3.8.3　单位(子单位)工程验收程序和组织

(1)预验收。单位工程中的分包工程完工后，分包单位应对所承包的工程项目进行自检，并应按《建筑工程施工质量验收统一标准》(GB 50300—2013)规定的程序进行验收。验收时，总包单位应派人参加；分包单位应将所分包工程的质量控制资料整理完整，并移交给总包单位。

单位工程完工后，施工单位应组织有关人员进行自检。总监理工程师应组织各专业监理工程师对工程质量进行竣工预验收。当存在施工质量问题时，应由施工单位整改。整改完毕后，由施工单位向建设单位提交工程竣工报告，申请工程竣工验收。

经项目监理机构对竣工资料及实物全面检查、验收合格后，由总监理工程师签署工程竣工报验单，并向建设单位提出质量评估报告。

(2)正式验收。建设单位收到工程竣工报告后，应由建设单位项目负责人组织监理、施工(含分包单位)、设计、勘察等单位项目负责人进行单位(子单位)工程验收。单位工程有分包单位时，分包工程完工后，分包单位应对所承包的工程项目进行自检，并应按规定的程序进行验收，验收时总包单位应派人参加；分包单位应将所分包工程的质量控制资料整理完整，并移交给总包单位。建设工程经验收合格的，方可交付使用。

在一个单位工程中，对满足生产要求或具备使用条件，施工单位已自检、监理工程师已预验通过的子单位工程，建设单位可组织进行验收。由几个施工单位负责的单位工程，当其中的施工单位所负责的子单位工程已按设计完成，并已预验收，也可组织正式验收，办理交工手续。在整个单位工程进行全部验收时，已验收的子单位工程验收资料应作为单位工程验收的附件。

在竣工验收时，对某些剩余工程和缺陷工程，在不影响交付的前提下，经建设单位、设计单位、施工单位和监理单位协商，施工单位应在竣工验收后的限定时间内完成。

参加验收各方对工程质量验收意见不一致时，可请当地住房城乡建设主管部门或工程质量监督机构协调处理。

建设工程竣工验收应当具备下列条件：

1)完成建设工程设计和合同约定的各项内容；

2)有完整的技术档案和施工管理资料；

3)有工程使用的主要建筑材料、建筑构配件和设备的进场试验报告；

4)有勘察、设计、施工、工程监理等单位分别签署的质量合格文件；

5)有施工单位签署的工程保修书。

项目二　地基与基础工程质量验收与资料管理

【思政元素举例】

1. 质量意识
2. 安全意识
3. 严谨务实
4. 规范意识
5. 法治思维

【典型思政案例】

楼盘倒塌事件引发思考

2009年，H市一栋在建的13层住宅楼全部倒塌。庆幸的是，由于倒塌的高楼尚未竣工交付使用，所以事故并没有酿成居民伤亡事故。

H市政府举行专题新闻发布会宣布，在建大楼倾倒主要因为两侧压力过大，而房屋结构设计等符合要求。调查结果显示，倾覆主要原因是，楼房北侧在短期内堆土高达10 m，南侧正在开挖4.6 m深的地下车库基坑，两侧压力差使土体产生水平位移，过大的水平力超过了桩基的抗侧移能力，导致房屋倾倒。事发楼房附近有过两次堆土施工：半年前第一次堆土距离楼房约20 m，离防汛墙10 m，高3~4 m；第二次从6月20日起施工方在事发楼盘前方开挖基坑堆土，6天内即高达10 m，"致使压力过大"。紧贴7号楼北侧，在短期内堆土过高，最高处达10 m左右；与此同时，紧邻大楼南侧的地下车库基坑正在开挖，开挖深度为4.6 m，大楼两侧的压力差使土体产生水平位移，过大的水平力超过了桩基的抗侧移能力，导致房屋倾倒。南面4.6 m深的地下车库基坑掏空13层楼房基础下面的土体，可能加速房屋南面的沉降，使房屋向南倾斜。7号楼北侧堆土太高，堆载已是土承载力的两倍多，使第3层土和第4层土处于塑性流动状态，造成土体向淀浦河方向的局部滑动，滑动面上的滑动力使桩基倾斜，使向南倾斜的上部结构加速向南倾斜。同时，10 m高的堆土是快速堆上的，这部分堆土是松散的，在雨水的作用下，堆土自身要滑动，滑动的动力水平作用在房屋的基础上，不但使该楼水平位移，更严重的是这个力与深层的土体滑移力引成一对力偶，加速桩基继续倾斜。

高层建筑上部结构的重力对基础底面积形心的力矩随着倾斜的不断扩大而增加，最后使高层建筑上部结构向南迅速倒塌至地。这个过程是逐步发生的，是可以监测到的，直到高层建筑倾斜到一定数值才会突然倾倒。土体不滑动，高层建筑上部结构是不会迅速倒塌的，这是土体滑动造成的失稳破坏。

任务一　地基工程质量验收与资料管理

2.1.1　任务描述

根据×××活动中心(一期)工程地基处理平面图、水泥粉煤灰碎石桩施工方案、工程量清单、岩土工程勘察报告(1份)、设计图纸/设计变更文件(3/3份)、地基处理工程施工记录(3份)、地基处理所用原材料合格证/试(检)验报告(3/3份)、混合料配合比报告(3份)、隐蔽工程检查验收记录(3份)、分项工程质量验收记录(3份)、地基承载力检测报告(4份)、《建筑地基处理技术规范》(JGJ 79—2012)、《建筑地基基础工程施工技术标准》(ZJQ08-SGJB 202—2017)及《建筑地基基础工程施工质量验收标准》(GB 50202—2018)中关于水泥粉煤灰碎石桩地基质量验收内容,完成以下工作任务,以上各项资料均符合相关要求:

任务描述

(1)划分水泥粉煤灰碎石桩复合地基分项工程检验批。

(2)对水泥粉煤灰碎石桩复合地基工程主控项目进行质量检查。

(3)对水泥粉煤灰碎石桩复合地基工程一般项目进行质量检查。

(4)利用建筑工程资料管理软件填写水泥粉煤灰碎石桩复合地基工程检验批质量验收记录、水泥粉煤灰碎石桩复合地基分项工程质量验收记录、地基处理子分部工程质量验收记录及地基子分部工程资料检查表。

2.1.2　学习目标

1. 知识目标

(1)掌握水泥粉煤灰碎石桩复合地基工程施工工艺流程。

(2)掌握水泥粉煤灰碎石桩复合地基分项工程检验批划分规定。

(3)掌握水泥粉煤灰碎石桩复合地基工程质量验收的主控项目和一般项目的验收内容、允许偏差、检查数量、检验方法。

2. 能力目标

(1)能正确划分水泥粉煤灰碎石桩复合地基分项工程检验批。

(2)能对水泥粉煤灰碎石桩复合地基工程进行质量验收。

(3)能正确填写水泥粉煤灰碎石桩复合地基工程检验批现场验收检查原始记录、水泥粉煤灰碎石桩复合地基工程检验批质量验收记录、水泥粉煤灰碎石桩复合地基分项工程质量验收记录及地基处理子分部工程质量验收记录。

3. 素质目标

(1)培养"拓荒牛"精神和创新意识。

(2)培养攻坚克难的精神。

(3)培养尊重环境、保护环境的意识。

(4)培养主观能动性。

(5)培养团结协作意识。

2.1.3 任务分析

1. 重点

(1)确定检验批容量。

(2)主控项目和一般项目质量的验收。

(3)填写质量验收记录表。

2. 难点

验收项目检测操作规范。

2.1.4 素质养成

(1)在主控项目和一般项目验收操作过程中,引导学生探索、完善地基处理方案,培养学生的创新意识、"拓荒牛"精神和攻坚克难的精神。

(2)熟悉水泥粉煤灰碎石桩复合地基的基本原理、适用范围和成桩工艺,培养学生主观能动性,合理利用自然、改造自然,具有尊重环境、保护环境的意识。

(3)在质量验收、填写质量验收表格过程中,要专心细致、如实记录数据、准确评价验收结果,训练养成分工合作、不怕苦不怕累的精神。

2.1.5 任务分组

填写学生任务分配表(表2.1.5)。

表2.1.5 学生任务分配表

班级		组号		指导教师	
组长		学号			
组员	姓名	学号		姓名	学号
任务分工					

2.1.6　工作实施

任务工作单一

组号：＿＿＿＿＿＿＿　姓名：＿＿＿＿＿＿＿　学号：＿＿＿＿＿＿＿　编号：　2.1.6－1

引导问题：

（1）水泥粉煤灰碎石桩成桩工艺有哪几种？

（2）分别简述长螺旋钻孔压灌成桩法和振动沉管灌注成桩法的施工工艺流程。

（3）水泥粉煤灰碎石桩复合地基分项工程检验批划分规定是什么？本项目水泥粉煤灰碎石桩复合地基分项工程可划分为多少个检验批？

任务工作单二

组号：＿＿＿＿＿＿＿　姓名：＿＿＿＿＿＿＿　学号：＿＿＿＿＿＿＿　编号：　2.1.6－2

引导问题：

（1）请说出本项目采用水泥粉煤灰碎石桩进行地基处理后，复合地基承载力特征值是多少？单桩承载力特征值是多少？

（2）请说出本项目水泥粉煤灰碎石桩的桩径是多少？桩长是多少？水泥粉煤灰碎石桩施工完成后多少天进行复合地基承载力检测？

（3）简述本项目桩身完整性检验方法及桩身强度检验方法的操作过程。

（4）简述本项目水泥粉煤灰碎石桩复合地基工程主控项目验收内容、允许偏差、检查数量和检验方法。

（5）简述本项目水泥粉煤灰碎石桩复合地基工程一般项目验收内容、允许偏差、检查数量和检验方法。

（6）简述本项目水泥粉煤灰碎石桩复合地基褥垫层的材料、厚度及压实系数。

(7)结合本项目地基处理平面图，请按照随机且有代表性的原则编写一个检验批的一般项目允许偏差实体检测方案(表2.1.6)。

表 2.1.6　实体检测方案

序号	检测项目	检测部位	检验方法

任务工作单三

组号：＿＿＿＿＿＿　姓名：＿＿＿＿＿＿　学号：＿＿＿＿＿＿　编号：　2.1.6-3

引导问题：

(1)填写水泥粉煤灰碎石桩复合地基工程检验批现场验收检查原始记录有哪些应注意的事项？请按照检测方案模拟填写水泥粉煤灰碎石桩复合地基工程检验批现场验收检查原始记录表。

质量验收记录表

(2)如何正确填写水泥粉煤灰碎石桩复合地基工程检验批质量验收记录表？

(3)如何正确填写水泥粉煤灰碎石桩复合地基分项工程质量验收记录表？请根据水泥粉煤灰碎石桩复合地基工程检验批质量验收记录表填写水泥粉煤灰碎石桩复合地基分项工程质量验收记录表。

(4)如何正确填写地基处理子分部工程质量验收记录表？请根据检验批工程质量验收记录和分项工程质量验收记录填写本项目地基子分部工程质量验收记录表及地基子分部工程资料检查表。

2.1.7 评价反馈

任务工作单一

组号：_____ 姓名：_____ 学号：_____ 编号：2.1.7－1

个人自评表

班级		组名		日期	年 月 日
评价指标	评价内容			分数	分数评定
信息理解与运用	能有效利用工程案例资料查找有用的相关信息；能将查到的信息有效地传递到学习中			10	
感知课堂生活	是否熟悉各自的工作岗位，认同工作价值；在学习中是否能获得满足感，课堂氛围如何			10	
参与状态	与教师、同学之间是否相互理解与尊重；与教师、同学之间是否保持多向、丰富、适宜的信息交流			10	
	能处理好合作学习和独立思考的关系，做到有效学习；能提出有意义的问题或能发表个人见解			10	
知识、能力获得情况	掌握了水泥粉煤灰碎石桩复合地基工程施工工艺流程			5	
	掌握了水泥粉煤灰碎石桩复合地基分项工程检验批划分规定			5	
	掌握了水泥粉煤灰碎石桩复合地基工程质量验收的主控项目和一般项目的验收内容、允许偏差、检查数量、检验方法			5	
	能正确划分水泥粉煤灰碎石桩复合地基分项工程检验批			10	
	能对水泥粉煤灰碎石桩复合地基工程进行质量验收			10	
	能正确填写水泥粉煤灰碎石桩复合地基工程检验批现场验收检查原始记录表、检验批质量验收记录表、分项工程质量验收记录表、地基子分部工程质量验收记录表			10	
思维状态	是否能发现问题、提出问题、分析问题、解决问题			5	
自评反思	按时按质完成任务；较好地掌握了专业知识点；较强的信息分析能力和理解能力			10	
自评分数					
有益的经验和做法					
总结反思建议					

任务工作单二

组号：_____ 姓名：_____ 学号：_____ 编号：2.1.7-2

小组互评表

班级		被评组名		日期	年 月 日
评价指标	评价内容			分数	分数评定
信息理解与运用	该组能否有效利用工程案例资料查找有用的相关信息			5	
	该组能否将查到的信息有效地传递到学习中			5	
感知课堂生活	该组是否熟悉各自的工作岗位，认同工作价值			5	
	该组在学习中是否能获得满足感			5	
参与状态	该组与教师、同学之间是否相互理解与尊重			5	
	该组与教师、同学之间是否保持多向、丰富、适宜的信息交流			5	
	该组能否处理好合作学习和独立思考的关系，做到有效学习			5	
	该组能否提出有意义的问题或发表个人见解			5	
任务完成情况	能正确填写水泥粉煤灰碎石桩复合地基工程检验批现场验收检查原始记录表			15	
	能正确填写水泥粉煤灰碎石桩复合地基工程检验批质量验收记录表			15	
	能正确填写水泥粉煤灰碎石桩复合地基分项工程质量验收记录表			10	
	能正确填写地基处理子分部工程质量验收记录表			10	
思维状态	该组是否能发现问题、提出问题、分析问题、解决问题			5	
自评反思	该组能严肃、认真地对待自评			5	
互评分数					
简要评述					

任务工作单三

组号：_____ 姓名：_____ 学号：_____ 编号：2.1.7-3

教师评价表

班级		组名		姓名		
出勤情况						
评价内容	评价要点	考查要点		分数	教师评定	
					结论	分数
信息理解与运用	任务实施过程中资料查阅	是否查阅信息资料		10		
		正确运用信息资料				
任务完成情况	掌握了水泥粉煤灰碎石桩复合地基工程施工工艺流程	内容正确，错一处扣2分		10		
	掌握了水泥粉煤灰碎石桩复合地基分项工程检验批划分规定	内容正确，错一处扣2分		5		

班级		组名		姓名		
出勤情况						
评价内容	评价要点		考查要点	分数	教师评定	
					结论	分数
任务完成情况	掌握了水泥粉煤灰碎石桩复合地基工程质量验收的主控项目和一般项目的验收内容、允许偏差、检查数量、检验方法		内容正确，错一处扣2分	10		
	能正确划分水泥粉煤灰碎石桩复合地基分项工程检验批		内容正确，错一处扣2分	5		
	能对水泥粉煤灰碎石桩复合地基工程进行质量验收		内容正确，错一处扣2分	15		
	能正确填写水泥粉煤灰碎石桩复合地基工程检验批现场验收检查原始记录表、检验批质量验收记录表、分项工程质量验收记录表、地基处理子分部工程质量验收记录表		内容正确，错一处扣2分	15		
素质目标达成情况	出勤情况		缺勤1次扣2分	10		
	具有"拓荒牛"精神和创新意识		根据情况，酌情扣分	5		
	具有攻坚克难的精神		根据情况，酌情扣分	5		
	具有尊重环境、保护环境的意识		根据情况，酌情扣分	5		
	具有吃苦耐劳的精神		根据情况，酌情扣分	5		

2.1.8 相关知识点

2.1.8.1 水泥粉煤灰碎石桩及水泥粉煤灰碎石桩复合地基的定义

水泥粉煤灰碎石桩简称 CFG 桩，是由碎石、石屑、砂、粉煤灰掺水泥加水拌和，用各种成桩机械制成的具有一定强度的桩体。

水泥粉煤灰碎石(CFG)桩复合地基是指天然地基在处理过程中，通过在地基中打入水泥粉煤灰碎石(CFG)桩而形成的桩土共同作用的人工地基。

相关知识点

2.1.8.2 水泥粉煤灰碎石桩复合地基施工工艺流程

水泥粉煤灰碎石桩复合地基施工可分为振动沉管灌注成桩法和长螺旋钻孔压灌成桩法。其中，振动沉管灌注成桩法施工工艺流程：测量放线→桩机就位→振动沉管→灌注混凝土至笼底标高→下放钢筋笼→灌注混凝土至桩顶标高→边补充灌注混凝土边振动拔管→成桩；长螺旋钻孔压灌成桩法施工工艺流程：测量放线→钻机就位→钻孔→边压灌混凝土边提升钻杆→下插钢筋笼→成桩。

2.1.8.3 水泥粉煤灰碎石桩复合地基分项工程检验批划分规定

地基的检验批划分原则为一个分项划为一个检验批。如果工程量很大或施工组织设计与专项施工方案中要求分段施工的，可以按照施工段划分。

2.1.8.4 水泥粉煤灰碎石桩复合地基工程质量验收的基本规定

(1)水泥粉煤灰碎石桩复合地基工程的质量验收宜在施工完成并在间歇期后进行，间歇期应符合现行国家标准的有关规定和设计要求。《建筑地基处理技术规范》(JGJ 79—2012)规定，承载力检验宜在施工结束28 d后进行，其桩身强度应满足试验荷载条件。

(2)地基承载力检验时，静载试验最大加载量不应小于设计要求的承载力特征值的2倍。

(3)地基处理工程的验收，当采用一种检验方法检测结果存在不确定性时，应结合其他检验方法进行综合判断。

(4)施工前应对入场的水泥、粉煤灰、砂及碎石等原材料进行检验。

(5)施工中应检查桩身混合料的配合比、坍落度和成孔深度、混合料充盈系数等。

(6)施工结束后，应对桩体质量、单桩及复合地基承载力进行检验。

2.1.8.5 水泥粉煤灰碎石桩复合地基工程的主控项目验收内容、检查数量和检验方法

(1)复合地基承载力不应小于设计值。

检查数量：不应少于总桩数的0.5%，且不应少于3根。

检验方法：静载试验。

(2)单桩承载力不应小于设计值。

检查数量：不应少于总桩数的0.5%，且不应少于3根。

检验方法：静载试验。

(3)桩长不应小于设计值。

检查数量：不应少于总桩数的20%。

检验方法：测桩管长度或用测绳测孔深。

(4)桩径允许偏差+50 mm，0 mm。

检查数量：可按检验批抽样。

检验方法：用钢尺量。

(5)桩身完整性。

检查数量：不小于总桩数的10%。

检验方法：低应变检测。

(6)桩身强度不应小于设计要求。

检查数量：不应少于总桩数的0.5%，且不应少于3根。

检验方法：28 d试块强度。

2.1.8.6 水泥粉煤灰碎石桩复合地基工程的一般项目验收内容、检查数量和检验方法

(1)桩位偏差：对于条基边桩沿轴线桩位偏差≤1/4D；垂直轴线桩位偏差≤1/6D；其他情况桩位偏差≤2/5D，其中D为设计桩径(mm)。

检查数量：可按检验批抽样。

检验方法：全站仪或用钢尺量。

(2)桩顶标高允许偏差+200 mm。

检查数量：可按检验批抽样。

检验方法：水准测量，最上部500 mm劣质桩体不计入。

(3)桩垂直度应≤1/100。

检查数量：可按检验批抽样。

检验方法：经纬仪测桩管。

(4)混合料坍落度允许偏差为160～220 mm。

检查数量：可按检验批抽样。

检验方法：坍落度仪。

（5）混合料充盈系数≥1.0。

检查数量：可按检验批抽样。

检验方法：实际灌注量与理论灌注量的比。

（6）褥垫层夯填度≤0.9。

检查数量：可按检验批抽样。

检验方法：水准测量。

2.1.8.7　水泥粉煤灰碎石桩复合地基工程一般项目允许偏差测量方法

（1）桩位偏差。桩位偏差是指桩顶中心点在设计纵、横桩位轴线上的偏移量。对桩位偏移量的允许值，不同类型的桩有不同要求，水泥粉煤灰碎石桩应满足2.1.8.6条的要求。当所有桩顶标高差别不大时，桩位偏移量的测定方法可采用拉线法，即在原有或恢复后的纵、横桩位轴线的引桩点间分别拉细尼龙绳各一条，然后用角尺分别量取每个桩顶中心点至细尼龙绳的垂直距离，即偏移量，并要标明偏移方向；当桩顶标高相差较大时，可采用经纬仪法，把纵、横桩位轴线投影到桩顶上，然后取桩位偏移量，或采用极坐标法测定每个桩顶中心点坐标与理论坐标之差计算其偏移量。

（2）桩顶标高。根据视线高法测量原理，利用水准仪、塔尺通过已知点高程得到水准仪视线高度，再将塔尺依次放到待测桩顶处，读出塔尺度数，计算出各待测桩桩顶标高，桩顶标高测量精度应满足±10 mm的要求。将所测得的各桩顶标高与设计图纸中桩顶标高进行比较，其偏差值应在±50 mm内。

（3）桩身垂直度。桩身垂直度一般以桩身倾斜角来表示的，倾斜角是指桩纵向中心线与铅垂线间的夹角。压桩前应进行稳桩，使桩垂直稳定，对于10 m以内短桩可目测或用线坠双向校准，10 m以上或压接桩应用线坠或经纬仪双向校正，不得用目测，保证桩入土垂直度偏差不超过1%。可以利用压桩机水准气泡调整压桩机械水平从而控制桩身垂直度。

2.1.8.8　水泥粉煤灰碎石桩复合地基工程质量验收时应提供的主要资料

（1）原材料合格证和试验报告。

（2）混合料配合比通知单。

（3）施工记录（包括混合料的配合比、坍落度和提拔钻杆速度或提拔套管速度、成孔深度、混合料灌入量等）。

（4）混合料试块强度试验报告。

（5）地基承载力检验报告。

（6）桩体强度检验报告。

（7）检验批质量验收记录表。

2.1.9　项目拓展

项目拓展

2.2.1　筏形与箱形基础质量验收与资料管理

2.2.1.1　任务描述

根据×××学院实验实训综合楼 EPC 总承包的结构施工图、工程量清单、专项施工方案、检验批划分方案、安全功能试验检验报告，以及《建筑地基基础工程施工质量验收标准》(GB 50202—2018)中关于筏形与箱形基础质量验收内容，完成以下工作任务：

(1)划分筏形与箱形基础分项工程检验批。

(2)对筏形与箱形基础主控项目进行质量检查。

(3)操作检测工具对筏形与箱形基础一般项目允许偏差实体检测。

(4)利用建筑工程资料管理软件填写筏形与箱形基础检验批现场验收检查原始记录、检验批质量验收记录、分项工程质量验收记录。

任务描述

2.2.1.2　学习目标

(1)知识目标：

1)掌握筏形与箱形基础施工工艺流程。

2)掌握筏形与箱形基础分项工程检验批划分规定。

3)掌握筏形与箱形基础质量验收的主控项目和一般项目的验收内容、检查数量、检验方法。

(2)能力目标：

1)能正确划分筏形与箱形基础分项工程检验批。

2)能对筏形与箱形基础进行质量验收。

3)能正确填写筏形与箱形基础检验批现场验收检查原始记录表、检验批质量验收记录表、分项工程质量验收记录表。

(3)素质目标：

1)培养质量意识。

2)培养规范意识，讲原则、守规矩。

3)培养严谨求实、专心细致的工作作风。

4)培养责任意识。

5)培养团结协作意识。

6)培养吃苦耐劳、脚踏实地的实干精神。

2.2.1.3　任务分析

(1)重点。

1)主控项目和一般项目质量验收。

2)填写质量验收记录表。

(2)难点。

1)筏形与箱形基础钢筋隐蔽工程验收。

2)验收项目检测操作规范。

2.2.1.4　素质养成

（1）在主控项目、一般项目验收条文描述中，引导学生养成规范、规矩意识，具有质量第一的原则与立场。

（2）基础具有承上启下的作用，基础不牢，地动山摇，引导学生培养责任意识、脚踏实地的实干精神。

（3）在质量验收、填写质量验收表格过程中，要专心细致、如实记录数据、准确评价验收结果，训练中养成分工合作、不怕苦不怕累的精神。

2.2.1.5　任务分组

填写学生任务分配表（表2.2.1.5）。

表 2.2.1.5　学生任务分配表

班级		组号		指导教师	
组长		学号			
组员	姓名	学号		姓名	学号
任务分工					

2.2.1.6　工作实施

任务工作单一

组号：_____　姓名：_____　学号：_____　编号：2.2.1.6－1

引导问题：

（1）简述筏形与箱形基础施工工艺流程。

（2）筏形与箱形基础分项工程检验批划分规定是什么？本工程项目筏形基础划分为多少个检验批？

任务工作单二

组号：_____　姓名：_____　学号：_____　编号：2.2.1.6－2

引导问题：

（1）简述本项目筏形基础的顶面标高、混凝土强度、基础垫层厚度。

(2)简述本项目筏形基础厚度、平面尺寸。

(3)简述筏形与箱形基础的主控项目验收内容、检查数量和检验方法。

(4)简述筏形与箱形基础的一般项目允许偏差检测部位要求。

(5)结合本项目图纸,请按照随机且有代表性的原则编写一个检验批的一般项目允许偏差实体检测方案(表2.2.1.6)。

表 2.2.1.6   实体检测方案

序号	检测项目	检测部位	检验方法

任务工作单三

组号:＿＿＿＿＿＿＿ 姓名:＿＿＿＿＿＿＿ 学号:＿＿＿＿＿＿＿ 编号:2.2.1.6—3

引导问题:

(1)填写筏形与箱形基础检验批现场验收检查原始记录有哪些应注意的事项?请按照检测方案模拟填写筏形与箱形基础检验批现场验收检查原始记录表。

质量验收记录表

(2)如何正确填写筏形与箱形基础检验批质量验收记录表?请按照筏形与箱形基础检验批现场验收检查原始记录填写筏形与箱形基础检验批质量验收记录表。

(3)如何正确填写筏形与箱形基础分项工程质量验收记录表?请根据本项目检验批划分方案填写筏形与箱形基础分项工程质量验收记录表。

2.2.1.7 评价反馈

任务工作单一

组号：＿＿＿＿＿＿＿　姓名：＿＿＿＿＿＿＿　学号：＿＿＿＿＿＿＿　编号：＿2.2.1.7-1＿

个人自评表

班级		组名		日期	年 月 日
评价指标	评价内容			分数	分数评定
信息理解与运用	能有效利用工程案例资料查找有用的相关信息；能将查到的信息有效地传递到学习中			10	
感知课堂生活	是否熟悉各自的工作岗位，认同工作价值；在学习中是否能获得满足感，课堂氛围如何			10	
参与状态	与教师、同学之间是否相互理解与尊重；与教师、同学之间是否保持多向、丰富、适宜的信息交流			10	
	能处理好合作学习和独立思考的关系，做到有效学习；能提出有意义的问题或能发表个人见解			10	
知识、能力获得情况	掌握筏形与箱形基础施工工艺流程			5	
	掌握筏形与箱形基础分项工程检验批划分规定			5	
	掌握筏形与箱形基础质量验收的主控项目和一般项目的验收内容、检查数量、检验方法			5	
	能正确划分筏形与箱形基础分项工程检验批			10	
	能对筏形与箱形基础进行质量验收			10	
	能正确填写筏形与箱形基础检验批现场验收检查原始记录表、检验批质量验收记录表、分项工程质量验收记录表			10	
思维状态	是否能发现问题、提出问题、分析问题、解决问题			5	
自评反思	按时按质完成任务；较好地掌握了专业知识点；较强的信息分析能力和理解能力			10	
自评分数					
有益的经验和做法					
总结反思建议					

任务工作单二

组号：_____ 姓名：_____ 学号：_____ 编号：__2.2.1.7－2__

小组互评表

班级		被评组名		日期	年 月 日
评价指标		评价内容		分数	分数评定
信息理解与运用		该组能否有效利用工程案例资料查找有用的相关信息		5	
		该组能否将查到的信息有效地传递到学习中		5	
感知课堂生活		该组是否熟悉各自的工作岗位，认同工作价值		5	
		该组在学习中是否能获得满足感		5	
参与状态		该组与教师、同学之间是否相互理解与尊重		5	
		该组与教师、同学之间是否保持多向、丰富、适宜的信息交流		5	
		该组能否处理好合作学习和独立思考的关系，做到有效学习		5	
		该组能否提出有意义的问题或发表个人见解		5	
任务完成情况		能正确填写筏形与箱形基础检验批现场验收检查原始记录表		15	
		能正确填写筏形与箱形基础检验批质量验收记录表		15	
		能正确填写筏形与箱形基础分项工程质量验收记录表		15	
思维状态		该组是否能发现问题、提出问题、分析问题、解决问题		5	
自评反思		该组能严肃、认真地对待自评		10	
互评分数					
简要评述					

任务工作单三

组号：_____ 姓名：_____ 学号：_____ 编号：__2.2.1.7－3__

教师评价表

班级		组名		姓名		
出勤情况						
评价内容	评价要点		考查要点	分数	教师评定	
					结论	分数
信息理解与运用	任务实施过程中资料查阅		是否查阅信息资料	10		
			正确运用信息资料			
任务完成情况	掌握了筏形与箱形基础施工工艺流程		内容正确，错一处扣2分	10		
	掌握了筏形与箱形基础分项工程检验批划分规定		内容正确，错一处扣2分	10		

班级		组名		姓名		
出勤情况						
评价内容	评价要点		考查要点	分数	教师评定	
					结论	分数
任务完成情况	掌握了筏形与箱形基础质量验收的主控项目和一般项目的验收内容、检查数量、检验方法		内容正确，错一处扣2分	10		
	能正确划分筏形与箱形基础分项工程检验批		内容正确，错一处扣2分	10		
	能对筏形与箱形基础进行质量验收		内容正确，错一处扣2分	10		
	能正确填写筏形与箱形基础检验批现场验收检查原始记录表、检验批质量验收记录表、分项工程质量验收记录表		内容正确，错一处扣2分	10		
素质目标达成情况	出勤情况		缺勤1次扣2分	10		
	具有规范意识，讲原则、守规矩		根据情况，酌情扣分	5		
	具有严谨求实、专心细致的工作作风		根据情况，酌情扣分	5		
	具有团结协作意识、责任意识		根据情况，酌情扣分	5		
	具有吃苦耐劳、脚踏实地的实干精神		根据情况，酌情扣分	5		

2.2.1.8 相关知识点

相关知识点

(1)筏形与箱形基础施工工艺流程：测量放线→划线并绑扎钢筋→支设模板(砖胎模砌筑)→浇筑混凝土→养护。

按其施工工序可细分为以下几项：

1)垫层浇筑工艺流程：基层平整、清理→边模板设置→基础混凝土垫层浇筑→收面→养护；

2)砖胎模施工工艺流程：拌制砂浆→施工准备(放线、立皮数杆)→排砖�底→砌砖墙→自检、检验评定；

3)筏形基础钢筋施工工艺流程：绑扎独立基础、承台、地梁钢筋→绑扎底板短向底层钢筋→绑扎底板长向底层钢筋→放马凳筋→绑扎底板上层长向钢筋→绑扎底板上层短向钢筋→绑扎下柱墩附加筋→墙、柱插筋；

4)混凝土浇筑工艺流程：熟悉图纸、技术交底记录→钢筋隐蔽验收合格→模板的检查，并复核预留洞口、预埋件→施工准备→混凝土输送泵就位→垂直与水平泵管安装→搅拌站送混凝土→坍落度测试、混凝土试件→泵送混凝土及布料→混凝土浇捣结束、拆除管道、清理管道及泵车→混凝土养护。

(2)筏形与箱形基础分项工程检验批划分规定。检验批划分：一般情况下，基础都是采用一次连续浇筑，故大多基础分项工程都只有一个检验批。但也有部分工程基础按施工缝、后浇带分几段进行浇筑，要进行几次验收，形成两个或两个以上检验批。

(3)筏形与箱形基础的主控项目验收内容、检查数量和检验方法。

1)混凝土的强度等级必须符合设计要求。用于检验混凝土强度的试件应在浇筑地点随机抽取，并按标准养护条件养护 28 d 或设计规定龄期。

检查数量：对同一配合比混凝土，取样与试件留置应符合下列规定：

①每拌制 100 盘且不超过 100 m 时，取样不得少于一次；

②每工作班拌制不足 100 盘时，取样不得少于一次；

③连续浇筑超过 1 000 m³ 时，每 200 m³ 取样不得少于一次；

④每一楼层取样不得少于一次；

⑤每次取样应至少留置一组试件。

检验方法：检查施工记录及混凝土强度试验报告。

2)轴线位置允许偏差(≤15 mm)。

检查数量：全数检查。

检验方法：经纬仪或钢尺量。

(4)筏形与箱形基础的一般项目验收内容、检查数量和检验方法。

1)筏形与箱形基础位置和尺寸允许偏差及检验方法应符合表 2.2.1.8 的规定。

表 2.2.1.8　筏形与箱形基础位置和尺寸允许偏差及检验方法

	验收项目		允许偏差/mm	检验方法
1	基础顶面标高		±15	水准测量
2	尺寸		+15，−10	钢尺检查
3	表面平整度		±10	用 2 m 靠尺和楔形塞尺检查
4	预埋件中心位置	预埋件	≤10	钢尺检查
		预埋螺栓	≤5	
		预埋管	≤5	
5	预留洞中心线位置		≤15	

检查数量：按施工区段划分检验批，在同一检验批内，可按纵、横轴线划分检查面，抽查 10%，且不少于 3 面；对电梯井，应全数检查；对设备基础，应全数检查。

2)后浇带的留设位置应符合设计要求，后浇带和施工缝的留设及处理方法应符合施工方案要求。

检查数量：全数检查。

检验方法：观察。

3)混凝土浇筑完毕后应及时进行养护，养护时间及养护方法应符合施工方案要求。

检查数量：全数检查。

检验方法：观察，检查混凝土养护记录。

4)筏形基础的外观质量不应有一般缺陷(主要受力部位之外存在少量裂缝、露筋、夹渣等缺陷)。对已经出现的一般缺陷，应由施工单位按技术处理方案进行处理。对经处理的部位，应重新验收。

检查数量：全数检查。

检验方法：观察，检查处理记录。

(5)筏形与箱形基础的一般项目允许偏差测量方法。

1)基础顶面标高。在筏板钢筋上焊一立筋，在立筋上用红油漆标注＋0.5 m 线，在墙、柱插筋上标注＋1.0 m线，拉线控制，刮杠找平标高，找平过程中用水准仪进行复测，严格控制筏板面标高。

2）表面平整度。筏形基础的每个施工段都需进行表面平整度的测量。取各施工段筏板两对角点按45°角斜放靠尺测量2次表面平整度，在筏形基础长度方向中间位置水平放靠尺测量1次表面平整度，这3个实测值分别作为判断该指标合格率的3个计算点。

3）预埋件口中心位置、预留洞中心线位置。检查轴线、中心线位置，应沿纵、横两个方向量测，并取其中的较大值。

2.2.1.9　项目拓展

项目拓展

2.2.2　静压预制桩质量验收与资料管理

2.2.2.1　任务描述

根据×××学院新校区多功能体育馆及配套设施的结构施工图、工程量清单、专项施工方案、基础桩位测量放线图、安全功能试验检验报告，以及《建筑地基基础工程施工质量验收标准》(GB 50202—2018)中关于静压预制桩质量验收的规定，完成以下工作任务：

(1)划分静压预制桩分项工程检验批。

(2)对静压预制桩主控项目进行质量检查。

(3)操作检测工具对静压预制桩一般项目允许偏差实体检测。

(4)利用建筑工程资料管理软件填写静压预制桩检验批现场验收检查原始记录、检验批质量验收记录、分项工程质量验收记录。

任务描述

2.2.2.2　学习目标

(1)知识目标：

1)掌握静压预制桩施工工艺流程。

2)掌握静压预制桩分项工程检验批划分规定。

3)掌握静压预制桩质量验收的主控项目和一般项目的验收内容、检查数量、检验方法。

(2)能力目标：

1)能正确划分静压预制桩分项工程检验批。

2)能对静压预制桩进行质量验收。

3)能正确填写静压预制桩检验批现场验收检查原始记录表、检验批质量验收记录表、分项工程质量验收记录表。

(3)素质目标：

1)培养质量意识。

2)培养规范意识，讲原则、守规矩。

3)培养严谨求实、专心细致的工作作风。

4)培养责任意识。

5)培养团结协作意识。

6)培养吃苦耐劳的精神。

2.2.2.3　任务分析

(1)重点。

1)主控项目和一般项目质量验收。

2)填写质量验收记录表。

(2)难点。

1)确定检验批容量。

2)验收项目检测操作规范。

2.2.2.4　素质养成

(1)在主控项目、一般项目验收条文描述中，引导学生养成规范、规矩意识，具有质量第一的原则与立场。

(2)基础具有承上启下的作用，基础不牢，地动山摇，引导学生培养责任意识。

(3)在质量验收、填写质量验收表格过程中，要专心细致、如实记录数据、准确评价验收结果，训练中养成分工合作、不怕苦不怕累的精神。

2.2.2.5　任务分组

填写学生任务分配表(表2.2.2.5)。

表 2.2.2.5　学生任务分配表

班级		组号		指导教师	
组长		学号			
组员	姓名	学号		姓名	学号
任务分工					

2.2.2.6　工作实施

任务工作单一

组号：＿＿＿＿＿＿　姓名：＿＿＿＿＿＿　学号：＿＿＿＿＿＿　编号：　2.2.2.6－1

引导问题：

(1)简述静压预制桩施工工艺流程。

(2)静压预制桩分项工程检验批划分规定是什么？本工程项目静压预制桩划分为多少个检验批？

任务工作单二

组号：_____ 姓名：_____ 学号：_____ 编号：<u>2.2.2.6—2</u>

引导问题：

(1)简述本任务静压预制桩桩型、桩身直径及桩身混凝土强度要求。

(2)简述本任务静压预制桩桩顶标高、单桩竖向承载力特征值及桩端嵌岩深度要求。

(3)简述静压预制桩的主控项目验收内容、检查数量和检验方法。

(4)简述静压预制桩的一般项目允许偏差检测部位要求。

(5)结合本项目图纸，请按照随机且有代表性的原则编写一个检验批的桩位、桩顶标高允许偏差实体检测方案(表2.2.2.6)。

表 2.2.2.6　实体检测方案

序号	检测项目	检测部位	检验方法

任务工作单三

组号：_____ 姓名：_____ 学号：_____ 编号：<u>2.2.2.6—3</u>

引导问题：

(1)填写静压预制桩检验批现场验收检查原始记录有哪些应注意的事项？请按照检测方案模拟填写静压预制桩检验批现场验收检查原始记录表。

质量验收记录表

(2)如何正确填写静压预制桩检验批质量验收记录表？请按照静压预制桩检验批现场验收检查原始记录填写静压预制桩检验批质量验收记录表。

(3)如何正确填写静压预制桩分项工程质量验收记录表？请根据本项目检验批划分方案填写静压预制桩分项工程质量验收记录表。

2.2.2.7　评价反馈

任务工作单一

组号：_____　姓名：_____　学号：_____　编号：　2.2.2.7—1

个人自评表

班级		组名		日期	年 月 日
评价指标	评价内容			分数	分数评定
信息理解与运用	能有效利用工程案例资料查找有用的相关信息；能将查到的信息有效地传递到学习中			10	
感知课堂生活	是否熟悉各自的工作岗位，认同工作价值；在学习中是否能获得满足感，课堂氛围如何			10	
参与状态	与教师、同学之间是否相互理解与尊重；与教师、同学之间是否保持多向、丰富、适宜的信息交流			10	
	能处理好合作学习和独立思考的关系，做到有效学习；能提出有意义的问题或能发表个人见解			10	
知识、能力获得情况	掌握静压预制桩施工工艺流程			5	
	掌握静压预制桩分项工程检验批划分规定			5	
	掌握静压预制桩质量验收的主控项目和一般项目的验收内容、检查数量、检验方法			5	
	能正确划分静压预制桩分项工程检验批			10	
	能对静压预制桩进行质量验收			10	
	能正确填写静压预制桩检验批现场验收检查原始记录表、检验批质量验收记录表、分项工程质量验收记录表			10	
思维状态	是否能发现问题、提出问题、分析问题、解决问题			5	
自评反思	按时按质完成任务；较好地掌握了专业知识点；较强的信息分析能力和理解能力			10	
自评分数					
有益的经验和做法					
总结反思建议					

任务工作单二

组号：_____ 姓名：_____ 学号：_____ 编号：2.2.2.7－2

小组互评表

班级		被评组名		日期	年 月 日
评价指标		评价内容		分数	分数评定
信息理解与运用		该组能否有效利用工程案例资料查找有用的相关信息		5	
		该组能否将查到的信息有效地传递到学习中		5	
感知课堂生活		该组是否熟悉各自的工作岗位，认同工作价值		5	
		该组在学习中是否能获得满足感		5	
参与状态		该组与教师、同学之间是否相互理解与尊重		5	
		该组与教师、同学之间是否保持多向、丰富、适宜的信息交流		5	
		该组能否处理好合作学习和独立思考的关系，做到有效学习		5	
		该组能否提出有意义的问题或发表个人见解		5	
任务完成情况		能正确填写静压预制桩检验批现场验收检查原始记录表		15	
		能正确填写静压预制桩检验批质量验收记录表		15	
		能正确填写静压预制桩分项工程质量验收记录表		15	
思维状态		该组是否能发现问题、提出问题、分析问题、解决问题		5	
自评反思		该组能严肃、认真地对待自评		10	
互评分数					
简要评述					

任务工作单三

组号：_____ 姓名：_____ 学号：_____ 编号：2.2.2.7－3

教师评价表

班级		组名		姓名	
出勤情况					
评价内容	评价要点	考查要点	分数	教师评定	
				结论	分数
信息理解与运用	任务实施过程中资料查阅	是否查阅信息资料	10		
		正确运用信息资料			
任务完成情况	掌握了静压预制桩施工工艺流程	内容正确，错一处扣2分	10		
	掌握了静压预制桩分项工程检验批划分规定	内容正确，错一处扣2分	10		
	掌握了静压预制桩质量验收的主控项目和一般项目的验收内容、检查数量、检验方法	内容正确，错一处扣2分	10		

班级		组名		姓名		
出勤情况						
评价内容	评价要点		考查要点	分数	教师评定	
					结论	分数
任务完成情况	能正确划分静压预制桩分项工程检验批		内容正确，错一处扣2分	10		
	能对静压预制桩进行质量验收		内容正确，错一处扣2分	10		
	能正确填写静压预制桩检验批现场验收检查原始记录表、检验批质量验收记录表、分项工程质量验收记录表		内容正确，错一处扣2分	10		
素质目标达成情况	出勤情况		缺勤1次扣2分	10		
	具有规范意识，讲原则、守规矩		根据情况，酌情扣分	5		
	具有严谨求实、专心细致的工作作风		根据情况，酌情扣分	5		
	具有团结协作意识、责任意识		根据情况，酌情扣分	5		
	具有吃苦耐劳的精神		根据情况，酌情扣分	5		

2.2.2.8 相关知识点

(1)静压预制桩施工工艺流程。静压法成桩一般采取分段压入、逐段接长的办法。其工艺流程：施工准备(技术准备、材料准备、机具准备)→作业条件→测量放线→压桩机就位(桩尖就位、对中、调直)→稳桩→压桩(记录桩入土深度和压力表读数)→接桩→再压桩→根据压桩力是否达到规定值，选择送桩或截桩→终止压桩→切桩头→检查验收。

相关知识点

(2)钢筋混凝土预制桩检验批的划分应同时符合下列规定：

检验批划分：①同一规格，相同材料、工艺和施工条件的混凝土预制桩，每300根桩划分为一个检验批，不足300根的也应划分为一个检验批；②按施工段、变形缝划分，对于工程量较少的分项工程可统一划分为一个验收批。

(3)静压预制桩的主控项目验收内容、检查数量和检验方法。

1)桩基承载力符合设计要求。

检查数量：设计等级为甲级或地质条件复杂时，检验桩数不少于总桩数的1%，且不少于3根，当总桩数少于50根时，检验桩数不少于2根。在有经验和对比资料的地区，设计等级为乙级、丙级的桩基，检测数量不少于总桩数的5%，且不少于10根。

检验方法：静载试验、高应变法。

2)桩身完整性检测，判断桩身缺陷的程度及位置。

检查数量：不少于总桩数的20%，且不少于10根。每根柱子承台下的桩检查数量不应少于1根。

检验方法：低应变法。

(4)静压预制桩的一般项目验收内容、检查数量和检验方法

1)施工前应检验成品桩构造尺寸以及外观质量是否满足表面平整，颜色均匀，掉角深度小于10 mm，蜂窝面积小于总面积的0.5%的要求。

检查数量：根据经批准的施工方案确定。

检验方法：观察及尺量，查产品合格证。

2)静压预制桩的桩位应逐根检查，桩位允许偏差应符合表 2.2.2.8-1 的规定。斜桩倾斜度的偏差应为倾斜角正切值的 15%。

表 2.2.2.8-1　静压预制桩的桩位允许偏差

序号	检查项目		允许偏差
1	带有基础梁的桩	垂直基础梁的中心线	≤100+0.01H
		沿基础梁的中心线	≤150+0.01H
2	承台桩	桩数为 1～3 根桩基中的桩	≤100+0.01H
		桩数大于或等于 4 根桩基中的桩	≤1/2桩径+0.01H 或 1/2 边长+0.01H

注：H 为桩基施工面至设计桩顶的距离(mm)。

检查数量：全数检查。

检验方法：全站仪或用钢尺量。

3)静压预制桩接桩的质量检验标准应符合表 2.2.2.8-2 的规定。

表 2.2.2.8-2　静压预制桩接桩的质量检验标准

序号	检查项目	允许值或允许偏差	检验方法
1	焊缝质量	咬边深度 ≤0.5 mm	焊缝检查仪
		加强层高度 ≤2 mm	焊缝检查仪
		加强层宽度 ≤3 mm	焊缝检查仪
		焊缝电焊质量外观 无气孔、焊瘤、裂缝	目测法
		焊缝探伤检验 设计要求	超声波或射线探伤
2	电焊结束后停歇时间	≥6(3)min	用表计时
3	上下节平面偏差	≤10 mm	用钢尺量
4	节点弯曲矢高	同桩体弯曲要求	用钢尺量

注：电焊结束后停歇时间项括号中为采用二氧化碳气体保护焊时的数值。

检查数量：根据经批准的施工方案确定。

4)静压预制桩其他检查项目质量检验标准应符合表 2.2.2.8-3 的规定。

表 2.2.2.8-3　静压预制桩其他检查项目质量检验标准

序号	检查项目	允许值或允许偏差	检验方法
1	电焊条质量	设计要求	产品合格证
2	终压标准	设计要求	用钢尺量或查沉桩记录
3	桩顶标高	±50 mm	水准测量
4	垂直度	≤1/100	经纬仪测量
5	混凝土灌芯	设计要求	查灌注量

检查数量：根据经批准的施工方案确定。

（5）静压预制桩一般项目允许偏差测量方法。

1）桩位偏差。桩位偏差是指桩顶中心点在设计纵、横桩位轴线上的偏移量。对桩位偏移量的允许值，不同类型的桩有不同要求，静压预制桩应满足表 2.2.2.8-1 要求。当所有桩顶标高差别不大时，桩位偏移量的测定方法可采用拉线法，即在原有或恢复后的纵、横桩位轴线的引桩点间分别拉细尼龙绳各一条，然后用角尺分别量取每个桩顶中心点至细尼龙绳的垂直距离，即偏移量，并要标明偏移方向；当桩顶标高相差较大时，可采用经纬仪法，把纵、横桩位轴线投影到桩顶上，然后再量取桩位偏移量，或采用极坐标法测定每个桩顶中心点坐标与理论坐标之差计算其偏移量。

2）桩身垂直度。桩身垂直度一般是以桩身倾斜角来表示的，倾斜角是指桩纵向中心线与铅垂线间的夹角。压桩前应进行稳桩，使桩垂直稳定，对于 10 m 以内短桩可目测或用线坠双向校准，10 m 以上或压接桩应用线坠或者经纬仪双向校正，不得用目测，保证桩入土垂直度偏差不超过 1%。可以利用压桩机水准气泡调整压桩机械水平从而控制桩身垂直度。

3）桩顶标高。根据视线高法测量原理，利用水准仪、塔尺通过已知点高程得到水准仪视线高度，再将塔尺依次放到待测桩顶处，读出塔尺度数，计算出各待测桩桩顶标高，桩顶标高测量精度应满足 ±10 mm 要求。将所测得的各桩顶标高与设计图纸中桩顶标高进行比较，其偏差值应在 ±50 mm 内。

4）接桩节点允许偏差。

①采用焊接接桩时，采用焊缝检查仪检测焊缝咬边深度、宽度、高度，其值符合表 2.2.2.8-2 要求；用秒表计时电焊结束停歇时间，一般不小于 6 min（二氧化碳保护焊时为 2 min）。

②用钢尺测量入土桩段露出地面的高度，当高度为 0.8～1.0 m 时，便可开始接桩；接桩时上下节桩应用经纬仪校准垂直度使上下节保持顺直，用钢尺测量上下节桩连接的中心线偏差值（不大于 10 mm）。

2.2.2.9 项目拓展

项目拓展

2.2.3 泥浆护壁成孔灌注桩质量验收与资料管理

2.2.3.1 任务描述

根据×××艺术中心结构施工图、工程量清单、专项施工方案、安全功能试验检验报告，以及《建筑地基基础工程施工质量验收标准》（GB 50202—2018）中关于泥浆护壁成孔灌注桩质量验收内容，完成以下工作任务：

任务描述

（1）划分泥浆护壁成孔灌注桩分项工程检验批。

（2）对泥浆护壁成孔灌注桩主控项目进行质量检查。

（3）操作检测工具对泥浆护壁成孔灌注桩一般项目允许偏差实体检测。

（4）利用建筑工程资料管理软件填写泥浆护壁成孔灌注桩检验批现场验收检查原始记录、检验批质量验收记录、分项工程质量验收记录。

2.2.3.2 学习目标

(1)知识目标：

1)掌握泥浆护壁成孔灌注桩施工工艺流程。

2)掌握泥浆护壁成孔灌注桩分项工程检验批划分规定。

3)掌握泥浆护壁成孔灌注桩质量验收的主控项目和一般项目的验收内容、检查数量、检验方法。

(2)能力目标：

1)能正确划分泥浆护壁成孔灌注桩分项工程检验批。

2)能对泥浆护壁成孔灌注桩进行质量验收。

3)能正确填写泥浆护壁成孔灌注桩检验批现场验收检查原始记录表、检验批质量验收记录表、分项工程质量验收记录表。

(3)素质目标：

1)培养质量意识。

2)培养规范意识，讲原则、守规矩。

3)培养严谨求实、专心细致的工作作风。

4)培养责任意识。

5)培养团结协作、质量预控意识。

6)培养吃苦耐劳的精神。

2.2.3.3 任务分析

(1)重点。

1)主控项目和一般项目质量验收。

2)填写质量验收记录表。

(2)难点。

1)桩端土性和嵌岩桩入岩深度检查。

2)验收项目检测操作规范。

2.2.3.4 素质养成

(1)在主控项目、一般项目验收条文描述中，引导学生养成规范、规矩意识，具有质量第一的原则与立场；

(2)试桩时，与参建各方主体确定桩端土性判定标准，培养团结协作、质量预控意识；

(3)在质量验收、填写质量验收表格过程中，要专心细致、如实记录数据、准确评价验收结果，训练中养成分工合作、不怕苦不怕累的精神。

2.2.3.5 任务分组

填写学生任务分配表(表 2.2.3.5)。

表 2.2.3.5　学生任务分配表

班级		组号		指导教师	
组长		学号			
组员	姓名	学号		姓名	学号
任务分工					

2.2.3.6　工作实施

任务工作单一

组号：＿＿＿＿＿＿　　姓名：＿＿＿＿＿＿　　学号：＿＿＿＿＿　　编号：2.2.3.6－1

引导问题：

(1)简述泥浆护壁成孔灌注桩施工工艺流程。

(2)泥浆护壁成孔灌注桩分项工程检验批划分规定是什么？本工程项目泥浆护壁成孔灌注桩划分为多少个检验批？

任务工作单二

组号：＿＿＿＿＿＿　　姓名：＿＿＿＿＿＿　　学号：＿＿＿＿＿　　编号：2.2.3.6－2

引导问题：

(1)简述本项目泥浆护壁成孔灌注桩桩型、桩身直径及桩身混凝土强度要求。

(2)简述本项目泥浆护壁成孔灌注桩桩顶标高、单桩竖向承载力特征值及桩端嵌岩深度要求。

(3)简述泥浆护壁成孔灌注桩的主控项目验收内容、检查数量和检验方法。

(4)简述泥浆护壁成孔灌注桩的一般项目允许偏差检测部位要求。

(5)结合本项目图纸，请按照随机且有代表性的原则编写一个检验批的桩位、桩顶标高允许偏差实体检测方案(表2.2.3.6)。

表 2.2.3.6　实体检测方案

序号	检测项目	检测部位	检验方法

任务工作单三

组号：_____　姓名：_____　学号：_____　编号：2.2.3.6—3

引导问题：

(1)填写泥浆护壁成孔灌注桩检验批现场验收检查原始记录有哪些应注意的事项？请按照检测方案模拟填写泥浆护壁成孔灌注桩检验批现场验收检查原始记录表。

质量验收记录表

(2)如何正确填写泥浆护壁成孔灌注桩检验批质量验收记录表？请按照泥浆护壁成孔灌注桩检验批现场验收检查原始记录填写泥浆护壁成孔灌注桩检验批质量验收记录表。

(3)如何正确填写泥浆护壁成孔灌注桩分项工程质量验收记录表？请根据本项目检验批划分方案填写泥浆护壁成孔灌注桩分项工程质量验收记录表。

2.2.3.7　评价反馈

任务工作单一

组号：_____　姓名：_____　学号：_____　编号：2.2.3.7—1

个人自评表

班级		组名		日期	年 月 日
评价指标		评价内容		分数	分数评定
信息理解与运用		能有效利用工程案例资料查找有用的相关信息；能将查到的信息有效地传递到学习中		10	
感知课堂生活		是否熟悉各自的工作岗位，认同工作价值；在学习中是否能获得满足感，课堂氛围如何		10	

班级		组名		日期	年 月 日
评价指标	评价内容			分数	分数评定
参与状态	与教师、同学之间是否相互理解与尊重；与教师、同学之间是否保持多向、丰富、适宜的信息交流			10	
	能处理好合作学习和独立思考的关系，做到有效学习；能提出有意义的问题或能发表个人见解			10	
知识、能力获得情况	掌握泥浆护壁成孔灌注桩施工工艺流程			5	
	掌握泥浆护壁成孔灌注桩分项工程检验批划分规定			5	
	掌握泥浆护壁成孔灌注桩质量验收的主控项目和一般项目的验收内容、检查数量、检验方法			5	
	能正确划分泥浆护壁成孔灌注桩分项工程检验批			10	
	能对泥浆护壁成孔灌注桩进行质量验收			10	
	能正确填写泥浆护壁成孔灌注桩检验批现场验收检查原始记录表、检验批质量验收记录表、分项工程质量验收记录表			10	
思维状态	是否能发现问题、提出问题、分析问题、解决问题			5	
自评反思	按时按质完成任务；较好地掌握了专业知识点；较强的信息分析能力和理解能力			10	
自评分数					
有益的经验和做法					
总结反思建议					

任务工作单二

组号：_____　姓名：_____　学号：_____　编号：<u>2.2.3.7−2</u>

小组互评表

班级		被评组名		日期	年 月 日
评价指标	评价内容			分数	分数评定
信息理解与运用	该组能否有效利用工程案例资料查找有用的相关信息			5	
	该组能否将查到的信息有效地传递到学习中			5	
感知课堂生活	该组是否熟悉各自的工作岗位，认同工作价值			5	
	该组在学习中是否能获得满足感			5	

班级		被评组名		日期	年 月 日
评价指标	评价内容			分数	分数评定
参与状态	该组与教师、同学之间是否相互理解与尊重			5	
	该组与教师、同学之间是否保持多向、丰富、适宜的信息交流			5	
	该组能否处理好合作学习和独立思考的关系，做到有效学习			5	
	该组能否提出有意义的问题或发表个人见解			5	
任务完成情况	能正确填写泥浆护壁成孔灌注桩检验批现场验收检查原始记录表			15	
	能正确填写泥浆护壁成孔灌注桩检验批质量验收记录表			15	
	能正确填写泥浆护壁成孔灌注桩分项工程质量验收记录表			15	
思维状态	该组是否能发现问题、提出问题、分析问题、解决问题			5	
自评反思	该组能严肃、认真地对待自评			10	
互评分数					
简要评述					

任务工作单三

组号：＿＿＿＿＿＿＿ 姓名：＿＿＿＿＿＿＿ 学号：＿＿＿＿＿＿＿ 编号：　2.2.3.7－3

教师评价表

班级		组名		姓名		
出勤情况						
评价内容	评价要点		考查要点	分数	教师评定	
					结论	分数
信息理解与运用	任务实施过程中资料查阅		是否查阅信息资料	10		
			正确运用信息资料			
任务完成情况	掌握了泥浆护壁成孔灌注桩施工工艺流程		内容正确，错一处扣2分	10		
	掌握了泥浆护壁成孔灌注桩分项工程检验批划分规定		内容正确，错一处扣2分	10		
	掌握了泥浆护壁成孔灌注桩质量验收的主控项目和一般项目的验收内容、检查数量、检验方法		内容正确，错一处扣2分	10		
任务完成情况	能正确划分泥浆护壁成孔灌注桩分项工程检验批		内容正确，错一处扣2分	10		
	能对泥浆护壁成孔灌注桩进行质量验收		内容正确，错一处扣2分	10		
	能正确填写泥浆护壁成孔灌注桩检验批现场验收检查原始记录表、检验批质量验收记录表、分项工程质量验收记录表		内容正确，错一处扣2分	10		

班级		组名		姓名		
出勤情况						
评价内容	评价要点		考查要点	分数	教师评定	
					结论	分数
素质目标 达成情况	出勤情况		缺勤 1 次扣 2 分	10		
	具有规范意识，讲原则、守规矩		根据情况，酌情扣分	5		
	具有严谨求实、专心细致的工作作风		根据情况，酌情扣分	5		
	具有团结协作意识、质量预控意识		根据情况，酌情扣分	5		
	具有吃苦耐劳的精神		根据情况，酌情扣分	5		

2.2.3.8 相关知识点

(1)泥浆护壁成孔灌注桩施工工艺流程(图 2.2.3.8)。

(2)泥浆护壁成孔灌注桩分项工程检验批划分规定。

检验批划分：同一规格，相同材料、工艺和施工条件的混凝土灌注桩，每 300 根桩划分为一个检验批，不足 300 根的也应划分为一个检验批。

相关知识点

(3)泥浆护壁成孔灌注桩的主控项目验收内容、检查数量和检验方法。

1)桩基承载力符合设计要求。

检查数量：设计等级为甲级或地质条件复杂时，检验桩数不少于总桩数的 1%，且不少于 3 根，当总桩数少于 50 根时，检验桩数不少于 2 根。在有经验和对比资料的地区，设计等级为乙级、丙级的桩基，检测数量不少于总桩数的 5%，且不少于 10 根。

检验方法：静载试验、高应变法。

2)桩身完整性检测，判断桩身缺陷的程度及位置。

检查数量：不少于总桩数的 20%，且不少于 10 根。每根柱子承台下的桩检查数量不应少于 1 根。

检验方法：低应变法、钻芯法、声波透射法。

3)孔深符合设计要求，只深不浅。

检查数量：全数检查。

检验方法：用重锤测，或测钻杆、套管长度，嵌岩桩应确保进入设计要求的嵌岩深度。

4)混凝土强度等级必须符合设计要求。灌注桩混凝土强度检验的试件应在施工现场随机抽取。

检查数量：同一搅拌站的混凝土，每浇筑 50 m³ 必须至少留置一组试件；当混凝土浇筑量不足 50 m³，每连续浇筑 12 h 必须至少留置一组试件。对单柱单桩，每根桩至少留置一组试件。

检验方法：试件报告或钻芯取样送检。

5)嵌岩深度符合设计要求。

检查数量：全数检查。

检验方法：取岩样或者超前钻孔取样。

(4)泥浆护壁成孔灌注桩的一般项目验收内容、检查数量和检验方法。

1)泥浆护壁成孔灌注桩桩径、垂直度及桩位允许偏差应符合表 2.2.3.8-1 的规定。

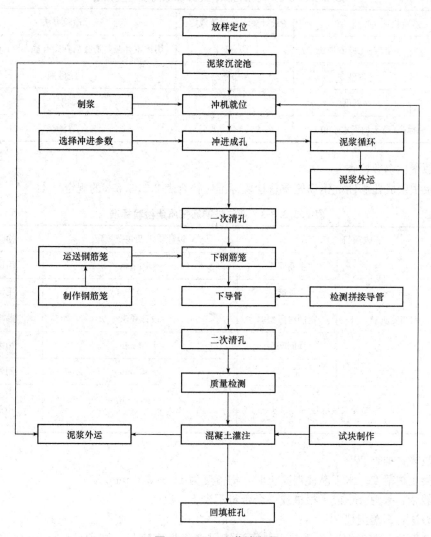

图 2.2.3.8　工艺流程图

表 2.2.3.8-1　泥浆护壁成孔灌注桩桩径、垂直度及桩位允许偏差

桩径	桩径允许偏差/mm	垂直度允许偏差/%	桩位允许偏差/mm
$D<1\ 000$ mm	$\geqslant 0$	$\leqslant 1$	$\leqslant 70+0.01H$
$D\geqslant 1\ 000$ mm			$\leqslant 100+0.01H$
注：1. H 为桩基施工面至设计桩顶的距离(mm)； 　　2. D 为设计桩径(mm)。			

检查数量：全数检查。

检验方法：桩径、垂直度采用井径仪或超声波检测；桩位采用全站仪或用钢尺量，开挖前量护筒，开挖后量桩中心。

2)泥浆指标、泥浆面标高及检查方法应符合表2.2.3.8-2的规定。

表 2.2.3.8-2　泥浆指标、泥浆面标高及检查方法

	验收项目	设计要求及规范规定	检验方法
1	泥浆指标 — 比重(黏土或砂性土中)	1.10~1.25	用比重计测,清孔后在距孔底 500 mm 处取样
	泥浆指标 — 含砂率	≤8%	洗砂瓶
	泥浆指标 — 黏度	18~28 s	黏度计
2	泥浆面标高(高于地下水水位)	0.5~1.0 m	目测法

检查数量:全数检查。

3)泥浆护壁成孔灌注桩钢筋笼质量检验标准应符合表 2.2.3.8-3 的规定。

表 2.2.3.8-3　灌注桩钢筋笼质量检验标准

	验收项目		设计要求及规范规定	检验方法
1	钢筋笼质量	主筋间距	±10 mm	用钢尺量
		长度	±100 mm	用钢尺量
		钢筋材质检验	设计要求	抽样送检
		箍筋间距	±20 mm	用钢尺量
		笼直径	±10 mm	用钢尺量
2	钢筋笼安装深度		$+100$ mm 0	用钢尺量

检查数量:抽查 20%。

4)混凝土坍落度。水下灌注混凝土时,坍落度为 180~220 mm。

检查数量:每 50 m³ 或一根桩或一个台班不少于一次。

检验方法:坍落度仪。

5)沉渣厚度。灌注混凝土之前,孔底沉渣厚度指标应满足,端承桩≤50 mm,摩擦桩≤150 mm。

检查数量:全数检查。

检验方法:用沉渣仪或重锤测。

6)桩顶标高。桩顶实际标高应控制在比桩顶设计标高高出 0.5 m。桩顶标高允许偏差值控制在+30 mm,−50 mm。

检查数量:全数检查。

检验方法:水准仪,需扣除桩顶浮浆层及劣质桩体(破桩头)。

(5)泥浆护壁成孔灌注桩的一般项目允许偏差测量方法。

1)桩位偏差。桩位偏差是指桩顶中心点在设计纵、横桩位轴线上的偏移量。对桩位偏移量的允许值,不同类型的桩有不同要求,泥浆护壁成孔灌注桩应满足表 2.2.3.8-1 要求。当所有桩顶标高差别不大时,桩位偏移量的测定方法可采用拉线法,即在原有或恢复后的纵、横桩位轴线的引桩点间分别拉细尼龙绳各一条,然后用角尺分别量取每个桩顶中心点至细尼龙绳的垂直距离,即偏移量,并要标明偏移方向;当桩顶标高相差较大时,可采用经纬仪法,把纵、横桩位轴线投影到桩顶上,然后量取桩位偏移量,或采用极坐标法测定每个桩顶中心点坐标与理论

坐标之差计算其偏移量。

2）桩身垂直度。桩身垂直度一般是以桩身倾斜角来表示的，倾斜角是指桩纵向中心线与铅垂线间的夹角，桩身垂直度测定可以用自制简单测斜仪直接测定其倾斜角，要求度盘半径不小于 300 mm，度盘刻度不低于 $10'$。

3）桩顶标高。根据视线高法测量原理，利用水准仪、塔尺通过已知点高程得到水准仪视线高度，再将塔尺依次放到待测桩顶处，读出塔尺度数，计算出各待测桩桩顶标高，桩顶标高测量精度应满足 ±10 mm 要求。将所测得的各桩顶标高与设计图纸中桩顶标高进行比较，其偏差值应在 ±50 mm 内。

4）泥浆指标。

①比重。清孔后在距孔底 500 mm 处取样，将比重计缓缓放入试样中，待其静止稳定后平视读数，精确至小数点后两位。

②含砂率。在量筒内装入泥浆 75 mL；然后加入水至 250 mL，堵住量筒口，仔细晃动量筒使泥浆混合均匀；把量筒内的泥浆倒在筛网（74 μm）上，并用清水洗净量筒内的泥浆残渣，全部倒在筛网上并轻轻按压筛网上面的残渣；将斗颠倒过来插在筛网上，斗出口插入量筒口内。将整体慢慢地转动，然后用少量的水冲洗筛网内侧，使筛网上的土砂全部冲洗到量筒内，在这种状态下，使砂在量筒内沉淀；量筒里的沉淀物为土砂，量筒上的刻度为土砂容积，用百分数表示出来，作为含砂率。

③黏度。漏斗黏度计主要用于现场测定泥浆的黏度。将斗放在试验架子上，用手指堵住下面的出口，将一定量的泥浆从上面注入漏斗黏度计内。这时泥浆先通过 0.25 mm 金属丝网，除去大的固体颗粒，然后移开堵住下口的手指，用秒表测定泥浆全部流出的时间。

5）钢筋笼。钢筋笼制作时，其主筋间距、长度、箍筋间距、直径可以用钢尺直接测量，允许偏差应符合表 2.2.3.8-3 的规定。

2.2.3.9　项目拓展

项目拓展

任务三　基坑支护工程质量验收与资料管理

2.3.1　灌注桩排桩围护墙质量验收与资料管理

2.3.1.1　任务描述

根据×××学院实验实训综合楼 EPC 工程总承包的建筑和结构施工图、工程量清单、专项施工方案、安全功能试验检验报告，以及《建筑地基工程施工质量验收标准》（GB 50202—2018）中关于排桩基坑支护工程质量验收的规定，完成以下工作任务：

任务描述

（1）划分灌注桩排桩围护墙分项工程检验批。

（2）对灌注桩排桩围护墙工程主控项目进行质量检查。

（3）操作检测工具对灌注桩排桩围护墙工程一般项目允许偏差实体检测。

（4）利用建筑工程资料管理软件填写灌注桩排桩围护墙工程检验批现场验收检查原始记录、检验批质量验收记录、分项工程质量验收记录。

2.3.1.2　学习目标

（1）知识目标：

1）掌握各类灌注桩排桩围护墙施工工艺流程。

2）掌握灌注桩排桩围护墙分项工程检验批划分规定。

3）掌握灌注桩排桩围护墙工程质量验收的主控项目和一般项目的验收内容、检查数量、检验方法。

（2）能力目标：

1）能正确划分灌注桩排桩围护墙分项工程检验批。

2）能对灌注桩排桩围护墙工程进行质量验收。

3）能正确填写灌注桩排桩围护墙工程检验批现场验收检查原始记录表、检验批质量验收记录表、分项工程质量验收记录表。

（3）素质目标：

1）培养规范意识。

2）培养安全意识。

3）培养社会责任感。

4）培养吃苦耐劳精神。

5）培养团结协作意识。

2.3.1.3　任务分析

（1）重点。

1）确定检验批容量。

2）主控项目和一般项目质量验收。

3）填写质量验收记录表。

（2）难点。

验收项目检测操作规范。

2.3.1.4　素质养成

（1）在主控项目、一般项目验收条文描述中，引导学生养成规范、安全意识，具有安全、质量第一的原则与立场。

（2）在质量验收过程中，意识到基坑支护对周边建筑物、市政管道、地下设施等安全的影响重大，培养学生强烈的社会责任感；同时验收过程中，工作环境艰苦，培养学生吃苦耐劳的精神。

（3）在质量验收、填写质量验收表格过程中，要专心细致、如实记录数据、准确评价验收结果，训练中养成分工合作、不怕苦不怕累的精神。

2.3.1.5　任务分组

填写学生任务分配表(表2.3.1.5)。

表 2.3.1.5　学生任务分配表

班级		组号		指导教师	
组长		学号			
组员	姓名	学号		姓名	学号
任务分工					

2.3.1.6　工作实施

任务工作单一

组号:＿＿＿＿＿＿　姓名:＿＿＿＿＿＿　学号:＿＿＿＿＿＿　编号:　2.3.1.6－1

引导问题:

(1)简述各类灌注桩排桩围护墙施工工艺流程。

(2)灌注桩排桩围护墙分项工程检验批划分规定是什么?本工程项目灌注桩排桩围护墙分项工程可划分为多少个检验批?

任务工作单二

组号:＿＿＿＿＿＿　姓名:＿＿＿＿＿＿　学号:＿＿＿＿＿＿　编号:　2.3.1.6－2

引导问题:

(1)简述本项目支护桩施工工艺流程。

(2)根据×××学院实验实训综合楼深基坑专项施工方案,简述本项目旋挖桩质量检验标准的具体内容。

(3)简述灌注桩排桩围护墙工程的主控项目验收内容、检查数量和检验方法。

(4)简述灌注桩排桩围护墙工程的一般项目验收内容、检查数量和检验方法。

(5)结合本项目图纸,请按照随机且有代表性的原则编写一个检验批的一般项目允许偏差实体检测方案(表2.3.1.6)。

表2.3.1.6　实体检测方案

序号	检测项目	检测部位	检验方法

任务工作单三

组号:_____ 姓名:_____ 学号:_____ 编号:2.3.1.6-3

引导问题:

(1)填写灌注桩排桩围护墙工程检验批现场验收检查原始记录有哪些应注意的事项?请按照检测方案模拟填写灌注桩排桩围护墙工程检验批现场验收检查原始记录表。

质量验收记录表

(2)如何正确填写灌注桩排桩围护墙工程检验批质量验收记录表?请按照灌注桩排桩围护墙工程检验批现场验收检查原始记录填写灌注桩排桩围护墙工程检验批质量验收记录表。

(3)如何正确填写灌注桩排桩围护墙分项工程质量验收记录表?请根据检验批划分方案填写灌注桩排桩围护墙分项工程质量验收记录表。

2.3.1.7 评价反馈

任务工作单一

组号：_____ 姓名：_____ 学号：_____ 编号：2.3.1.7－1

个人自评表

班级		组名		日期	年 月 日
评价指标	评价内容			分数	分数评定
信息理解与运用	能有效利用工程案例资料查找有用的相关信息；能将查到的信息有效地传递到学习中			10	
感知课堂生活	是否熟悉各自的工作岗位，认同工作价值；在学习中是否能获得满足感，课堂氛围如何			10	
参与状态	与教师、同学之间是否相互理解与尊重；与教师、同学之间是否保持多向、丰富、适宜的信息交流			10	
	能处理好合作学习和独立思考的关系，做到有效学习；能提出有意义的问题或能发表个人见解			10	
知识、能力获得情况	掌握了各类灌注桩排桩围护墙工程施工工艺流程			5	
	掌握了灌注桩排桩围护墙分项工程检验批划分规定			5	
	掌握了灌注桩排桩围护墙工程质量验收的主控项目和一般项目的验收内容、检查数量、检验方法			5	
	能正确划分灌注桩排桩围护墙分项工程检验批			10	
	能对灌注桩排桩围护墙工程进行质量验收			10	
	能正确填写灌注桩排桩围护墙工程检验批现场验收检查原始记录表、检验批质量验收记录表、分项工程质量验收记录表			10	
思维状态	是否能发现问题、提出问题、分析问题、解决问题			5	
自评反思	按时按质完成任务；较好地掌握了专业知识点；较强的信息分析能力和理解能力			10	
自评分数					
有益的经验和做法					
总结反思建议					

任务工作单二

组号：_____ 姓名：_____ 学号：_____ 编号：2.3.1.7－2

小组互评表

班级		被评组名		日期	年 月 日
评价指标		评价内容		分数	分数评定
信息理解与运用		该组能否有效利用工程案例资料查找有用的相关信息		5	
		该组能否将查到的信息有效地传递到学习中		5	
感知课堂生活		该组是否熟悉各自的工作岗位，认同工作价值		5	
		该组在学习中是否能获得满足感		5	
参与状态		该组与教师、同学之间是否相互理解与尊重		5	
		该组与教师、同学之间是否保持多向、丰富、适宜的信息交流		5	
		该组能否处理好合作学习和独立思考的关系，做到有效学习		5	
		该组能否提出有意义的问题或发表个人见解		5	
任务完成情况		能正确填写灌注桩排桩围护墙工程检验批现场验收检查原始记录表		15	
		能正确填写灌注桩排桩围护墙工程检验批质量验收记录表		15	
		能正确填写灌注桩排桩围护墙工程分项工程质量验收记录表		15	
思维状态		该组是否能发现问题、提出问题、分析问题、解决问题		5	
自评反思		该组能严肃、认真地对待自评		10	
互评分数					
简要评述					

任务工作单三

组号：_____ 姓名：_____ 学号：_____ 编号：2.3.1.7－3

教师评价表

班级		组名		姓名		
出勤情况						
评价内容	评价要点		考查要点	分数	教师评定	
					结论	分数
信息理解与运用	任务实施过程中资料查阅		是否查阅信息资料	10		
			正确运用信息资料			
任务完成情况	掌握了各类灌注桩排桩围护墙工程施工工艺流程		内容正确，错一处扣2分	10		
	掌握了灌注桩排桩围护墙分项工程检验批划分规定		内容正确，错一处扣2分	10		
	掌握了灌注桩排桩围护墙工程质量验收的主控项目和一般项目的验收内容、检查数量、检验方法		内容正确，错一处扣2分	10		
	能正确划分灌注桩排桩围护墙分项工程检验批		内容正确，错一处扣2分	10		

班级		组名		姓名			
出勤情况							
评价内容	评价要点		考查要点		分数	教师评定	
						结论	分数
任务完成情况	能对灌注桩排桩围护墙工程进行质量验收		内容正确，错一处扣2分		10		
	能正确填写灌注桩排桩围护墙工程检验批现场验收检查原始记录表、检验批质量验收记录表、分项工程质量验收记录表		内容正确，错一处扣2分		10		
素质目标达成情况	出勤情况		缺勤1次扣2分		10		
	具有规范意识、安全意识		根据情况，酌情扣分		5		
	具有社会责任感		根据情况，酌情扣分		5		
	具有吃苦耐劳的精神		根据情况，酌情扣分		5		
	具有团结协作意识		根据情况，酌情扣分		5		

2.3.1.8 相关知识点

(1)各类灌注桩排桩围护墙施工工艺流程。灌注桩排桩围护墙施工工艺流程与各类灌注桩施工工艺流程相同。

相关知识点

泥浆护壁成孔灌注桩排桩围护墙施工工艺流程：测量放线→埋设护筒→钻机就位→钻孔、注泥浆→第一次清孔→吊放钢筋笼→插入导管→第二次清孔→灌注水下混凝土→拔导管及护筒。

长螺旋钻孔压灌桩排桩围护墙施工工艺流程：测量放线→钻机就位→钻孔→边压灌混凝土边提升钻杆→下插钢筋笼→成桩。

沉管灌注桩排桩围护墙施工工艺流程：测量放线→桩机就位→锤击(振动)沉管→灌注混凝土至笼底标高→下放钢筋笼→灌注混凝土至桩顶标高→边补充灌注混凝土边锤击(振动)拔管→成桩。

长螺旋干作业钻孔灌注桩排桩围护墙施工工艺流程：测量放线→钻机就位→钻机钻进→钻至设计深度→清底→下钢筋笼→灌注混凝土→成桩。

(2)灌注桩排桩围护墙分项工程检验批划分规定。

1)同一规格，相同材料、工艺和施工条件的排桩支护工程，每300根桩划分为一个检验批，不足300根的也应划分为一个检验批。

2)按施工段、变形缝划分；对于工程量较少的分项工程可统一划分为一个验收批。

(3)灌注桩排桩围护墙工程的主控项目验收内容、检查数量和检验方法。

1)孔深不小于设计值。

检查数量：按检验批抽取。

检验方法：测钻杆长度或用测绳。

2)桩身完整性应符合设计要求。

检查数量：检测桩数不宜少于总桩数的20%，且不得少于5根。采用桩墙合一时，低应变法检测桩身完整性的检测数量应为总桩数的100%；采用声波透射法检测的灌注桩排桩数量不应低于总桩数的10%，且不应少于3根。

检验方法：低应变法、声波透射法、钻芯法。当根据低应变法或声波透射法判定的桩身完整性为Ⅲ类、Ⅳ类时，应采用钻芯法进行验证。

3)混凝土强度不小于设计值。

检查数量：灌注桩混凝土强度检验的试件应在施工现场随机抽取。灌注桩每浇筑 50 m³，必须至少留置 1 组混凝土强度试件，单桩不足 50 m³ 的桩，每连续浇筑 12 h 必须至少留置 1 组混凝土强度试件。有抗渗等级要求的灌注桩尚应留置抗渗等级检测试件，一个级配不宜少于 3 组。

检验方法：28 d 试块强度或钻芯法。

4)嵌岩深度不小于设计值。

检查数量：按检验批抽取。

检验方法：取岩样或超前钻孔取样。

5)钢筋笼主筋间距允许偏差±10 mm。

检查数量：按检验批抽取。

检验方法：用钢尺量。

(4)灌注桩排桩围护墙工程的一般项目验收内容、检查数量和检验方法。

1)垂直度偏差≤1/100(≤1/200)，括号中数值适用于灌注桩排桩采用桩墙合一设计的情况。

检查数量：按检验批抽取。

检验方法：测钻杆、用超声波或井径仪测量。

2)孔径不小于设计值。

检查数量：按检验批抽取。

检验方法：测钻头直径。

3)桩位偏差≤50 mm。

检查数量：按检验批抽取。

检验方法：开挖前量护筒，开挖后量桩中心。

4)泥浆指标质量检验标准见表 2.3.1.8-1。

检查数量：按检验批抽取。

表 2.3.1.8-1　泥浆指标质量检验标准

	序号	检查项目	允许偏差 数值	检验方法
一般项目	1	比重(黏土 或砂性土中)	1.10～1.25	泥浆试验
	2	含砂率	≤8%	
	3	黏度	18～28 s	

5)钢筋笼质量检验标准见表 2.3.1.8-2。

检查数量：按检验批抽取。

表 2.3.1.8-2　钢筋笼质量检验标准

	序号	检查项目	允许偏差		检验方法
			单位	数值	
一般项目	1	长度	mm	±100	用钢尺量
	2	钢筋连接质量	设计要求		实验室试验
	3	箍筋间距	mm	±20	用钢尺量
	4	直径	mm	±10	用钢尺量

6)沉渣厚度≤200 mm。

检查数量：按检验批抽取。

检验方法：用沉渣仪或重锤测。

7)混凝土坍落度180～220 mm。

检查数量：按检验批抽取。

检验方法：坍落度仪。

8)钢筋笼安装深度允许偏差±100 mm。

检查数量：按检验批抽取。

检验方法：用钢尺量。

9)混凝土充盈系数≥1.0。

检查数量：按检验批抽取。

检验方法：实际灌注量与理论灌注量的比。

10)桩顶标高允许偏差±50 mm。

检查数量：按检验批抽取。

检验方法：水准测量，需扣除桩顶浮浆层及劣质桩体。

(5)灌注桩排桩围护墙工程的一般项目允许偏差测量方法。

1)桩身垂直度。桩身垂直度一般以桩身倾斜角来表示，倾斜角是指桩纵向中心线与铅垂线间的夹角。压桩前应进行稳桩，使桩垂直稳定，对于10 m以内短桩可目测或用线坠双向校准，10 m以上或者压接桩应用线坠或者经纬仪双向校正，不得用目测，保证桩入土垂直度偏差不超过1%。可以利用压桩机水准气泡调整压桩机械水平从而控制桩身垂直度。

2)桩位偏差。桩位偏差是指桩顶中心点在设计纵、横桩位轴线上的偏移量。当所有桩顶标高差别不大时，桩位偏移量的测定方法可采用拉线法，即在原有或恢复后的纵、横桩位轴线的引桩点间分别拉细尼龙绳各一条，然后用角尺分别量取每个桩顶中心点至细尼龙绳的垂直距离，即偏移量，并要标明偏移方向；当桩顶标高相差较大时，可采用经纬仪法，把纵、横桩位轴线投影到桩顶上，然后量取桩位偏移量，或采用极坐标法测定每个桩顶中心点坐标与理论坐标之差计算其偏移量。

3)桩顶标高。根据视线高法测量原理，利用水准仪、塔尺通过已知点高程得到水准仪视线高度，再将塔尺依次放到待测桩顶处，读出塔尺度数，计算出各待测桩桩顶标高，桩顶标高测量精度应满足±10 mm要求。将所测得各桩顶标高与设计图纸中桩顶标高进行比较，其偏差值应在±50 mm内。

2.3.1.9 项目拓展

项目拓展

2.3.2 锚杆与土钉墙质量验收与资料管理

2.3.2.1 任务描述

根据×××学院实验实训综合楼 EPC 工程总承包的建筑和结构施工图、工程量清单、深基坑专项方案(1 份)、工程地质勘察报告(1 份)、设计图纸/设计变更文件(3/3 份)、降排水方案(1份)、地基验槽记录(3 份)、成品桩合格证(3 份)、钢材合格证/试验报告(3/3份)、钢材焊接试验报告/焊条(剂)合格证/焊工上岗证(3/3/3 份)、水泥合格证/试验报告(3/3 份)、砂、石、硫磺胶泥等其他原材料检验单(3 份)、混凝土外加剂/试验报告(3/3 份)、混凝土配合比报告/浆体配合比报告(3/3 份)、商品混凝土合格证(3 份)、钢筋笼合格证(3 份)、混凝土开盘鉴定记录(3份)、施工记录(3 份)、隐蔽工程检查验收记录(3 份)、分项工程质量验收记

任务描述

录(3 份)、混凝土强度试验报告(4 份)、混凝土试块抗压强度统计及验收记录(4 份)、桩体试块强度试验报告(4 份)、基坑变形监控记录(3 份),以及《建筑地基工程施工质量验收标准》(GB50202—2018)中关于桩排基坑支护工程质量验收的规定,完成以下工作任务,以上各项资料均符合相关要求:

(1)划分锚杆与土钉墙分项工程检验批。

(2)对锚杆与土钉墙工程主控项目进行质量检查。

(3)操作检测工具对锚杆与土钉墙工程一般项目允许偏差实体检测。

(4)利用建筑工程资料管理软件填写锚杆与土钉墙工程检验批现场验收检查原始记录、检验批质量验收记录、分项工程质量验收记录、子分部工程质量验收记录、基坑支护子分部工程资料检查表。

2.3.2.2 学习目标

(1)知识目标:

1)掌握锚杆与土钉墙施工工艺流程。

2)掌握锚杆与土钉墙分项工程检验批划分规定。

3)掌握锚杆与土钉墙工程质量验收的主控项目和一般项目的验收内容、检查数量、检验方法。

(2)能力目标:

1)能正确划分锚杆与土钉墙分项工程检验批。

2)能对锚杆与土钉墙工程进行质量验收。

3)能正确填写锚杆与土钉墙工程检验批现场验收检查原始记录表、检验批质量验收记录表、分项工程质量验收记录表、子分部工程质量验收记录表。

(3)素质目标:

1)培养规范意识。

2)培养安全意识。

3)培养社会责任感。

4)培养吃苦耐劳的精神。

5)培养团结协作意识。

2.3.2.3 任务分析

(1)重点。

1)确定检验批容量。

2)主控项目和一般项目质量验收。

3)填写质量验收记录表。

(2)难点。

验收项目检测操作规范。

2.3.2.4 素质养成

(1)在主控项目、一般项目验收条文描述中，引导学生养成规范、安全意识，具有安全、质量第一的原则与立场。

(2)在质量验收过程中，意识到基坑支护对周边建筑物的影响重大，培养学生强烈的社会责任感；同时验收过程中，工作环境艰苦，培养学生吃苦耐劳的精神。

(3)在质量验收、填写质量验收表格过程中，要专心细致、如实记录数据、准确评价验收结果，训练中养成分工合作、不怕苦不怕累的精神。

2.3.2.5 任务分组

填写学生任务分配表(表2.3.2.5)。

表 2.3.2.5 学生任务分配表

班级		组号		指导教师	
组长		学号			
组员	姓名	学号	姓名	学号	
任务分工					

2.3.2.6 工作实施

任务工作单一

组号：＿＿＿＿＿＿ 姓名：＿＿＿＿＿＿ 学号：＿＿＿＿＿＿ 编号： 2.3.2.6－1

引导问题：

(1)分别简述锚杆施工工艺流程及土钉墙施工工艺流程。

(2)锚杆与土钉墙分项工程检验批划分规定是什么？本工程项目预应力锚杆分项工程可划分为多少个检验批？

任务工作单二

组号：_____ 姓名：_____ 学号：_____ 编号：_2.3.2.6—2_

引导问题：

(1)简述本项目预应力锚杆支护工程施工工艺流程。

(2)根据×××学院实验实训综合楼深基坑专项施工方案，简述本项目预应力锚索(杆)施工质量检验标准的具体内容。

(3)简述锚杆支护工程的主控项目验收内容、检查数量和检验方法。

(4)简述锚杆支护工程的一般项目验收内容、检查数量和检验方法。

(5)简述土钉墙支护工程的主控项目验收内容、检查数量和检验方法。

(6)简述土钉墙支护工程的一般项目验收内容、检查数量和检验方法。

(7)结合本项目图纸，请按照随机且有代表性的原则编写一个检验批的一般项目允许偏差实体检测方案(表 2.3.2.6)。

表 2.3.2.6　实体检测方案

序号	检测项目	检测部位	检验方法

任务工作单三

组号：＿＿＿＿＿　姓名：＿＿＿＿＿　学号：＿＿＿＿＿　编号：＿2.3.2.6－3＿

引导问题：

(1)填写锚杆与土钉墙工程检验批现场验收检查原始记录有哪些应注意的事项？请按照检测方案模拟填写锚杆与土钉墙工程检验批现场验收检查原始记录表。

质量验收记录表

(2)如何正确填写锚杆与土钉墙工程检验批质量验收记录表？请按照锚杆与土钉墙工程检验批现场验收检查原始记录填写锚杆与土钉墙工程检验批质量验收记录表。

(3)如何正确填写锚杆与土钉墙分项工程质量验收记录表？请根据检验批划分方案填写锚杆与土钉墙分项工程质量验收记录表。

(4)如何正确填写基坑支护子分部工程质量验收记录表？请根据检验批工程质量验收记录和分项工程质量验收记录填写基坑支护子分部工程质量验收记录表及基坑支护子分部工程资料检查表。

2.3.2.7　评价反馈

任务工作单一

组号：＿＿＿＿＿　姓名：＿＿＿＿＿　学号：＿＿＿＿＿　编号：＿2.3.2.7－1＿

个人自评表

班级		组名		日期	年 月 日
评价指标	评价内容			分数	分数评定
信息理解与运用	能有效利用工程案例资料查找有用的相关信息；能将查到的信息有效地传递到学习中			10	
感知课堂生活	是否熟悉各自的工作岗位，认同工作价值；在学习中是否能获得满足感，课堂氛围如何			10	
参与状态	与教师、同学之间是否相互理解与尊重；与教师、同学之间是否保持多向、丰富、适宜的信息交流			10	
	能处理好合作学习和独立思考的关系，做到有效学习；能提出有意义的问题或能发表个人见解			10	
知识、能力获得情况	掌握了锚杆与土钉墙工程施工工艺流程			5	
	掌握了锚杆与土钉墙分项工程检验批划分规定			5	

班级		组名		日期	年 月 日
评价指标	评价内容			分数	分数评定
知识、能力 获得情况	掌握了锚杆与土钉墙工程质量验收的主控项目和一般项目的验收内容、检查数量、检验方法			5	
	能正确划分锚杆与土钉墙分项工程检验批			10	
	能对锚杆与土钉墙工程进行质量验收			10	
	能正确填写锚杆与土钉墙工程检验批现场验收检查原始记录表、检验批质量验收记录表、分项工程质量验收记录表、基坑支护子分部工程质量验收记录表			10	
思维状态	是否能发现问题、提出问题、分析问题、解决问题			5	
自评反思	按时按质完成任务；较好地掌握了专业知识点；较强的信息分析能力和理解能力			10	
自评分数					
有益的经验 和做法					
总结反思建议					

任务工作单二

组号：_____ 姓名：_____ 学号：_____ 编号：2.3.2.7—2

小组互评表

班级		被评组名		日期	年 月 日
评价指标	评价内容			分数	分数评定
信息理解与运用	该组能否有效利用工程案例资料查找有用的相关信息			5	
	该组能否将查到的信息有效地传递到学习中			5	
感知课堂生活	该组是否熟悉各自的工作岗位，认同工作价值			5	
	该组在学习中是否能获得满足感			5	
参与状态	该组与教师、同学之间是否相互理解与尊重			5	
	该组与教师、同学之间是否保持多向、丰富、适宜的信息交流			5	
	该组能否处理好合作学习和独立思考的关系，做到有效学习			5	
	该组能否提出有意义的问题或发表个人见解			5	
任务完成情况	能正确填写锚杆与土钉墙工程检验批现场验收检查原始记录表			15	
	能正确填写锚杆与土钉墙工程检验批质量验收记录表			15	
	能正确填写锚杆与土钉墙工程分项工程质量验收记录表			10	
	能正确填写基坑支护子分部工程质量验收记录表			10	

班级		被评组名		日期	年 月 日
评价指标		评价内容		分数	分数评定
思维状态		该组是否能发现问题、提出问题、分析问题、解决问题		5	
自评反思		该组能严肃、认真地对待自评		5	
		互评分数			
简要评述					

任务工作单三

组号：_____　　姓名：_____　　学号：_____　　编号：　2.3.2.7－3

教师评价表

班级		组名		姓名	
出勤情况					

评价内容	评价要点	考查要点	分数	教师评定	
				结论	分数
信息理解与运用	任务实施过程中资料查阅	是否查阅信息资料	10		
		正确运用信息资料			
任务完成情况	掌握了锚杆与土钉墙工程施工工艺流程	内容正确，错一处扣2分	10		
	掌握了锚杆与土钉墙分项工程检验批划分规定	内容正确，错一处扣2分	10		
	掌握了锚杆与土钉墙工程质量验收的主控项目和一般项目的验收内容、检查数量、检验方法	内容正确，错一处扣2分	10		
	能正确划分锚杆与土钉墙分项工程检验批	内容正确，错一处扣2分	10		
	能对锚杆与土钉墙工程进行质量验收	内容正确，错一处扣2分	10		
	能正确填写锚杆与土钉墙工程检验批现场验收检查原始记录表、检验批质量验收记录表、分项工程质量验收记录表、基坑支护子分部工程质量验收记录表	内容正确，错一处扣2分	10		
素质目标达成情况	出勤情况	缺勤1次扣2分	10		
	具有规范意识、安全意识	根据情况，酌情扣分	5		
	具有社会责任感	根据情况，酌情扣分	5		
	具有吃苦耐劳的精神	根据情况，酌情扣分	5		
	具有团结协作意识	根据情况，酌情扣分	5		

2.3.2.8　相关知识点

（1）锚杆与土钉墙施工工艺流程。锚杆（索）施工工艺流程：施工准备→开挖土方或石方到锚杆（索）以下300 mm左右→移机就位→校正孔位调整角度→钻孔→逐节增加钻杆，继续钻孔至预定深度→退钻杆→插放锚杆（索）→插入注浆管→灌水泥浆→围檩或梁施工（混凝土还需养护而钢结构不需要）→锚杆

相关知识点

张拉锁定→继续挖下一层土方或石方。

土钉墙施工工艺流程：开挖工作面→修整坡面、喷射第一层混凝土→成孔及设置土钉→注浆→钢筋网片绑扎→喷射混凝土面层→养护。

（2）锚杆与土钉墙工程检验批的划分应同时符合下列规定：

检验批划分：①同一规格，相同材料、工艺和施工条件的锚杆与土钉墙按 300 m² 或者 100 根划分为一个检验批，不足 300 m² 或者 100 根的也应划分为一个检验批；②按施工段、变形缝划分；③对于工程量较少的分项工程可统一划分为一个检验批。

（3）锚杆主控项目验收内容、检查数量和检验方法。

1）抗拔承载力不小于设计值。

检查数量：不宜少于锚杆总数的 5%，且同一土层中的锚杆检查数量不应少于 3 根。

检验方法：锚杆抗拔试验。

2）锚固体强度不小于设计值。

检查数量：按检验批抽取。

检验方法：试块强度。

3）预加力不小于设计值。

检查数量：按检验批抽取。

检验方法：检查压力表读数。

4）锚杆长度不小于设计值。

检查数量：按检验批抽取。

检验方法：用钢尺量。

（4）锚杆的一般项目验收内容、检查数量和检验方法。

1）钻孔孔位≤100 mm。

检查数量：按检验批抽取。

检验方法：用钢尺量。

2）锚杆直径不小于设计值。

检查数量：按检验批抽取。

检验方法：用钢尺量。

3）钻孔倾斜度≤3°。

检查数量：按检验批抽取。

检验方法：测倾角。

4）水胶比（或水泥砂浆配比）满足设计值。

检查数量：按检验批抽取。

检验方法：实际用水量与水泥等胶凝材料的质量比（实际用水、水泥、砂的质量比）。

5）注浆量不小于设计值。

检查数量：按检验批抽取。

抽验方法：查看流量表。

6）注浆压力按设计值。

检查数量：按检验批抽取。

检验方法：检查压力表读数。

7）自由段套管长度±50 mm。

检查数量：按检验批抽取。

检验方法：用钢尺量。

（5）土钉墙主控项目验收内容、检查数量和检验方法。

1）抗拔承载力不小于设计值。

检查数量：不宜少于土钉总数的1%，且同一土层中的土钉检验数量不应小于3根。

检验方法：土钉抗拔试验。

2）土钉长度不小于设计值。

检查数量：按检验批抽取。

检验方法：用钢尺量。

3）分层开挖厚度±200 mm。

检查数量：按检验批抽取。

检验方法：水准测量或用钢尺量。

（6）土钉墙的一般项目验收内容、检查数量和检验方法。

1）土钉位置±100 mm。

检查数量：按检验批抽取。

检验方法：用钢尺量。

2）土钉直径不小于设计值。

检查数量：按检验批抽取。

检验方法：用钢尺量。

3）土钉孔倾斜度≤3°。

检查数量：按检验批抽取。

检验方法：测倾角。

4）水胶比（或水泥砂浆配比）满足设计值。

检查数量：按检验批抽取。

检验方法：实际用水量与水泥等胶凝材料的质量比。

5）注浆量不小于设计值。

检查数量：按检验批抽取。

检验方法：查看流量表。

6）注浆压力按设计值。

检查数量：按检验批抽取。

检验方法：检查压力表读数。

7）浆体强度不小于设计值。

检查数量：按检验批抽取。

检验方法：试块强度。

8）钢筋网间距±30 mm。

检查数量：按检验批抽取。

检验方法：用钢尺量。

9）土钉面层厚度±10 mm。

检查数量：按检验批抽取。

检验方法：用钢尺量。

10）面层混凝土强度不小于设计值。

检查数量：按检验批抽取。

检验方法：28 d试块强度。

11）预留土墩尺寸及间距±500 mm。

检查数量：按检验批抽取。

检验方法：用钢尺量。

12) 微型桩桩位≤50。

检查数量：按检验批抽取。

检验方法：全站仪或用钢尺量。

13) 微型桩垂直度≤1/200。

检查数量：按检验批抽取。

检验方法：经纬仪测量。

(7) 锚杆（索）支护工程质量验收时应提供下列主要资料：

1) 原材料合格证和试验报告（钢筋、水泥等）。

2) 钻孔记录（钻孔尺寸误差、孔壁质量等）。

3) 注浆记录及浆体试块强度试验报告。

4) 锚杆（索）张拉记录。

5) 喷射混凝土记录（面层厚度、混凝土试块强度试验报告）。

6) 围檩或梁的施工记录。

7) 锚杆支护工程检验批质量验收记录表。

(8) 土钉墙支护工程质量验收时应提供下列主要资料：

1) 原材料合格证和试验报告（钢筋、水泥等）。

2) 钻孔记录（钻孔尺寸误差、孔壁质量等）。

3) 注浆记录及浆体试块强度试验报告。

4) 喷射混凝土记录（面层厚度、混凝土试块强度试验报告）。

5) 土钉抗拔试验报告。

6) 土钉墙支护工程检验批质量验收记录表。

2.3.2.9 项目拓展

项目拓展

任务四　土石方工程质量验收与资料管理

2.4.1 土方开挖质量验收与资料管理

2.4.1.1 任务描述

根据×××学院实验实训综合楼 EPC 工程总承包的建筑和结构施工图、工程量清单、专项施工方案、安全功能试验检验报告以及《建筑地基基础工程施工质量验收标准》（GB 50202—2018）中关于土方开挖工程质量验收的规定，完成以下工作任务：

任务描述

(1)划分土方开挖分项工程检验批。

(2)对土方开挖工程主控项目进行质量检查。

(3)对土方开挖工程一般项目进行质量检查。

(4)利用建筑工程资料管理软件填写土方开挖工程检验批质量验收记录、土方开挖分项工程质量验收记录。

2.4.1.2 学习目标

(1)知识目标：

1)掌握土方开挖工程施工工艺流程。

2)掌握土方开挖分项工程检验批划分规定。

3)掌握土方开挖分项工程检验批质量验收的主控项目和一般项目的验收内容、检查数量、检验方法。

(2)能力目标：

1)能正确划分土方开挖分项工程检验批。

2)能根据所提供的资料，判别土方开挖的类型。

3)能对土方开挖工程进行质量验收。

4)能正确填写土方开挖分项工程检验批现场验收检查原始记录表、土方开挖分项工程检验批质量验收记录表、土方开挖分项工程质量验收记录表。

(3)素质目标：

1)培养安全意识。

2)培养规范意识。

3)培养实事求是的精神。

4)培养吃苦耐劳的精神。

2.4.1.3 任务分析

(1)重点。

1)确定检验批容量。

2)主控项目和一般项目质量的验收。

3)填写质量验收记录表。

(2)难点。

验收项目检测操作规范。

2.4.1.4 素质养成

(1)在主控项目、一般项目验收条文描述中，引导学生养成规范意识。

(2)严格控制挖方工程边坡坡率允许值，严禁超挖，引导学生养成安全第一的意识。

(3)在质量验收、填写质量验收表格过程中，要专心细致、如实记录数据、准确评价验收结果，训练中养成分工合作、不怕苦不怕累的精神。

2.4.1.5 任务分组

填写学生任务分配表(表2.4.1.5)。

表 2.4.1.5　学生任务分配表

班级		组号		指导教师	
组长		学号			
组员	姓名	学号	姓名	学号	
任务分工					

2.4.1.6　工作实施

任务工作单一

组号：＿＿＿＿＿＿＿　姓名：＿＿＿＿＿＿＿　学号：＿＿＿＿＿＿＿　编号：　2.4.1.6－1

引导问题：

(1)简述土方开挖施工工艺流程。

(2)土方开挖分项工程检验批划分规定是什么？本项目土方开挖分项工程可划分为多少个检验批？

任务工作单二

组号：＿＿＿＿＿＿＿　姓名：＿＿＿＿＿＿＿　学号：＿＿＿＿＿＿＿　编号：　2.4.1.6－2

引导问题：

(1)应依据《建筑地基基础工程施工质量验收标准》(GB 50202—2018)中哪个表对本项目土方开挖工程质量进行检验？

(2)简述土方开挖工程主控项目验收内容、检查数量和检验方法。

(3)简述土方开挖工程一般项目验收内容、检查数量和检验方法。

(4)结合本项目图纸，请按照随机且有代表性的原则编写一个检验批的主控项目和一般项目允许偏差实体检测方案(表2.4.1.6)。

表 2.4.1.6　实体检测方案

序号	检测项目	检测部位	检验方法

(5)请说出土方开挖工程质量验收时应提供的主要资料有哪些?

任务工作单三

组号：_____　　姓名：_____　　学号：_____　　编号：2.4.1.6－3

引导问题：

(1)填写土方开挖工程检验批现场验收检查原始记录有哪些应注意的事项?请按照检测方案模拟填写土方开挖工程检验批现场验收检查原始记录表。

质量验收记录表

(2)如何正确填写土方开挖工程检验批质量验收记录表?请按照土方开挖工程检验批现场验收检查原始记录填写土方开挖工程检验批质量验收记录表。

(3)如何正确填写土方开挖分项工程质量验收记录表?请根据土方开挖工程检验批质量验收记录表填写土方开挖分项工程质量验收记录表。

2.4.1.7　评价反馈

任务工作单一

组号：_____　　姓名：_____　　学号：_____　　编号：2.4.1.7－1

个人自评表

班级		组名		日期	年 月 日
评价指标	评价内容			分数	分数评定
信息理解与运用	能有效利用工程案例资料查找有用的相关信息；能将查到的信息有效地传递到学习中			10	
感知课堂生活	是否熟悉各自的工作岗位，认同工作价值；在学习中是否能获得满足感，课堂氛围如何			10	

班级		组名		日期	年 月 日
评价指标	评价内容			分数	分数评定
参与状态	与教师、同学之间是否相互理解与尊重；与教师、同学之间是否保持多向、丰富、适宜的信息交流			10	
	能处理好合作学习和独立思考的关系，做到有效学习；能提出有意义的问题或能发表个人见解			10	
知识、能力获得情况	掌握了土方开挖工程施工工艺流程			5	
	掌握了土方开挖分项工程检验批划分规定			5	
	掌握了土方开挖工程质量验收的主控项目和一般项目的验收内容、检查数量、检验方法			5	
	能正确划分土方开挖分项工程检验批			5	
	能正确判别土方开挖的类型			5	
	能对土方开挖工程进行质量验收			10	
	能正确填写土方开挖工程检验批现场验收检查原始记录表、检验批质量验收记录表、分项工程质量验收记录表			10	
思维状态	是否能发现问题、提出问题、分析问题、解决问题			5	
自评反思	按时按质完成任务；较好地掌握了专业知识点；较强的信息分析能力和理解能力			10	
自评分数					
有益的经验和做法					
总结反思建议					

任务工作单二

组号：_____　　姓名：_____　　学号：_____　　编号：　2.4.1.7－2

小组互评表

班级		被评组名		日期	年 月 日
评价指标	评价内容			分数	分数评定
信息理解与运用	该组能否有效利用工程案例资料查找有用的相关信息			5	
	该组能将查到的信息有效地传递到学习中			5	
感知课堂生活	该组是否熟悉各自的工作岗位，认同工作价值			5	
	该组在学习中是否能获得满足感			5	
参与状态	该组与教师、同学之间是否相互理解与尊重			5	
	该组与教师、同学之间是否保持多向、丰富、适宜的信息交流			5	
	该组能否处理好合作学习和独立思考的关系，做到有效学习			5	
	该组能否提出有意义的问题或发表个人见解			5	

班级		被评组名		日期	年 月 日
评价指标		评价内容		分数	分数评定
任务完成情况		能正确填写土方开挖工程检验批现场验收检查原始记录表		15	
		能正确填写土方开挖工程检验批质量验收记录表		15	
		能正确填写土方开挖分项工程质量验收记录表		15	
思维状态		该组是否能发现问题、提出问题、分析问题、解决问题		5	
自评反思		该组能严肃、认真地对待自评		10	
互评分数					
简要评述					

任务工作单三

组号：＿＿＿＿＿＿ 姓名：＿＿＿＿＿＿ 学号：＿＿＿＿＿＿ 编号：2.4.1.7－3

教师评价表

班级		组名		姓名	
出勤情况					
评价内容	评价要点	考查要点	分数	教师评定	
				结论	分数
信息理解与运用	任务实施过程中资料查阅	是否查阅信息资料	10		
		正确运用信息资料			
任务完成情况	掌握了土方开挖工程施工工艺流程	内容正确，错一处扣2分	10		
	掌握了土方开挖分项工程检验批划分规定	内容正确，错一处扣2分	5		
	掌握了土方开挖工程质量验收的主控项目和一般项目的验收内容、检查数量、检验方法	内容正确，错一处扣2分	10		
	能正确划分土方开挖分项工程检验批	内容正确，错一处扣2分	5		
	能正确判别土方开挖的类型	内容正确，错一处扣2分	5		
	能对土方开挖工程进行质量验收	内容正确，错一处扣2分	15		
	能正确填写土方开挖工程检验批现场验收检查原始记录表、检验批质量验收记录表、分项工程质量验收记录表	内容正确，错一处扣2分	10		
素质目标达成情况	出勤情况	缺勤1次扣2分	10		
	具有安全意识	根据情况，酌情扣分	5		
	具有规范意识	根据情况，酌情扣分	5		
	具有实事求是的精神	根据情况，酌情扣分	5		
	具有吃苦耐劳的精神	根据情况，酌情扣分	5		

2.4.1.8　相关知识点

（1）土方开挖施工工艺流程。测量放线→分层开挖（岩石爆破）→清槽→验槽。

相关知识点

（2）临时性挖方工程的边坡坡率允许值。临时性挖方工程的边坡坡率允许值应符合《建筑地基基础工程施工质量验收标准》（GB 50202—2018）表9.2.4 的规定或经设计计算确定。

（3）土方开挖分项工程检验批划分。检验批划分：一般情况下，土方开挖都是一次完成，故土方开挖分项工程作为一个检验批。如果工程量很大或者施工组织设计与专项施工方案中要求分段施工的，可以按照施工段划分。

（4）挖方场地平整土方开挖工程主控项目验收内容、检查数量和检验方法。

1）标高允许偏差：人工开挖±30 mm，机械开挖±30 mm。

检查数量：每 100 m² 取 1 点，且不应少于 10 点。

检验方法：水准测量。

2）长度、宽度（由设计中心线向两边量）允许偏差：人工开挖＋300 mm、－100 mm，机械开挖＋500 mm、－150 mm。

检查数量：全数检查。

检验方法：全站仪或用钢尺量。

3）坡率应满足设计值。

检查数量：每 20 m 取 1 点，且每边不应少于 1 点。

检验方法：目测法或用坡度尺检查。

（5）挖方场地平整土方开挖工程一般项目验收内容、检查数量和检验方法。

1）表面平整度允许偏差：人工开挖±20 mm，机械开挖±50 mm。

检查数量：每 100 m² 取 1 点，且不应少于 10 点。

检验方法：用 2 m 靠尺。

2）基底土性应符合设计要求。

检查数量：全数检查。

检验方法：目测法或土样分析。

（6）柱基、基坑、基槽土方开挖工程主控项目验收内容、检查数量和检验方法。

1）标高允许偏差 0 mm，－30 mm。

检查数量：每 100 m² 取 1 点，且不应少于 10 点。

检验方法：水准测量。

2）长度、宽度（由设计中心线向两边量）允许偏差＋200 mm、－50 mm。

检查数量：全数检查。

检验方法：全站仪或用钢尺量。

3）坡率应满足设计值。

检查数量：每 20 m 取 1 点，且每边不应少于 1 点。

检验方法：目测法或用坡度尺检查。

（7）柱基、基坑、基槽土方开挖工程一般项目验收内容、检查数量和检验方法。

1）表面平整度允许偏差±20 mm。

检查数量：每 100 m² 取 1 点，且不应少于 10 点。

检验方法：用 2 m 靠尺。

2）基底土性应符合设计要求。

检查数量：全数检查。

检验方法：目测法或土样分析。

(8)管沟土方开挖工程主控项目验收内容、检查数量和检验方法。

1)标高允许偏差0 mm，−50 mm。

检查数量：每100 m² 取1点，且不应少于10点。

检验方法：水准测量。

2)长度、宽度(由设计中心线向两边量)允许偏差＋100 mm、0 mm。

检查数量：全数检查。

检验方法：全站仪或用钢尺量。

3)坡率应满足设计值。

检查数量：每20 m取1点，且每边不应少于1点。

检验方法：目测法或用坡度尺检查。

(9)管沟土方开挖工程一般项目验收内容、检查数量和检验方法。

1)表面平整度允许偏差±20 mm。

检查数量：每100 m² 取1点，且不应少于10点。

检验方法：用2 m靠尺。

2)基底土性应符合设计要求。

检查数量：全数检查。

检验方法：目测法或土样分析。

(10)地(路)面基层土方开挖工程主控项目验收内容、检查数量和检验方法。

1)标高允许偏差0 mm，−50 mm。

检查数量：每100 m² 取1点，且不应少于10点。

检验方法：水准测量。

2)长度、宽度(由设计中心线向两边量)应满足设计值。

检查数量：全数检查。

检验方法：全站仪或用钢尺量。

3)坡率应满足设计值。

检查数量：每20 m取1点，且每边不应少于1点。

检验方法：目测法或用坡度尺检查。

(11)地(路)面基层土方开挖工程一般项目验收内容、检查数量和检验方法。

1)表面平整度允许偏差±20 mm。

检查数量：每100 m² 取1点，且不应少于10点。

检验方法：用2 m靠尺。

2)基底土性应符合设计要求。

检查数量：全数检查。

检验方法：目测法或土样分析。

2.4.1.9 项目拓展

项目拓展

2.4.2 土方回填质量验收与资料管理

2.4.2.1 任务描述

根据×××学院实验实训综合楼 EPC 工程总承包的建筑和结构施工图、工程量清单、专项施工方案、工程地质勘察报告(1 份)、设计图纸/变更文件(3/3 份)、地基验槽记录(3 份)、隐蔽工程检查验收记录(3 份)、分项工程质量验收记录(3 份)、施工记录(3 份)，以及《建筑地基基础工程施工质量验收标准》(GB 50202—2018)土方回填工程质量验收内容，完成以下工作任务，以上各项资料均符合相关要求：

(1)划分土方回填分项工程检验批。

(2)对土方回填分项工程检验批主控项目进行质量检查。

(3)对土方回填分项工程检验批一般项目进行质量检查。

(4)利用建筑工程资料管理软件填写土方回填工程检验批质量验收记录、土方回填分项工程质量验收记录及土方子分部工程质量验收记录。

2.4.2.2 学习目标

(1)知识目标：

1)掌握土方回填工程施工工艺流程。

2)掌握土方回填分项工程检验批划分规定。

3)掌握土方回填分项工程检验批质量验收的主控项目和一般项目的验收内容、检查数量、检验方法。

(2)能力目标：

1)能正确划分土方回填分项工程检验批。

2)能根据所提供的资料，判别土方回填的类型。

3)能对土方回填工程进行质量验收。

4)能正确填写土方回填分项工程检验批现场验收检查原始记录表、土方回填分项工程检验批质量验收记录表、土方回填工程分项工程质量验收记录表以及土方子分部工程质量验收记录表。

(3)素质目标：

1)培养规范意识。

2)培养精益求精的精神。

3)培养实事求是的精神。

4)培养吃苦耐劳的精神。

2.4.2.3 任务分析

(1)重点。

1)主控项目和一般项目质量的验收。

2)填写质量验收记录表。

(2)难点。

1)确定检验批容量。

2)验收项目检测操作规范。

2.4.2.4 素质养成

(1)在主控项目、一般项目验收条文描述中，引导学生养成规范意识。

(2)严格控制每层回填土的厚度、每层压实遍数以及每层的压实系数，引导学生养成精益求精的精神。

(3)在质量验收、填写质量验收表格过程中，要专心细致、如实记录数据、准确评价验收结果，训练中养成分工合作、不怕苦不怕累的精神。

2.4.2.5　任务分组

填写学生任务分配表(表2.4.2.5)。

表2.4.2.5　学生任务分配表

班级		组号		指导教师	
组长		学号			
组员	姓名	学号	姓名		学号
任务分工					

2.4.2.6　工作实施

任务工作单一

组号：＿＿＿＿＿＿　姓名：＿＿＿＿＿＿　学号：＿＿＿＿＿＿　编号：<u>2.4.2.6-1</u>

引导问题：

(1)简述土方回填施工工艺流程。

(2)土方回填分项工程检验批划分规定是什么？本项目土方回填分项工程可划分为多少个检验批？

任务工作单二

组号：＿＿＿＿＿＿　姓名：＿＿＿＿＿＿　学号：＿＿＿＿＿＿　编号：<u>2.4.2.6-2</u>

引导问题：

(1)应依据《建筑地基基础工程施工质量验收标准》(GB 50202—2018)中哪个表对本项目土方回填工程质量进行检验？

(2)简述土方回填工程主控项目验收内容、检查数量和检验方法。

(3)简述土方回填工程一般项目验收内容、检查数量和检验方法。

(4)结合本项目图纸，请按照随机且有代表性的原则编写一个检验批的主控项目和一般项目允许偏差实体检测方案(表2.4.2.6)。

表 2.4.2.6   实体检测方案

序号	检测项目	检测部位	检验方法

(5)简述土方回填工程质量验收时应提供的主要资料。

任务工作单三

组号：＿＿＿＿＿＿   姓名：＿＿＿＿＿＿   学号：＿＿＿＿＿＿   编号：2.4.2.6-3

引导问题：

(1)填写土方回填工程检验批现场验收检查原始记录有哪些应注意的事项？请按照检测方案模拟填写土方回填工程检验批现场验收检查原始记录表。

质量验收记录表

(2)如何正确填写土方回填工程检验批质量验收记录表？请按照土方回填工程检验批现场验收检查原始记录填写土方回填工程检验批质量验收记录表。

(3)如何正确填写土方回填分项工程质量验收记录表？请根据土方回填工程检验批质量验收记录表填写土方回填分项工程质量验收记录表。

(4)如何正确填写土方子分部工程质量验收记录表？请根据检验批工程质量验收记录和分项工程质量验收记录填写土方子分部工程质量验收记录表。

2.4.2.7 评价反馈

任务工作单一

组号：_____ 姓名：_____ 学号：_____ 编号： 2.4.2.7－1

个人自评表

班级		组名		日期	年 月 日
评价指标	评价内容			分数	分数评定
信息理解与运用	能有效利用工程案例资料查找有用的相关信息；能将查到的信息有效地传递到学习中			10	
感知课堂生活	是否熟悉各自的工作岗位，认同工作价值；在学习中是否能获得满足感，课堂氛围如何			10	
参与状态	与教师、同学之间是否相互理解与尊重；与教师、同学之间是否保持多向、丰富、适宜的信息交流			10	
	能处理好合作学习和独立思考的关系，做到有效学习；能提出有意义的问题或能发表个人见解			10	
知识、能力获得情况	掌握了土方回填工程施工工艺流程			5	
	掌握了土方回填分项工程检验批划分规定			5	
	掌握了土方回填工程质量验收的主控项目和一般项目的验收内容、检查数量、检验方法			5	
	能正确划分土方回填分项工程检验批			5	
	能正确判别土方回填的类型			5	
	能对土方回填工程进行质量验收			10	
	能正确填写土方回填工程检验批现场验收检查原始记录表、检验批质量验收记录表、分项工程质量验收记录表、土石方子分部工程质量验收记录表			10	
思维状态	是否能发现问题、提出问题、分析问题、解决问题			5	
自评反思	按时按质完成任务；较好地掌握了专业知识点；较强的信息分析能力和理解能力			10	
自评分数					
有益的经验和做法					
总结反思建议					

任务工作单二

组号：_____ 姓名：_____ 学号：_____ 编号：2.4.2.7-2

小组互评表

班级		被评组名		日期	年 月 日
评价指标		评价内容		分数	分数评定
信息理解与运用		该组能否有效利用工程案例资料查找有用的相关信息		5	
		该组能否将查到的信息有效地传递到学习中		5	
感知课堂生活		该组是否熟悉各自的工作岗位，认同工作价值		5	
		该组在学习中是否能获得满足感		5	
参与状态		该组与教师、同学之间是否相互理解与尊重		5	
		该组与教师、同学之间是否保持多向、丰富、适宜的信息交流		5	
		该组能否处理好合作学习和独立思考的关系，做到有效学习		5	
		该组能否提出有意义的问题或发表个人见解		5	
任务完成情况		能正确填写土方回填工程检验批现场验收检查原始记录表		15	
		能正确填写土方回填工程检验批质量验收记录表		15	
		能正确填写土方回填分项工程质量验收记录表		10	
		能正确填写土石方子分部工程质量验收记录表		10	
思维状态		该组是否能发现问题、提出问题、分析问题、解决问题		5	
自评反思		该组能严肃、认真地对待自评		5	
互评分数					
简要评述					

任务工作单三

组号：_____ 姓名：_____ 学号：_____ 编号：2.4.2.7-3

教师评价表

班级		组名		姓名		
出勤情况						
评价内容	评价要点		考查要点	分数	教师评定	
					结论	分数
信息理解与运用	任务实施过程中资料查阅		是否查阅信息资料	10		
			正确运用信息资料			
任务完成情况	掌握了土方回填工程施工工艺流程		内容正确，错一处扣2分	10		
	掌握了土方回填分项工程检验批划分规定		内容正确，错一处扣2分	5		
	掌握了土方回填工程质量验收的主控项目和一般项目的验收内容、检查数量、检验方法		内容正确，错一处扣2分	10		

班级		组名		姓名		
出勤情况						
评价内容	评价要点		考查要点	分数	教师评定	
					结论	分数
任务完成情况	能正确划分土方回填分项工程检验批		内容正确，错一处扣2分	5		
	能正确判别土方回填的类型		内容正确，错一处扣2分	5		
	能对土方回填工程进行质量验收		内容正确，错一处扣2分	10		
	能正确填写土方回填工程检验批现场验收检查原始记录表、检验批质量验收记录表、分项工程质量验收记录表、土石方子分部工程质量验收记录表		内容正确，错一处扣2分	15		
素质目标达成情况	出勤情况		缺勤1次扣2分	10		
	具有规范意识		根据情况，酌情扣分	5		
	具有精益求精的精神		根据情况，酌情扣分	5		
	具有实事求是的精神		根据情况，酌情扣分	5		
	具有吃苦耐劳的精神		根据情况，酌情扣分	5		

2.4.2.8 相关知识点

（1）土方回填施工工艺流程：涂料准备→基层处理→分层摊铺→分层压（夯）实→分层检查验收。

相关知识点

（2）土方回填前准备工作。施工前应检查基底的垃圾、树根等杂物清除情况，测量基底标高、边坡坡率，检查验收基础外墙防水层和保护层等。回填料应符合设计要求，并应确定回填料含水量控制范围、铺土厚度、压实遍数等施工参数。

（3）土方回填施工过程中应注意事项。施工中应检查排水系统，每层填筑厚度、辗迹重叠程度、含水量控制、回填土有机质含量、压实系数等。回填施工的压实系数应满足设计要求。当采用分层回填时，应在下层的压实系数经试验合格后进行上层施工。填筑厚度及压实遍数应根据土质、压实系数及压实机具确定。无试验依据时，应符合表2.4.2.8的规定。施工结束后，应进行标高及压实系数检验。

表2.4.2.8　填土施工时的分层厚度及压实遍数

压实机具	分层厚度/mm	每层压实遍数
平辗	250～300	6～8
振动压实机	250～350	3～4
柴油打夯	200～250	3～4
人工打夯	<200	3～4

（4）场地平整土方回填分项工程检验批划分。土方回填分项工程检验批的划分可根据工程实际情况按施工组织设计进行确定，可以按室内和室外划分为两个检验批，也可以按轴线分段划分为两个或两个以上检验批。若工程项目较小，也可以将整个填方工程作为一个检验批。

（5）场地平整填方工程主控项目验收内容、检查数量和检验方法。

1)标高允许偏差：人工开挖±30 mm，机械开挖±50 mm。

检查数量：每100 m²取1点，且不应少于10点。

检验方法：水准测量。

2)分层压实系数不小于设计值。

检查数量：按检验批抽取。

检验方法：环刀法、灌水法、灌砂法。

(6)场地平整填方工程一般项目验收内容、检查数量和检验方法。

1)回填土料应符合设计要求。

检查数量：全数检查。

检验方法：取样检查或直接鉴别。

2)分层厚度应符合设计要求。

检查数量：按检验批抽取。

检验方法：水准测量及抽样检查。

3)含水量允许偏差为最优含水量的±4%。

检查数量：按检验批抽取。

检验方法：烘干法。

4)表面平整度允许偏差：人工回填±20 mm，机械回填±30 mm。

检查数量：每100 m²取1点，且不应少于10点。

检验方法：用2 m靠尺。

5)有机质含量≤5%。

检查数量：全数检查。

检验方法：灼烧减量法。

6)辗迹重叠长度500～1 000 mm。

检查数量：按检验批抽取。

检验方法：用钢尺量。

(7)柱基、墓坑、基槽、管沟、地(路)面基础层填方工程主控项目验收内容、检查数量和检验方法。

1)标高允许偏差0 mm、—50 mm。

检查数量：每100 m²取1点，且不应少于10点。

检验方法：水准测量。

2)分层压实系数不小于设计值。

检查数量：按检验批抽取。

检验方法：环刀法、灌水法、灌砂法。

(8)柱基、墓坑、基槽、管沟、地(路)面基础层填方工程一般项目验收内容、检查数量和检验方法。

1)回填土料应符合设计要求。

检查数量：全数检查。

检验方法：取样检查或直接鉴别。

2)分层厚度应符合设计要求。

检查数量：按检验批抽取。

检验方法：水准测量及抽样检查。

3)含水量允许偏差为最优含水量的±2%。

检查数量：按检验批抽取。

检验方法：烘干法。

4)表面平整度允许偏差为±20 mm。

检查数量：每 100 m² 取 1 点，且不应少于 10 点。

检验方法：用 2 m 靠尺。

5)有机质含量≤5%。

检查数量：全数检查。

检验方法：灼烧减量法。

6)辗迹重叠长度 500～1 000 mm。

检查数量：按检验批抽取。

检验方法：用钢尺量。

2.4.2.9　项目拓展

项目拓展

任务五　　地下防水工程质量验收与资料管理

2.5.1　主体结构防水质量验收与资料管理

2.5.1.1　任务描述

根据×××学院实验实训综合楼 EPC 工程总承包的建筑和结构施工图、工程量清单、专项施工方案、检验批划分方案、安全功能试验检验报告，以及《地下防水工程质量验收规范》(GB 50208—2011)中关于主体结构防水质量验收的规定，完成以下工作任务：

任务描述

(1)划分地下室主体结构防水分项工程检验批。

(2)对地下室主体结构防水主控项目进行质量检查。

(3)操作检测工具对地下室主体结构防水一般项目允许偏差实体检测。

(4)利用建筑工程资料管理软件填写地下室主体结构防水检验批现场验收检查原始记录、检验批质量验收记录、分项工程质量验收记录。

2.5.1.2　学习目标

(1)知识目标：

1)掌握地下室主体结构防水施工工艺流程。

2)掌握地下室主体结构防水分项工程检验批划分规定。

3)掌握地下室主体结构防水质量验收的主控项目和一般项目的验收内容、检查数量、检验方法。

(2)能力目标：

1)能正确划分地下室主体结构防水分项工程检验批。

2)能对地下室主体结构防水进行质量验收。

3)能正确填写地下室主体结构防水检验批现场验收检查原始记录表、检验批质量验收记录表、分项工程质量验收记录表。

(3)素质目标：

1)培养质量意识。

2)培养规范意识，讲原则、守规矩。

3)培养辩证思维的意识。

4)培养团结协作意识。

5)培养追求卓越、精益求精的精神。

2.5.1.3　任务分析

(1)重点。

1)主控项目和一般项目质量验收。

2)填写质量验收记录表。

(2)难点。

1)地下室主体结构防水隐蔽工程质量验收。

2)验收项目检测操作规范。

2.5.1.4　素质养成

(1)在主控项目、一般项目验收条文描述中，引导学生养成规范、规矩意识，具有质量第一的原则与立场。

(2)地下室主体结构防水质量的根本在于防水混凝土质量，通过混凝土二次振捣、测温、保湿等措施，控制混凝土裂缝的产生及发展，培养学生系统、辩证思维意识。

(3)在质量验收、填写质量验收表格过程中，要专心细致、如实记录数据、准确评价验收结果，训练中养成分工合作、团结协作的意识。

2.5.1.5　任务分组

填写学生任务分配表(表2.5.1.5)。

表 2.5.1.5　学生任务分配表

班级		组号		指导教师	
组长		学号			
组员	姓名	学号	姓名	学号	
任务分工					

2.5.1.6 工作实施

任务工作单一

组号: _____ 姓名: _____ 学号: _____ 编号: 2.5.1.6—1

引导问题:

(1)简述地下室主体结构防水施工工艺流程。

(2)地下室主体结构防水分项工程检验批划分规定是什么?本工程项目主体结构防水划分为多少个检验批?

任务工作单二

组号: _____ 姓名: _____ 学号: _____ 编号: 2.5.1.6—2

引导问题:

(1)简述本项目地下室主体结构防水部位、防水等级、防水设防措施。

(2)简述本项目地下室顶板、底板、外墙防水具体做法。

(3)简述地下室主体结构防水的主控项目验收内容、检查数量和检验方法。

(4)简述地下室主体结构防水的一般项目允许偏差检测部位要求。

(5)结合本项目图纸,请按照随机且有代表性的原则编写一个检验批的一般项目允许偏差实体检测方案(表2.5.1.6)。

表2.5.1.6 实体检测方案

序号	检测项目	检测部位	检验方法

任务工作单三

组号：＿＿＿＿＿　姓名：＿＿＿＿＿　学号：＿＿＿＿＿　编号：2.5.1.6－3

引导问题：

(1)填写地下室主体结构防水检验批现场验收检查原始记录有哪些应注意的事项？请按照检测方案模拟填写地下室主体结构防水检验批现场验收检查原始记录表。

质量验收记录表

(2)如何正确填写地下室主体结构防水检验批质量验收记录表？请按照地下室主体结构防水检验批现场验收检查原始记录填写主体结构防水检验批质量验收记录表。

(3)如何正确填写地下室主体结构防水分项工程质量验收记录表？请根据本项目检验批划分方案填写地下室主体结构防水分项工程质量验收记录表。

2.5.1.7　评价反馈

任务工作单一

组号：＿＿＿＿＿　姓名：＿＿＿＿＿　学号：＿＿＿＿＿　编号：2.5.1.7－1

个人自评表

班级		组名		日期	年 月 日
评价指标	评价内容			分数	分数评定
信息理解与运用	能有效利用工程案例资料查找有用的相关信息；能将查到的信息有效地传递到学习中			10	
感知课堂生活	是否熟悉各自的工作岗位，认同工作价值；在学习中是否能获得满足感，课堂氛围如何			10	
参与状态	与教师、同学之间是否相互理解与尊重；与教师、同学之间是否保持多向、丰富、适宜的信息交流			10	
	能处理好合作学习和独立思考的关系，做到有效学习；能提出有意义的问题或能发表个人见解			10	
知识、能力获得情况	掌握地下室主体结构防水施工工艺流程			5	
	掌握地下室主体结构防水分项工程检验批划分规定			5	
	掌握地下室主体结构防水质量验收的主控项目和一般项目的验收内容、检查数量、检验方法			5	
	能正确划分地下室主体结构防水分项工程检验批			10	
	能对地下室主体结构防水进行质量验收			10	
	能正确填写地下室主体结构防水检验批现场验收检查原始记录表、检验批质量验收记录表、分项工程质量验收记录表			10	

班级		组名		日期	年月日
评价指标	评价内容			分数	分数评定
思维状态	是否能发现问题、提出问题、分析问题、解决问题			5	
自评反思	按时按质完成任务；较好地掌握了专业知识点；较强的信息分析能力和理解能力			10	
自评分数					
有益的经验和做法					
总结反思建议					

任务工作单二

组号：＿＿＿＿＿＿　姓名：＿＿＿＿＿＿　学号：＿＿＿＿＿＿　编号：<u>2.5.1.7－2</u>

小组互评表

班级		被评组名		日期	年月日
评价指标	评价内容			分数	分数评定
信息理解与运用	该组能否有效利用工程案例资料查找有用的相关信息			5	
	该组能否将查到的信息有效地传递到学习中			5	
感知课堂生活	该组是否熟悉各自的工作岗位，认同工作价值			5	
	该组在学习中是否能获得满足感			5	
参与状态	该组与教师、同学之间是否相互理解与尊重			5	
	该组与教师、同学之间是否保持多向、丰富、适宜的信息交流			5	
	该组能否处理好合作学习和独立思考的关系，做到有效学习			5	
	该组能否提出有意义的问题或发表个人见解			5	
任务完成情况	能正确填写地下室主体结构防水检验批现场验收检查原始记录表			15	
	能正确填写地下室主体结构防水检验批质量验收记录表			15	
	能正确填写地下室主体结构防水分项工程质量验收记录表			15	
思维状态	该组是否能发现问题、提出问题、分析问题、解决问题			5	
自评反思	该组能严肃、认真地对待自评			10	
互评分数					
简要评述					

任务工作单三

组号：＿＿＿＿＿　姓名：＿＿＿＿＿＿　学号：＿＿＿＿＿＿　编号：　2.5.1.7－3

教师评价表

班级		组名		姓名	
出勤情况					

评价内容	评价要点	考查要点	分数	教师评定	
				结论	分数
信息理解与运用	任务实施过程中资料查阅	是否查阅信息资料	10		
		正确运用信息资料			
任务完成情况	掌握了地下室主体结构防水施工工艺流程	内容正确，错一处扣2分	10		
	掌握了地下室主体结构防水分项工程检验批划分规定	内容正确，错一处扣2分	10		
	掌握了地下室主体结构防水质量验收的主控项目和一般项目的验收内容、检查数量、检验方法	内容正确，错一处扣2分	10		
	能正确划分地下室主体结构防水分项工程检验批	内容正确，错一处扣2分	10		
	能对地下室主体结构防水进行质量验收	内容正确，错一处扣2分	10		
	能正确填写地下室主体结构防水检验批现场验收检查原始记录表、检验批质量验收记录表、分项工程质量验收记录表	内容正确，错一处扣2分	10		
素质目标达成情况	出勤情况	缺勤1次扣2分	10		
	具有规范意识，讲原则、守规矩	根据情况，酌情扣分	5		
	具有辩证思维的意识	根据情况，酌情扣分	5		
	具有团结协作意识	根据情况，酌情扣分	5		
	具有追求卓越、精益求精的精神	根据情况，酌情扣分	5		

2.5.1.8　相关知识点

（1）主体结构防水施工工艺流程。

1）防水混凝土工程。通过调整混凝土配合比，增大混凝土的密实度或在混凝土中掺加外加剂、掺合料等方法来提高混凝土的抗渗性能，这种防水做法称为混凝土构件自防水，其以采用防水混凝土为佳，因此又称为防水混凝土工程。其施工工艺流程：作业准备 → 混凝土搅拌 → 运输 → 混凝土浇筑 → 养护。

相关知识点

2）水泥砂浆防水层。水泥砂浆防水层应采用聚合物水泥防水砂浆、掺外加剂或掺合料的防水砂浆。其施工工艺流程：墙、地面基层处理 → 刷水泥素浆 → 抹底层砂浆 → 刷水泥素浆 → 抹面层砂浆 → 刷水泥砂浆 →养护。

3）卷材防水层。以防水卷材和相应的胶结材料分层粘贴，铺贴在地下室底板垫层至墙体顶端的基面上，形成封闭的防水层做法。常与防水混凝土工程结合使用。其施工工艺流程：找平层施工 → 基层处理 → 配置水泥素浆 → 弹基准线试铺 → 撕开卷材底部隔离纸 → 刮涂水泥素浆 → 卷材铺贴 → 辊压排气 → 搭接封边、收头密封 → 第二层卷材铺贴 → 成品养护及保护 →

检查修补 → 保护层施工。

(2)主体结构防水分项工程检验批划分应同时满足以下规定：

1)应按地下楼层、变形缝或后浇带等施工段划分检验批。

2)不超过 500 m²（展开面积）。

(3)主体结构防水的主控项目验收内容、检验方法和检查数量。

1)防水混凝土。

①防水混凝土的原材料、配合比及坍落度必须符合设计要求。

检验方法：检查产品合格证、产品性能检测报告、计量措施和材料进场检验报告。

检查数量：拌制混凝土所用材料的品种、规格和用量，每工作班检查不应少于两次；混凝土在浇筑地点的坍落度，每工作班至少检查两次。

②防水混凝土的抗压强度和抗渗性能必须符合设计要求。

检验方法：检查混凝土抗压强度、抗渗性能检验报告。

检查数量：防水混凝土抗压强度试件，对同一工程、同一配合比的混凝土，取样频率和试件留置组数应符合现行国家标准《混凝土结构工程施工质量验收规范》(GB 50204—2015)的有关规定；防水混凝土抗渗试件，连续浇筑混凝土每 500 m³ 应留置一组、6 个抗渗试件，且每项工程不得少于两组；采用预拌混凝土的抗渗试件，留置组数应视结构的规模和要求而定。

③防水混凝土结构的变形缝、施工缝、后浇带、穿墙管、埋设件等设置和构造必须符合设计要求。

检验方法：观察检查和检查隐蔽工程验收记录。

检查数量：全数检查。

2)水泥砂浆防水层。

①防水砂浆的原材料及配合比必须符合设计规定。

检验方法：检查产品合格证、产品性能检测报告、计量措施和材料进场检验报告。

②防水砂浆的黏结强度和抗渗性能必须符合设计规定。

检验方法：检查砂浆黏结强度、抗渗性能检测报告。

③水泥砂浆防水层与基层之间应结合牢固，无空鼓现象。

检验方法：观察和用小锤轻击检查。

水泥砂浆防水层分项工程检验批的检查数量：应按施工面积每 100 m² 抽查 1 处，每处 10 m²，且不得少于 3 处。

3)卷材防水层。

①卷材防水层所用卷材及其配套材料必须符合设计要求。

检验方法：检查产品合格证、产品性能检测报告和材料进场检验报告。

②卷材防水层在转角处、变形缝、施工缝、穿墙管等部位做法必须符合设计。

检验方法：观察检查和检查隐蔽工程验收记录。

卷材防水层分项工程检验批的检查数量：应按铺贴面积每 100 m² 抽查 1 处，每处 10 m²，且不得少于 3 处。

(4)主体结构防水的一般项目验收内容、检查数量和检验方法。

1)防水混凝土。

①防水混凝土结构表面应坚实、平整，不得有露筋、蜂窝等缺陷；埋设件位置应准确。

检验方法：观察检查。

②防水混凝土结构表面的裂缝宽度不应大于 0.2 mm，且不得贯通。

检验方法：用刻度放大镜检查。

③防水混凝土结构厚度不应小于 250 mm，其允许偏差应为＋8 mm、－5 mm；主体结构迎水面钢筋保护层厚度不应小于 50 mm，其允许偏差为±5 mm。

检验方法：尺量检查和检查隐蔽工程验收记录。

防水混凝土分项工程检验批的检查数量：应按混凝土外露面积每 100 m² 抽查 1 处，每处 10 m²，且不得少于 3 处。

2)水泥砂浆防水层。

①水泥砂浆防水层表面应密实、平整，不得有裂纹、起砂、麻面等缺陷。

检验方法：观察检查。

②水泥砂浆防水层施工缝留槎位置应正确，接槎应按层次顺序操作，层层搭接紧密。

检验方法：观察检查和检查隐蔽工程验收记录。

③水泥砂浆防水层的平均厚度应符合设计要求，最小厚度不得小于设计值的 85%。

检验方法：用针测法检查。

④水泥砂浆防水层表面平整度的允许偏差应为 5 mm。

检验方法：用 2 m 靠尺和楔形塞尺检查。

水泥砂浆防水层分项工程检验批的抽样检查数量，应按施工面积每 100 m² 抽查 1 处，每处 10 m²，且不得少于 3 处。

3)卷材防水层。

①卷材防水层的搭接缝应粘贴或焊接牢固，密封严密，不得有扭曲、皱折、翘边和起泡等缺陷。

检验方法：观察检查。

②采用外防外贴法铺贴卷材防水层时，立面卷材接槎的搭接宽度，高聚物改性沥青类卷材应为 150 mm，合成高分子类卷材应为 100 mm，且上层卷材应盖过下层卷材。

检验方法：观察和尺量检查。

③侧墙卷材防水层的保护层与防水层应结合紧密、保护层厚度应符合设计要求。

检验方法：观察和尺量检查。

④卷材搭接宽度的允许偏差应为－10 mm。

检验方法：观察和尺量检查。

卷材防水层分项工程检验批的检查数量：应按铺贴面积每 100 m² 抽查 1 处，每处 10 m²，且不得少于 3 处。

(5)主体结构防水的一般项目允许偏差测量方法。

1)防水混凝土结构厚度。

①以钢卷尺测量同一面墙截面尺寸，精确至毫米。

②同一墙面作为 1 个实测区。每个实测区从地面向上 300 mm 和 1 500 mm 各测量截面尺寸 1 次，选取其中与设计尺寸偏差最大的数，作为判断该实测指标合格率的 1 个计算点。

2)水泥砂浆防水层表面平整度。

①每一面墙都可以作为 1 个实测区。

②当墙面长度小于 3 m，在同一墙面顶部和根部 4 个角中，选取左上、右下 2 个角按 45°角斜放靠尺分别测量 1 次。2 次测量值作为判断该实测指标合格率的 2 个计算点。

③当墙面长度大于 3 m，在同一墙面 4 个角任选两个方向各测量 1 次。同时在墙长度中间位置增加 1 次水平测量，这 3 次实测值作为判断该实测指标合格率的 3 个计算点。

3)水泥砂浆防水层的厚度。

①实测区与合格率计算点：地下室外墙作为 1 个实测区，每个实测区取 3 个实测值(1 组)。

②同一实测区，选择3个疑似厚度最薄部位，采用针测法，用卡尺测量厚度。

4)卷材搭接宽度。

①按每10 m²的区域作为1个实测区。

②每个实测区随机抽取至少3个疑似卷材搭接宽度不足的地方用钢尺进行实测实量，作为3个实测点的数据。

2.5.1.9　项目拓展

项目拓展

2.5.2　细部构造防水质量验收与资料管理

2.5.2.1　任务描述

根据×××学院实验实训综合楼EPC工程总承包的建筑和结构施工图、工程量清单、专项施工方案、检验批划分方案、安全功能试验检验报告，以及《地下防水工程质量验收规范》(GB 50208—2011)细部构造防水质量验收内容，完成以下工作任务：

(1)划分细部构造防水分项工程检验批。

(2)对细部构造防水主控项目进行质量检查。

(3)对细部构造防水一般项目进行观察检查。

任务描述

(4)利用建筑工程资料管理软件填写细部构造防水检验批现场验收检查原始记录、检验批质量验收记录、分项工程质量验收记录。

2.5.2.2　学习目标

(1)知识目标：

1)掌握细部构造防水施工工艺流程。

2)掌握细部构造防水分项工程检验批划分规定。

3)掌握细部构造防水质量验收的主控项目和一般项目的验收内容、检查数量、检验方法。

(2)能力目标：

1)能正确划分细部构造防水分项工程检验批。

2)能对细部构造防水进行质量验收。

3)能正确填写细部构造防水检验批现场验收检查原始记录表、检验批质量验收记录表、分项工程质量验收记录表。

(3)素质目标：

1)培养质量意识。

2)培养规范意识，讲原则、守规矩。

3)培养善于思考、解决问题的意识。

4)培养团结协作意识。

5)培养追求卓越、精益求精的精神。

2.5.2.3 任务分析

(1)重点。

1)主控项目和一般项目质量验收。

2)填写质量验收记录表。

(2)难点。

1)细部构造隐蔽工程质量验收。

2)验收项目检查。

2.5.2.4 素质养成

(1)在主控项目、一般项目验收条文描述中,引导学生养成规范、规矩意识,具有质量第一的原则与立场。

(2)细部节点构造做法复杂,细节决定成败,隐蔽工程验收非常重要,培养学生精益求精的工匠精神。

(3)在质量验收、填写质量验收表格过程中,要专心细致、如实记录数据、准确评价验收结果,训练中培养分工合作、团结协作的意识。

2.5.2.5 任务分组

填写学生任务分配表(表2.5.2.5)

表2.5.2.5 学生任务分配表

班级		组号		指导教师	
组长		学号			
组员	姓名	学号		姓名	学号
任务分工					

2.5.2.6 工作实施

任务工作单一

组号:_____ 姓名:_____ 学号:_____ 编号:__2.5.2.6-1__

引导问题:

(1)简述细部构造防水施工工艺流程。

(2)细部构造防水分项工程检验批划分规定是什么?本工程项目细部构造防水划分为多少个检验批?

任务工作单二

组号：＿＿＿＿＿＿　姓名：＿＿＿＿＿＿　学号：＿＿＿＿＿＿　编号：2.5.2.6－2

引导问题：

(1)简述本项目细部构造防水部位、防水材料。

(2)简述本项目细部构造防水(施工缝、变形缝、后浇带、预埋件、桩头等)构造要求。

(3)简述细部构造防水的主控项目验收内容、检查数量和检验方法。

(4)简述细部构造防水的一般项目实测实量要求。

(5)结合本项目图纸，请按照随机且有代表性的原则编写一个检验批的一般项目允许偏差实体检测方案(表2.5.2.6)。

表 2.5.2.6　实体检测方案

序号	检测项目	检测部位	检验方法

任务工作单三

组号：＿＿＿＿＿＿　姓名：＿＿＿＿＿＿　学号：＿＿＿＿＿＿　编号：2.5.2.6－3

引导问题：

(1)填写细部构造防水检验批现场验收检查原始记录有哪些应注意的事项？请按照检测方案模拟填写细部构造防水检验批现场验收检查原始记录表。

质量验收记录表

（2）如何正确填写细部构造防水检验批质量验收记录表？请按照细部构造防水检验批现场验收检查原始记录填写细部构造防水检验批质量验收记录表。

（3）如何正确填写细部构造防水分项工程质量验收记录表？请根据本项目检验批划分方案填写细部构造防水分项工程质量验收记录表。

2.5.2.7 评价反馈

任务工作单一

组号：_____ 姓名：_____ 学号：_____ 编号：2.5.2.7-1

个人自评表

班级		组名		日期	年 月 日
评价指标	评价内容			分数	分数评定
信息理解与运用	能有效利用工程案例资料查找有用的相关信息；能将查到的信息有效地传递到学习中			10	
感知课堂生活	是否熟悉各自的工作岗位，认同工作价值；在学习中是否能获得满足感，课堂氛围如何			10	
参与状态	与教师、同学之间是否相互理解与尊重；与教师、同学之间是否保持多向、丰富、适宜的信息交流			10	
	能处理好合作学习和独立思考的关系，做到有效学习；能提出有意义的问题或能发表个人见解			10	
知识、能力获得情况	掌握细部构造防水施工工艺流程			5	
	掌握细部构造防水分项工程检验批划分规定			5	
	掌握细部构造防水质量验收的主控项目和一般项目的验收内容、检查数量、检验方法			5	
	能正确划分主体结构防水分项工程检验批			10	
	能对主体结构防水进行质量验收			10	
	能正确填写主体结构防水检验批现场验收检查原始记录表、检验批质量验收记录表、分项工程质量验收记录表			10	
思维状态	是否能发现问题、提出问题、分析问题、解决问题			5	
自评反思	按时按质完成任务；较好地掌握了专业知识点；较强的信息分析能力和理解能力			10	
自评分数					
有益的经验和做法					
总结反思建议					

任务工作单二

组号：_____ 姓名：_____ 学号：_____ 编号：2.5.2.7－2

小组互评表

班级		被评组名		日期	年 月 日
评价指标	评价内容			分数	分数评定
信息理解与运用	该组能否有效利用工程案例资料查找有用的相关信息			5	
	该组能否将查到的信息有效地传递到学习中			5	
感知课堂生活	该组是否熟悉各自的工作岗位，认同工作价值			5	
	该组在学习中是否能获得满足感			5	
参与状态	该组与教师、同学之间是否相互理解与尊重			5	
	该组与教师、同学之间是否保持多向、丰富、适宜的信息交流			5	
	该组能否处理好合作学习和独立思考的关系，做到有效学习			5	
	该组能否提出有意义的问题或发表个人见解			5	
任务完成情况	能正确填写细部构造防水检验批现场验收检查原始记录表			15	
	能正确填写细部构造防水检验批质量验收记录表			15	
	能正确填写细部构造防水分项工程质量验收记录表			15	
思维状态	该组是否能发现问题、提出问题、分析问题、解决问题			5	
自评反思	该组能严肃、认真地对待自评			10	
互评分数					
简要评述					

任务工作单三

组号：_____ 姓名：_____ 学号：_____ 编号：2.5.2.7－3

教师评价表

班级		组名		姓名		
出勤情况						
评价内容	评价要点	考查要点	分数	教师评定		
				结论	分数	
信息理解与运用	任务实施过程中资料查阅	是否查阅信息资料	10			
		正确运用信息资料				
任务完成情况	掌握了细部构造防水施工工艺流程	内容正确，错一处扣2分	10			
	掌握了细部构造防水分项工程检验批划分规定	内容正确，错一处扣2分	10			
	掌握了细部构造防水质量验收的主控项目和一般项目的验收内容、检查数量、检验方法	内容正确，错一处扣2分	10			
	能正确划分细部构造防水分项工程检验批	内容正确，错一处扣2分	10			

班级		组名		姓名		
出勤情况						
评价内容	评价要点		考查要点	分数	教师评定	
					结论	分数
任务完成情况	能对细部构造防水进行质量验收		内容正确，错一处扣2分	10		
	能正确填写细部构造防水检验批现场验收检查原始记录表、检验批质量验收记录表、分项工程质量验收记录表		内容正确，错一处扣2分	10		
素质目标达成情况	出勤情况		缺勤1次扣2分	10		
	具有规范意识，讲原则、守规矩		根据情况，酌情扣分	5		
	具有善于思考、解决问题的意识		根据情况，酌情扣分	5		
	具有团结协作意识		根据情况，酌情扣分	5		
	具有追求卓越、精益求精的精神		根据情况，酌情扣分	5		

2.5.2.8 相关知识点

(1)细部构造防水施工工艺流程。

相关知识点

1)施工缝。大体混凝土一次完成有困难，须分两次或三次浇筑完。两次浇筑相隔几天或数天，前后两次浇筑的混凝土之间形成的缝即施工缝。施工缝可分为水平施工缝和垂直施工缝两种。其施工工艺流程：施工准备 → 先浇混凝土表面清理 → 安装止水条或止水带 → 刷混凝土界面处理剂 → 检查验收 → 浇筑混凝土 → 养护。

2)变形缝。为了避免建筑物由于过长而受到气温变化的影响，或因荷载不同及地基承载能力不均或地震荷载对建筑物的作用等因素，致使建筑构件内部发生裂缝或破坏，在设计时事先将建筑物分为几个独立的部分，使各部分能自由变形，这种将建筑物垂直分开的缝统称为变形缝。按其功能，变形缝可分为伸缩缝、沉降缝和防震缝三种。其施工工艺流程：变形缝位置尺寸放线 → 钢筋施工 → 止水带固定 → 侧模封闭→先浇混凝土施工→先浇混凝土养护→填缝材料定位固定→后浇混凝土侧模封闭→后浇混凝土施工→后浇混凝土养护。

3)后浇带。混凝土结构在施工期间临时保留一条未浇筑混凝土的带，起变形缝作用，待混凝土结构完成变形后，用补偿收缩混凝土将此缝补浇筑，使结构成为连续、整体、无伸缩缝的结构。其施工工艺流程：先浇混凝土表面凿毛 → 钢筋除锈、调整 → 模板清理 → 放置止水条或止水带(若采用钢板止水带则无此项) → 浇水湿润 → 混凝土浇筑 → 养护。

4)预埋件。地下室内墙壁或底板上预埋铁件用吊挂或专用工具固定，预埋件往往与结构钢筋接触，导致水淹铁件伸入室内。为此预留洞、槽均应作防水处理。其施工工艺流程：现场钢筋绑扎 → 预埋件安装固定 → 隐蔽验收 → 混凝土浇筑 → 防水材料嵌填 → 试水。

5)桩头。桩基渗水通道主要发生部位：桩基钢筋与混凝土之间、底板与桩头之间出现的施工缝，混凝土桩与地基土两者膨胀收缩不一致，在桩壁与地基土之间形成的缝隙。其施工工艺流程：基层及桩头清理→涂刷水泥基渗透结晶型防水涂料2～3遍→抹12 mm厚聚合物水泥防水砂浆→检查验收。

(2)细部构造防水分项工程检验批划分。应按结构层、变形缝或后浇带等施工段划分。

(3)细部构造防水的主控项目验收内容、检查数量和检验方法。

1)施工缝。

①施工缝用止水带、遇水膨胀止水条或止水胶、水泥基渗透结晶型防水涂料和预埋注浆管必须符合设计要求。

检验方法：检查产品合格证、产品性能检测报告和材料进场检验报告。

检查数量：全数检查。

②施工缝防水构造必须符合设计要求。

检验方法：观察检查和检查隐蔽工程验收记录。

检查数量：全数检查。

2)变形缝。

①变形缝用止水带、填缝材料和密封材料必须符合设计要求。

检验方法：检查产品合格证、产品性能检测报告和材料进场检验报告。

检查数量：全数检查。

②变形缝防水构造必须符合设计要求。

检验方法：观察检查和检查隐蔽工程验收记录。

检查数量：全数检查。

③中埋式止水带埋设位置应准确，其中间空心圆环与变形缝的中心线应重合。

检验方法：观察检查和检查隐蔽工程验收记录。

检查数量：全数检查。

3)后浇带。

①后浇带用遇水膨胀止水条或止水胶、预埋注浆管、外贴式止水带必须符合设计要求。

检验方法：检查产品合格证、产品性能检测报告和材料进场检验报告。

检查数量：全数检查。

②补偿收缩混凝土的原材料及配合比必须符合设计要求。

检验方法：检查产品合格证、产品性能检测报告、计量措施和材料进场检验报告。

检查数量：全数检查。

③后浇带防水构造必须符合设计要求。

检验方法：观察检查和检查隐蔽工程验收记录。

检查数量：全数检查。

④采用掺膨胀剂的补偿收缩混凝土，其抗压强度、抗渗性能和限制膨胀率必须符合设计要求。

检验方法：检查混凝土抗压强度、抗渗性能和水中养护 14 d 后的限制膨胀率检测报告。

检查数量：全数检查。

4)预埋件。

①预埋件用密封材料必须符合设计要求。

检验方法：检查产品合格证、产品性能检测报告和材料进场检验报告。

检查数量：全数检查。

②预埋件防水构造必须符合设计要求。

检验方法：观察检查和检查隐蔽工程验收记录。

检查数量：全数检查。

(4)细部构造防水的一般项目验收内容、检查数量和检验方法。

1)施工缝。

①墙体水平施工缝应留设在高出底板表面不小于300 mm的墙体上。拱、板与墙结合的水平施工缝，宜留设在拱、板和墙交接处以下150～300 mm处；垂直施工缝应避开地下水和裂隙水较多的地段，并宜与变形缝相结合。

检验方法：观察检查和检查隐蔽工程验收记录。

检查数量：全数检查。

②在施工缝处继续浇筑混凝土时，已浇筑的混凝土抗压强度不应小于1.2 MPa。

检验方法：观察检查和检查隐蔽工程验收记录。

检查数量：全数检查。

③水平施工缝浇筑混凝土前，应将其表面浮浆和杂物清除，然后铺设净浆、涂刷混凝土界面处理剂或水泥基渗透结晶型防水涂料，再铺30～50 mm厚的1∶1水泥砂浆，并及时浇筑混凝土。

检验方法：观察检查和检查隐蔽工程验收记录。

检查数量：全数检查。

④垂直施工缝浇筑混凝土前，应将其表面清理干净，再涂刷混凝土界面处理剂或水泥基渗透结晶型防水涂料，并及时浇筑混凝土。

检验方法：观察检查和检查隐蔽工程验收记录。

检查数量：全数检查。

⑤中埋式止水带及外贴式止水带埋设位置应准确，固定应牢靠。

检验方法：观察检查和检查隐蔽工程验收记录。

检查数量：全数检查。

⑥遇水膨胀止水带应具有缓膨胀性能；止水条与施工缝基面应密贴，中间不得有空鼓、脱离等现象；止水条应牢固地安装在缝表面或预埋凹槽内；止水条采用搭接连接时，搭接宽度不得小于30 mm。

检验方法：观察检查和检查隐蔽工程验收记录。

检查数量：全数检查。

⑦遇水膨胀止水胶应采用专用注胶器挤出黏结在施工缝表面，并做到连续、均匀、饱满、无气泡和孔洞，挤出宽度及厚度应符合设计要求；止水胶挤出成型后，固化期内应采取临时保护措施；止水胶固化前不得浇筑混凝土。

检验方法：观察检查和检查隐蔽工程验收记录。

检查数量：全数检查。

⑧预埋式注浆管应设置在施工缝断面中部，注浆管与施工缝基面应密贴并固定牢靠，固定间距宜为200～300 mm；注浆导管与注浆管的连接应牢固、严密，导管埋入混凝土内的部分应与结构钢筋绑扎牢固，导管的末端应临时封堵严密。

检验方法：观察检查和检查隐蔽工程验收记录。

检查数量：全数检查。

2)变形缝。

①中埋式止水带的接缝应设置在边墙较高位置上，不得设置在结构转角处；接头宜采用热压焊接，接缝应平整、牢固，不得有裂口和脱胶现象。

检验方法：观察检查和检查隐蔽工程验收记录。

检查数量：全数检查。

②中埋式止水带在转角处应做成圆弧形；顶板、底板内止水带应安装成盆状，并宜采用专

用钢筋套或扁钢固定。

检验方法：观察检查和检查隐蔽工程验收记录。

检查数量：全数检查。

③外贴式止水带在变形缝与施工缝相交部位宜采用十字配件；外贴式止水带在变形缝转角部位宜采用直角配件。止水带埋设位置应准确，固定应牢靠，并与固定止水带的基层密贴，不得出现空鼓、翘边等现象。

检验方法：观察检查和检查隐蔽工程验收记录。

检查数量：全数检查。

④安设于结构内侧的可卸式止水带所需配件应一次配齐，转角处应做成45°坡角，并增加紧固件的数量。

检验方法：观察检查和检查隐蔽工程验收记录。

检查数量：全数检查。

⑤嵌填密封材料的缝内两侧基面应平整、洁净、干燥，并应涂刷基层处理剂；嵌缝底部应设置背衬材料；密封材料嵌填应严密、连续、饱满，黏结牢固。

检验方法：观察检查和检查隐蔽工程验收记录。

检查数量：全数检查。

⑥变形缝处表面粘贴卷材或涂刷涂料前，应在缝上设置隔离层和加强层。

检验方法：观察检查和检查隐蔽工程验收记录。

检查数量：全数检查。

3）后浇带。

①补偿收缩混凝土浇筑前，后浇带部位和外贴式止水带应采取保护措施。

检验方法：观察检查。

检查数量：全数检查。

②后浇带两侧的接缝表面应先清理干净，再涂刷混凝土界面处理剂或水泥基渗透结晶型防水涂料；后浇混凝土的浇筑时间应符合设计要求。

检验方法：观察检查和检查隐蔽工程验收记录。

检查数量：全数检查。

③遇水膨胀止水条的施工应符合《地下防水工程质量验收规范》（GB 50208—2011）第5.1.8条的规定；遇水膨胀止水胶的施工应符合《地下防水工程质量验收规范》（GB 50208—2011）第5.1.9条的规定；预埋注浆管的施工应符合《地下防水工程质量验收规范》（GB 50208—2011）第5.1.10条的规定；外贴式止水带的施工应符合《地下防水工程质量验收规范》（GB 50208—2011）第5.2.6条的规定。

检验方法：观察检查和检查隐蔽工程验收记录。

检查数量：全数检查。

④后浇带混凝土应一次浇筑，不得留施工缝；混凝土浇筑后应及时养护，养护时间不得少于28 d。

检验方法：观察检查和检查隐蔽工程验收记录。

检查数量：全数检查。

4）预埋件。

①预埋件应位置准确，固定牢靠；预埋件应进行防腐处理。

检验方法：观察、尺量和手扳检查。

检查数量：全数检查。

②预埋件端部或预留孔、槽底部的混凝土厚度不得少于250 mm；当混凝土厚度小于250 mm时，应局部加厚或采取其他防水措施。

检验方法：尺量检查和检查隐蔽工程验收记录。

检查数量：全数检查。

③结构迎水面的预埋件周围应预留凹槽，凹槽内应用密封材料嵌填密实。

检验方法：观察检查和检查隐蔽工程验收记录。

检查数量：全数检查。

④用于固定模板的螺栓必须穿过混凝土结构时，可采用工具式螺栓或螺栓加堵头，螺栓上应加焊止水环。拆模后留下的凹槽应用密封材料封堵密实，并用聚合物水泥砂浆抹平。

检验方法：观察检查和检查隐蔽工程验收记录。

检查数量：全数检查。

⑤预留孔、槽内的防水层应与主体防水层保持连续。

检验方法：观察检查和检查隐蔽工程验收记录。

检查数量：全数检查。

⑥密封材料嵌填应密实、连续、饱满，黏结牢固。

检验方法：观察检查和检查隐蔽工程验收记录。

检查数量：全数检查。

5) 桩头。

①桩头顶面和侧面裸露处应涂刷水泥基渗透结晶型防水涂料，并延伸至结构底板垫层150 mm处；桩头周围300 mm范围内应抹聚合物水泥防水砂浆过渡层。

检验方法：观察检查和检查隐蔽工程验收记录。

检查数量：全数检查。

②结构底板防水层应在聚合物水泥防水砂浆过渡层上并延伸至桩头侧壁，其与桩头侧壁接缝处应采用密封材料嵌填。

检验方法：观察检查和检查隐蔽工程验收记录。

检查数量：全数检查。

③桩头的受力钢筋根部应采用遇水膨胀止水条或止水胶，并应采取保护措施。

检验方法：观察检查和检查隐蔽工程验收记录。

检查数量：全数检查。

④遇水膨胀止水条的施工应符合《地下防水工程质量验收规范》（GB 50208—2011）第5.1.8条的规定；遇水膨胀止水胶的施工应符合《地下防水工程质量验收规范》（GB 50208—2011）第5.1.9条的规定。

检验方法：观察检查和检查隐蔽工程验收记录。

检查数量：全数检查。

⑤密封材料嵌填应密实、连续、饱满，黏结牢固。

检验方法：观察检查和检查隐蔽工程验收记录。

检查数量：全数检查。

(5) 细部构造防水的一般项目实测实量要求。

1) 施工缝止水条采用搭接时，搭接宽度不小于300 mm。

每个实测区随机抽取至少3个疑似止水条搭接宽度不足的地方用钢尺进行实测实量，作为3个实测点的数据。

2)预埋件位置要求。检查预埋件轴线、中心线位置，应沿纵、横两个方向量测，并取其中的较大值。

2.5.2.9 项目拓展

项目拓展

项目三　砌体结构工程质量验收与资料管理

【思政元素举例】

1. 文化自信

2. 民族自豪感

3. 工匠精神

4. 质量意识

【典型思政案例】

西安城墙：在传承保护中绽放异彩

西安城墙又称西安明城墙，是第一批全国重点文物保护单位、国家AAAA级旅游景区。广义的西安城墙包括西安唐城墙和西安明城墙。现存城墙为明代建筑，全长为13.7 km，始建于明太祖洪武三年(1370年)，洪武十一年(1378年)竣工，是在明太祖"高筑墙、广积粮、缓称王"的政策指导下，在隋、唐皇城的基础上建成的，当时是西安的府城。明太祖朱元璋将次子朱樉册封为秦王，藩封、府治同在一城，因而城池规模宏大坚固，再加上后来明清屡次修葺、增建，至今保存完好。

2004年年初，西安市含光门段城墙道路工程施工，陕西省古建设计研究所(今陕西省文化遗产研究院)受有关部门委托，配合工程，对该处暴露的城墙断面展开考古调查，认定它结构复杂，时间跨度从隋唐至现代，历经五次大的修筑而成。据统计，城墙断面从早至晚分为五大时期。即隋唐期：现存断面接近三角形；唐末五代期：加厚旧城墙1.5～2.5 m，顶部也加高将近1 m；宋元期：增补层处于明城墙断面中心，土色暗褐，质地密实，夹有少量砖瓦；明清期：将以前所筑城墙的墙体全部包筑于内，即现今的西安城墙；现代修葺层，主要是20世纪80年代初西安有关部门进行的加固处理。

西安城墙完全围绕"防御"战略体系，城墙的厚度大于高度，稳固如山，墙顶可以跑车和操练。墙高为12 m，顶宽为12～14 m，底宽为15～18 m，周长为13.74 km。城门有四个，即东长乐门、西安定门、南永宁门、北安远门。每门城楼三重：闸楼、箭楼、正楼。正楼高32 m，长40余m，为歇山顶式，四角翘起，三层重檐，底层有回廊环绕，古色古香，巍峨壮观。

城墙包括护城河、吊桥、闸楼、箭楼、正楼、角楼、敌楼、女儿墙、垛口等一系列军事设施。城墙四角各有角墙一座，城墙外有城壕。城墙上外侧筑有雉堞，又称垛墙，共5 984个，上有垛口，可射箭和瞭望。内侧矮墙称为女儿墙，无垛口，以防兵士往来行走时跌下。城墙每隔120 m修敌台一座，突出在城墙之外，顶与城墙面平。这是专为射杀爬城的敌人设置的。城墙上共有敌台98座，上面都建有驻兵的敌楼。

最初的西安城墙用黄土分层夯打而成，最底层用土、石灰和糯米汁混合夯打，异常坚硬。后来又将整个城墙内外壁及顶部砌上青砖。城墙顶部每隔40～60 m有一道用青砖砌成的水槽，用于排水，对西安古城墙的长期保护起到了非常重要的作用。

西安城墙是中国现存规模最大、保存最完整的古代城垣，凝聚了中国古代劳动人民的智慧，有着很高的研究价值。城墙的一砖一瓦都记述着我们中国悠久的历史与文明，散发着雄厚的底蕴与磅礴的力量，描绘着新时代中国文化有序传承、创新发展的动人画卷，更好地展示了中华文明灿烂成就，蕴含着文化自信、中国气概、民族精神，扩大了中国传统文化的影响力。

任务 填充墙砌体工程质量验收与资料管理

3.1.1 任务描述

根据×××学院实验实训综合楼的建筑和结构施工图、工程量清单、专项施工方案、安全功能试验检验报告，以及《砌体结构工程施工质量验收规范》(GB 50203—2011)中关于填充墙砌体工程质量验收的规定，完成以下工作任务：

任务描述

(1)划分填充墙砌体分项工程检验批。

(2)对填充墙砌体工程主控项目进行质量检查。

(3)操作检测工具对填充墙砌体工程一般项目允许偏差实体检测。

(4)利用建筑工程资料管理软件填写填充墙砌体工程检验批现场验收检查原始记录、检验批质量验收记录、分项工程质量验收记录。

3.1.2 学习目标

1. 知识目标

(1)掌握填充墙砌体砌筑施工工艺流程。

(2)掌握填充墙砌体分项工程检验批划分规定。

(3)掌握填充墙砌体工程质量验收的主控项目和一般项目的验收内容、检查数量、检验方法。

2. 能力目标

(1)能正确划分填充墙砌体分项工程检验批。

(2)能对填充墙砌体工程进行质量验收。

(3)能正确填写填充墙砌体工程检验批现场验收检查原始记录表、检验批质量验收记录表、分项工程质量验收记录表。

3. 素质目标

(1)培养质量意识。

(2)培养规范意识，讲原则、守规矩。

(3)培养严谨求实、专心细致的工作作风。

(4)培养节能环保意识。

(5)培养团结协作意识。

(6)培养吃苦耐劳的精神。

3.1.3 任务分析

1. 重点

(1)主控项目和一般项目质量验收。

(2)填写质量验收记录表。

2. 难点

(1)确定检验批容量。

(2)验收项目检测操作规范。

3.1.4 素质养成

(1)在主控项目、一般项目验收条文描述中，引导学生养成规范、规矩意识，具有质量第一的原则与立场。

(2)填充墙砌块与其他块材相比，能有效保护耕地，使学生具有节能环保意识。

(3)在质量验收、填写质量验收表格过程中，要专心细致、如实记录数据、准确评价验收结果，训练中养成分工合作、不怕苦不怕累的精神。

3.1.5 任务分组

填写学生任务分配表(表3.1.5)。

表3.1.5　学生任务分配表

班级		组号		指导教师	
组长		学号			
组员	姓名	学号	姓名	学号	
任务分工					

3.1.6 工作实施

任务工作单一

组号：＿＿＿＿＿＿ 姓名：＿＿＿＿＿＿ 学号：＿＿＿＿＿＿ 编号：3.1.6－1

引导问题：

(1)简述填充墙砌体砌筑施工工艺流程。

(2)填充墙砌体分项工程检验批划分规定是什么？本工程项目填充墙砌体分项工程划分为多少个检验批？

任务工作单二

组号：＿＿＿＿＿＿ 姓名：＿＿＿＿＿＿ 学号：＿＿＿＿＿＿ 编号：3.1.6－2

引导问题：

(1)简述本项目填充墙砌体工程块材、砂浆种类及强度要求。

(2)简述本项目填充墙砌体工程墙柱连接构造设计规定。

(3)简述填充墙砌体工程的主控项目验收内容、检查数量和检验方法。

(4)简述填充墙砌体工程的一般项目允许偏差检测部位要求。

(5)结合本项目图纸，请按照随机且有代表性的原则编写一个检验批的一般项目允许偏差实体检测方案(表3.1.6)。

表3.1.6 实体检测方案

序号	检测项目	检测部位	检验方法

任务工作单三

组号：_____ 姓名：_____ 学号：_____ 编号：3.1.6-3

引导问题：

（1）填写填充墙砌体工程检验批现场验收检查原始记录有哪些应注意的事项？请按照检测方案模拟填写填充墙砌体工程检验批现场验收检查原始记录表。

质量验收记录表

（2）如何正确填写填充墙砌体工程检验批质量验收记录表？请按照填充墙砌体工程检验批现场验收检查原始记录填写填充墙砌体工程检验批质量验收记录表。

（3）如何正确填写填充墙砌体分项工程质量验收记录表？请根据本项目检验批划分方案填写填充墙砌体分项工程质量验收记录表。

3.1.7 评价反馈

任务工作单一

组号：_____ 姓名：_____ 学号：_____ 编号：3.1.7-1

个人自评表

班级		组名		日期	年 月 日
评价指标	评价内容			分数	分数评定
信息理解与运用	能有效利用工程案例资料查找有用的相关信息；能将查到的信息有效地传递到学习中			10	
感知课堂生活	是否熟悉各自的工作岗位，认同工作价值；在学习中是否能获得满足感，课堂氛围如何			10	
参与状态	与教师、同学之间是否相互理解与尊重；与教师、同学之间是否保持多向、丰富、适宜的信息交流			10	
	能处理好合作学习和独立思考的关系，做到有效学习；能提出有意义的问题或能发表个人见解			10	
知识、能力获得情况	掌握了填充墙砌体工程施工工艺流程			5	
	掌握了填充墙砌体分项工程检验批划分规定			5	
	掌握了填充墙砌体工程质量验收的主控项目和一般项目的验收内容、检查数量、检验方法			5	
	能正确划分填充墙砌体分项工程检验批			10	
	能对填充墙砌体工程进行质量验收			10	

班级		组名		日期	年 月 日
评价指标	评价内容			分数	分数评定
知识、能力获得情况	能正确填写填充墙砌体工程检验批现场验收检查原始记录表、检验批质量验收记录表、分项工程质量验收记录表			10	
思维状态	是否能发现问题、提出问题、分析问题、解决问题			5	
自评反思	按时按质完成任务；较好地掌握了专业知识点；较强的信息分析能力和理解能力			10	
自评分数					
有益的经验和做法					
总结反思建议					

任务工作单二

组号：＿＿＿＿＿＿ 姓名：＿＿＿＿＿＿ 学号：＿＿＿＿＿＿ 编号：3.1.7－2

小组互评表

班级		被评组名		日期	年 月 日
评价指标	评价内容			分数	分数评定
信息理解与运用	该组能否有效利用工程案例资料查找有用的相关信息			5	
	该组能否将查到的信息有效地传递到学习中			5	
感知课堂生活	该组是否熟悉各自的工作岗位，认同工作价值			5	
	该组在学习中是否能获得满足感			5	
参与状态	该组与教师、同学之间是否相互理解与尊重			5	
	该组与教师、同学之间是否保持多向、丰富、适宜的信息交流			5	
	该组能否处理好合作学习和独立思考的关系，做到有效学习			5	
	该组能否提出有意义的问题或发表个人见解			5	
任务完成情况	能正确填写填充墙砌体工程检验批现场验收检查原始记录表			15	
	能正确填写填充墙砌体工程检验批质量验收记录表			15	
	能正确填写填充墙砌体工程分项工程质量验收记录表			15	
思维状态	该组是否能发现问题、提出问题、分析问题、解决问题			5	
自评反思	该组能严肃、认真地对待自评			10	
互评分数					
简要评述					

任务工作单三

组号：＿＿＿＿＿ 姓名：＿＿＿＿＿ 学号：＿＿＿＿＿ 编号：3.1.7－3

教师评价表

班级		组名		姓名		
出勤情况						
评价内容	评价要点		考查要点	分数	教师评定	
					结论	分数
信息理解与运用	任务实施过程中资料查阅		是否查阅信息资料	10		
			正确运用信息资料			
任务完成情况	掌握了填充墙砌体工程施工工艺流程		内容正确，错一处扣2分	10		
	掌握了填充墙砌体分项工程检验批划分规定		内容正确，错一处扣2分	10		
	掌握了填充墙砌体工程质量验收的主控项目和一般项目的验收内容、检查数量、检验方法		内容正确，错一处扣2分	10		
	能正确划分填充墙砌体分项工程检验批		内容正确，错一处扣2分	10		
	能对填充墙砌体工程进行质量验收		内容正确，错一处扣2分	10		
	能正确填写填充墙砌体工程检验批现场验收检查原始记录表、检验批质量验收记录表、分项工程质量验收记录表		内容正确，错一处扣2分	10		
素质目标达成情况	出勤情况		缺勤1次扣2分	10		
	具有规范意识，讲原则、守规矩		根据情况，酌情扣分	5		
	具有严谨求实、专心细致的工作作风		根据情况，酌情扣分	5		
	具有团结协作意识		根据情况，酌情扣分	5		
	具有吃苦耐劳的精神		根据情况，酌情扣分	5		

3.1.8 相关知识点

3.1.8.1 填充墙砌体砌筑施工工艺流程

填充墙砌体砌筑施工工艺流程：材料准备→作业面清理→放线→墙体拉结筋、构造柱、抱框钢筋设置→建筑完成面以上200翻沿浇筑（厨房、卫生间、浴室等潮湿环境处，室外阳台、外墙、一层所有墙体），水电配合预留洞口→砌块排列→铺砂浆→砌块就位→校正→竖缝灌砂浆→勾缝→墙面清扫→构造柱、过梁、压顶支设模板、浇筑→拆除模板→砌筑封顶砖。

相关知识点

3.1.8.2 填充墙砌体分项工程检验批划分规定

砌体结构工程检验批的划分应同时符合下列规定：

(1)所用材料类型及同类型材料的强度等级相同。

(2)不超过250 m³砌体。

(3)主体结构砌体一个楼层（基础砌体可按一个楼层计）；填充墙砌体量少时可多个楼层合并。

3.1.8.3 填充墙砌体工程的主控项目验收内容、检查数量和检验方法

(1)烧结空心砖、小砌块和砌筑砂浆的强度等级应符合设计要求。

检查数量：烧结空心砖每10万块为一检验批，小砌块每1万块为一检验批，不足上述数量

时按 1 批计，检查数量为 1 组。砂浆试块每一检验批且不超过 250 m³ 砌体的各种类型及强度等级的普通砌筑砂浆，每台搅拌机至少抽检一次，检验批的预拌砂浆，抽检可为 3 组。

检验方法：查砖、砌块复验报告和砂浆试块试验报告。

(2)填充墙砌体应与主体结构可靠连接，其连接构造应符合设计要求，未经设计同意，不得随意改变连接构造方法。每一填充墙与柱的拉结筋的位置超过一皮块体高度的数量不得多于一处。

检查数量：每检验批不少于 5 处。

检验方法：观察。

(3)填充墙与承重墙、柱、梁的连接钢筋，当采用化学植筋的连接方式时，应进行实体检测。锚固钢筋拉拔试验的轴向受拉非破坏承载力检验值应为 6.0 kN。抽检钢筋在检验值作用下应基材无裂缝、钢筋无滑移宏观裂损现象；持荷 2 min 期间荷载值降低不大于 5%。

检查数量：按表 3.1.8.3 确定。

检验方法：原位试验检查。

表 3.1.8.3　检验批抽样锚固钢筋样本最小容量

检验批的容量	样本最小容量	检验批的容量	样本最小容量
≤90	5	281~500	20
90~150	8	501~1 200	32
150~280	13	1 201~3 200	50

3.1.8.4　填充墙砌体工程的一般项目验收内容、检查数量和检验方法

(1)填充墙砌体尺寸、位置的允许偏差及检验方法应符合表 3.1.8.4-1 的规定。

表 3.1.8.4-1　填充墙砌体尺寸、位置的允许偏差及检验方法

项次	项目		允许偏差/mm	检验方法
1	轴线偏移		10	用尺量检查
2	垂直度(每层)	≤3 m	5	用 2 m 拖线板或吊线、尺量检查
		>3 m	10	
3	表面平整度		8	用 2 m 靠尺和楔形尺检查
4	门窗洞口高、宽(后塞口)		±10	用尺量检查
5	外墙上下窗口偏移		20	用经纬仪或吊线检查

检查数量：每检验批抽查不应少于 5 处。

(2)填充墙砌体的砂浆饱满度及检验方法应符合表 3.1.8.4-2 的规定。

表 3.1.8.4-2　填充墙砌体的砂浆饱满度及检验方法

砌体分类	灰缝	饱满度及要求	检验方法
空心砖砌体	水平	≥80%	采用百格网检查块体底面或侧面砂浆的黏结痕迹面积
	垂直	填满砂浆、不得有透明缝、瞎缝、假缝	
蒸压加气混凝土砌块、轻骨料混凝土小型空心砌块	水平	≥80%	
	垂直	≥80%	

(3)填充墙砌体留置的拉结钢筋或网片的位置应与块体皮数相符合。拉结钢筋或网片应置于灰缝中，埋置长度应符合设计要求，竖向位置偏差不应超过一皮高度。

检查数量：每检验批不少于5处。

检验方法：观察及尺量。

(4)砌筑填充墙时应错缝搭砌，蒸压加气混凝土砌块搭砌长度不应小于砌块长度的1/3；轻骨料混凝土小型空心砌块搭砌长度不应小于90 mm；竖向通缝不应大于2皮。

检查数量：每检验批不少于5处。

检验方法：观察。

(5)填充墙的水平灰缝厚度和竖向灰缝宽度应正确，烧结空心砖、轻骨料混凝土小型空心砌块砌体的灰缝应为8～12 mm；当蒸压加气混凝土砌块砌体采用水泥砂浆、水泥混合砂浆或蒸压加气混凝土砌块砌筑砂浆时，水平灰缝厚度和竖向灰缝宽度不应超过15 mm；当蒸压加气混凝土砌块砌体采用蒸压加气混凝土砌块黏结砂浆时，水平灰缝厚度和竖向灰缝宽度宜为3～4 mm。

检查数量：每检验批不少于5处。

检验方法：水平灰缝用尺量5皮空心砖或小砌块的高度，竖向灰缝用尺量2 m砌体长度折算。

3.1.8.5　填充墙砌体工程的一般项目允许偏差测量方法

(1)层高范围内砌体墙体表面平整度。

1)每一面墙都可以作为1个实测区，优先选取有门窗、过道洞口的墙面。测量部位选择正手墙面。

2)当墙面长度小于3 m时，各墙面顶部和根部4个角中，取左上及右下2个角。按45°角斜放靠尺分别测量2次，其实测值作为判断该实测指标合格率的2个计算点。

3)当墙面长度大于3 m时，还需在墙长度中间位置增加1次水平测量，3次测量值均作为判断该实测指标合格率的3个计算点。

4)墙面有门、窗洞口时，在门、窗洞口45°斜交叉测1尺，该实测值作为新增判断实测指标合格率的1个计算点。

(2)层高范围内砌体墙体表面垂直度。

1)每一面墙都可以作为1个实测区，优先选取有门窗、过道洞口的墙面。测量部位选择正手墙面。

2)实测值主要反映砌体墙体垂直度，应避开墙顶梁、墙体斜顶砖、墙底灰砂砖或混凝土反坎，消除其对测量值的影响，如2 m靠尺过高不易定位，可采用1 m靠尺。

3)当墙长度小于3 m时，同一面墙距两侧阴阳角30 cm位置，分别按以下原则实测两次：一是靠尺顶端接触到上部砌体位置时测1次垂直度；二是靠尺底端距离下部地面位置30 cm时测1次垂直度。墙体洞口一侧为垂直度必测部位。

4)当墙长度大于3 m时，同一面墙距两端头竖向阴阳角30 cm和墙体中间位置，分别按以下原则实测3次：一是靠尺顶端接触到上部砌体位置时测1次垂直度；二是靠尺底端距离下部地面位置30 cm时测1次垂直度；三是在墙长度中间位置靠尺基本在高度方向居中时测1次垂直度。

(3)外门窗洞口尺寸偏差。同一外门或外窗洞口均可作为1个实测区。测量时不包括抹灰收口厚度，以砌体边对边，各测量2次门洞口宽度及高度净尺寸(对于落地外门窗，在未做水泥砂浆地面时，高度可不测)，取高度或宽度的2个实测值与设计值之间的偏差最大值，作为判断高度或宽度实测指标合格率的1个计算点。

3.1.9 项目拓展

项目拓展

项目四 混凝土结构工程质量验收与资料管理

【思政元素举例】

1. 劳动精神
2. 工匠精神
3. 质量意识
4. 协作友善
5. 责任担当

【典型思政案例】

扎牢龙城高楼大厦的"钢铁脊梁"

2019年4月29日上午，在柳州市庆祝"五一"国际劳动节表彰大会上，广西建工五建的刘雄伟荣获广西"五一劳动奖章"。

研究钢筋，彻夜加班熟记"详图"。2008年，刘雄伟中专毕业进入广西建工五建，成为建筑大军中一名普通钢筋工。为了掌握好更多、更扎实的钢筋制作的操作技术，彻夜加班研读《混凝土结构施工图平面整体表示方法制图规则和构造详图》，仔细领会、一丝不苟地落实到施工现场。经过刻苦的努力，从识图下料到对钢筋进行调直、连接、切断、成型、安装，相关的原理和操作技巧，熟稔于心，那本详图有40多页，里面的内容却都进了他的脑子，有80%的内容他可以背出来，大部分图形他也能随手画出个样子。

精益求精，成为攻坚克难的排头兵。钢筋施工最重要的是精准。为保质量，他白天检查质量，晚上研究图纸。在柳州中房世纪广场项目中，该项目的桩基础超大超深，钢筋多，施工难度特别大，刘雄伟迎难而上，带领班组成员想办法用钢筋扎架子，用角钢做支架，用手拉葫芦进行安放，比原计划提前了20个工作日，顺利完成1 500多吨地下室钢筋的加工和绑扎，提高工效19%。

传授"鲁班技艺"，工地变为练兵场。实践中，刘雄伟总结出了"看清图纸，明确标准，分清程序，细心操作，及时检查，杜绝事故"的六条操作原则，以提醒自己和团队成员确保钢筋施工质量。在钢筋班，刘雄伟依托公司的农民工学校，采取"一带一""二帮一"等办法，培训上千名钢筋工。刘雄伟组织的钢筋班组，每年能完成4万 m^2 以上建筑面积的钢筋加工安装工作量。

刘雄伟在建筑工地摸爬滚打11年，整日与钢筋打交道，先后在柳州市一系列重点工程、保障性住房工程等30多个大型建筑施工项目中负责钢筋配料、加工、绑扎流水线作业。他所参建的工程获得鲁班奖、国家优质工程、全国装饰工程奖、全国用户满意工程、全国安全文明标准化诚信工地等荣誉。他用创新的精神引领团队为高楼大厦扎起钢铁"脊梁"，成为建筑工程质量的守护者。

任务一　模板工程质量验收与资料管理

4.1.1　任务描述

根据×××学院实验实训综合楼结构施工图、《×××学院实验实训综合楼模板工程安全专项施工方案》《×××学院实验实训综合楼高大模板安全施工方案专家论证》、工程量清单、材料产品合格证书、性能检验报告、进场验收记录、复验报告、隐蔽工程验收记录、试验检验报告，以及《建筑施工扣件式钢管脚手架安全技术规范》(JGJ 130—2011)、《建筑施工模板及作业平台钢管支架构造安全技术规范》(DB45/T 618—2009)，完成以下工作任务：

(1)制订实验实训综合楼的模板工程检验批方案，注意区分普通模板工程和高大模板工程。

(2)对模板工程主控项目进行质量检查。

(3)完成模板工程一般项目允许偏差实体检测。

(4)利用建筑工程资料管理软件填写模板工程现场验收检查原始记录、检验批质量验收记录、分项工程质量验收记录。

任务描述

4.1.2　学习目标

1. 知识目标

(1)掌握模板工程施工工艺流程。

(2)掌握模板工程分项工程检验批划分规定。

(3)掌握模板安装工程质量验收的主控项目和一般项目的验收内容、检查数量、检验方法。

2. 能力目标

(1)能制订模板安装工程检验批方案。

(2)能根据模板工程专项施工方案完成质量验收。

(3)能正确填写模板分项工程检验批现场验收检查原始记录表、检验批质量验收记录表、分项工程质量验收记录表。

3. 素质目标

(1)培养安全意识。

(2)培养规范意识，讲原则、守规矩。

(3)培养严谨求实、专心细致的工作作风。

(4)培养责任意识。

(5)培养团结协作意识。

4.1.3　任务分析

1. 重点

(1)主控项目和一般项目质量验收。

(2)填写质量验收记录表。

2. 难点

(1)确定模板工程检验批。

(2)钢管支撑架模板工程的验收操作规范。

(3)高大模板工程验收操作规范。

4.1.4 素质养成

(1)在主控项目、一般项目验收条文描述中，引导学生养成规范意识、安全意识，具有质量第一的原则与立场。

(2)模板安装工程的质量与工程安全密切相关，通过学习本任务，强化学生的安全意识。

(3)在质量验收、填写质量验收表格过程中，要专心细致、如实记录数据、准确评价验收结果，训练中养成分工合作、不怕苦不怕累的精神。

4.1.5 任务分组

填写学生任务分配表(表4.1.5)。

表4.1.5 学生任务分配表

班级		组号		指导教师	
组长		学号			
组员	姓名	学号		姓名	学号
任务分工					

4.1.6 工作实施

任务工作单一

组号：_____ 姓名：_____ 学号：_____ 编号：4.1.6-1

引导问题：

(1)简述普通模板工程施工工艺流程。

(2)模板安装工程检验批划分规定是什么？

(3)根据检验批划分规定填写本工程 1F～6F 部分(不包含地下室顶板)检验批划分表格(表 4.1.6-1),可以自行添加续表。

表 4.1.6-1 检验批划分表

分项工程	检验批	检验批划分部位	备注
模板	模板安装检验批		

任务工作单二

组号: _____ 姓名: _____ 学号: _____ 编号: 4.1.6—2

引导问题:

(1)简述本项目普通模板扣件式钢管满堂支架的构造措施。

(2)简述本项目高大模板扣件式钢管支架的构造措施。

(3)简述中主次梁交接处细部做法。

(4)简述模板工程的主控项目验收内容、检查数量和检验方法。

(5)简述模板工程的一般项目允许偏差检测部位要求。

(6)结合本项目图纸,请按照随机且有代表性的原则编写一个检验批的一般项目允许偏差实体检测方案(表 4.1.6-2)。

表 4.1.6-2 实体检测方案

序号	检测项目	检测部位	检验方法

任务工作单三

组号：_____ 姓名：_____ 学号：_____ 编号：4.1.6-3

引导问题：

(1)填写模板安装工程检验批现场验收检查原始记录有哪些应注意的事项？请按照检测方案模拟填写模板安装工程检验批现场验收检查原始记录表。

质量验收记录表

(2)如何正确填写模板安装工程检验批质量验收记录表？请按照模板安装工程检验批现场验收检查原始记录填写填充墙砌体工程检验批质量验收记录表。

4.1.7 评价反馈

任务工作单一

组号：_____ 姓名：_____ 学号：_____ 编号：4.1.7-1

个人自评表

班级		组名		日期	年 月 日
评价指标	评价内容			分数	分数评定
信息理解与运用	能有效利用工程案例资料查找有用的相关信息；能将查到的信息有效地传递到学习中			10	
感知课堂生活	是否熟悉各自的工作岗位，认同工作价值；在学习中是否能获得满足感，课堂氛围如何			10	
参与状态	与教师、同学之间是否相互理解与尊重；与教师、同学之间是否保持多向、丰富、适宜的信息交流			10	
	能处理好合作学习和独立思考的关系，做到有效学习；能提出有意义的问题或能发表个人见解			10	
知识、能力获得情况	掌握模板安装工程施工工艺流程			5	
	掌握模板工程检验批划分规定			5	
	掌握模板安装工程质量验收的主控项目和一般项目的验收内容、检查数量、检验方法			5	
	能正确划分模板工程检验批			10	
	能对模板安装工程进行质量验收			10	
	能正确填写模板安装工程检验批现场验收检查原始记录表、检验批质量验收记录表、分项工程质量验收记录表			10	
思维状态	是否能发现问题、提出问题、分析问题、解决问题			5	

班级		组名		日期	年 月 日
评价指标	评价内容			分数	分数评定
自评反思	按时按质完成任务；较好地掌握了专业知识点；较强的信息分析能力和理解能力			10	
自评分数					
有益的经验和做法					
总结反思建议					

任务工作单二

组号：_____ 姓名：_____ 学号：_____ 编号：4.1.7－2

小组互评表

班级		被评组名		日期	年 月 日
评价指标	评价内容			分数	分数评定
信息理解与运用	该组能否有效利用工程案例资料查找有用的相关信息			5	
	该组能否将查到的信息有效地传递到学习中			5	
感知课堂生活	该组是否熟悉各自的工作岗位，认同工作价值			5	
	该组在学习中是否能获得满足感			5	
参与状态	该组与教师、同学之间是否相互理解与尊重			5	
	该组与教师、同学之间是否保持多向、丰富、适宜的信息交流			5	
	该组能否处理好合作学习和独立思考的关系，做到有效学习			5	
	该组能否提出有意义的问题或发表个人见解			5	
任务完成情况	能正确填写模板安装工程检验批现场验收检查原始记录表			15	
	能正确填写模板安装工程检验批质量验收记录表			15	
	能正确填写模板工程分项工程质量验收记录表			15	
思维状态	该组是否能发现问题、提出问题、分析问题、解决问题			5	
自评反思	该组能严肃、认真地对待自评			10	
互评分数					
简要评述					

任务工作单三

组号：_____ 姓名：_____ 学号：_____ 编号：___4.1.7-3___

教师评价表

班级		组名		姓名	
出勤情况					

评价内容	评价要点	考查要点	分数	教师评定	
				结论	分数
信息理解与运用	任务实施过程中资料查阅	是否查阅信息资料	10		
		正确运用信息资料			
任务完成情况	掌握模板工程施工工艺流程	内容正确，错一处扣2分	10		
	掌握模板工程检验批划分规定	内容正确，错一处扣2分	10		
	掌握模板安装工程质量验收的主控项目和一般项目的验收内容、检查数量、检验方法	内容正确，错一处扣2分	10		
	能正确划分模板工程检验批	内容正确，错一处扣2分	10		
	能对模板安装工程进行质量验收	内容正确，错一处扣2分	10		
	能正确填写模板安装工程检验批现场验收检查原始记录表、检验批质量验收记录表、分项工程质量验收记录表	内容正确，错一处扣2分	10		
素质目标达成情况	出勤情况	缺勤1次扣2分	10		
	具有规范意识，讲原则、守规矩	根据情况，酌情扣分	5		
	具有严谨求实、专心细致的工作作风	根据情况，酌情扣分	5		
	具有团结协作意识	根据情况，酌情扣分	5		
	具有吃苦耐劳的精神	根据情况，酌情扣分	5		

4.1.8 相关知识点

4.1.8.1 模板工程施工工艺流程

模板工程施工工艺流程如图4.1.8.1所示。

4.1.8.2 模板分项工程检验批划分规定

模板分项工程可根据与施工方式相一致且便于控制施工质量的原则，按进场批次、楼层、结构缝或施工段划分为若干检验批。

相关知识点

4.1.8.3 模板安装工程质量验收内容、检查数量和检验方法

(1)模板安装工程主控项目。

1)模板及支架用材料的技术指标应符合现行国家有关标准的规定。进场时应抽样检验模板和支架材料的外观、规格和尺寸。

检查数量：按现行国家相关标准的规定确定。

检验方法：检查质量证明文件，观察，尺量。

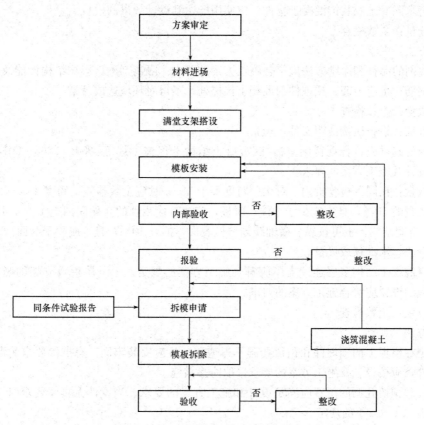

图 4.1.8.1 模板工程施工工艺流程

2)模板及支架的安装质量,应符合现行国家有关标准的规定和施工方案的要求。

检查数量:按现行国家相关标准的规定确定。

检验方法:按现行国家有关标准的规定执行。

3)后浇带处的模板及支架应独立设置。

检查数量:全数检查。

检验方法:观察。

4)支架竖杆和竖向模板安装在土层上时,应符合下列规定:

①土层应坚实、平整,其承载力或密实度应符合施工方案的要求;

②应有防水、排水措施;对冻胀性土,应有预防冻融措施;

③支架竖杆下应有底座或垫板。

检查数量:全数检查。

检验方法:观察;检查土层密实度检测报告、土层承载力验算或现场检测报告。

(2)模板安装工程一般项目。

1)模板安装质量应符合下列规定:

①模板的接缝应严密;

②模板内不应有杂物、积水或冰雪等;

③模板与混凝土的接触面应平整、清洁;

④用作模板的地坪、胎模等应平整、清洁,不应有影响构件质量的下沉、裂缝、起砂或起鼓;

⑤对清水混凝土及装饰混凝土构件，应使用能达到设计效果的模板。

检查数量：全数检查。

检验方法：观察。

2）隔离剂的品种和涂刷方法应符合施工方案的要求。隔离剂不得影响结构性能及装饰施工；不得沾污钢筋、预应力筋、预埋件和混凝土接槎处；不得对环境造成污染。

检查数量：全数检查。

检验方法：检查质量证明文件；观察。

3）模板的起拱应符合现行国家标准《混凝土结构工程施工规范》（GB 50666—2011）的规定，并应符合设计及施工方案的要求。

检查数量：在同一检验批内，对梁，跨度大于18 m时应全数检查，跨度不大于18 m时应抽查构件数量的10%，且不应少于3件；对板，应按有代表性的自然间抽查10%，且不应少于3间；对大空间结构，板可按纵、横轴线划分检查面，抽查10%，且不应少于3面。

检验方法：水准仪或尺量。

4）现浇混凝土结构多层连续支模应符合施工方案的规定。上下层模板支架的竖杆宜对准。竖杆下垫板的设置应符合施工方案的要求。

检查数量：全数检查。

检验方法：观察。

5）固定在模板上的预埋件和预留孔洞不得遗漏，且应安装牢固。有抗渗要求的混凝土结构中的预埋件，应按设计及施工方案的要求采取防渗措施。

预埋件和预留孔洞的位置应满足设计和施工方案的要求。当设计无具体要求时，其位置偏差应符合表4.1.8.3-1的规定。

检查数量：在同一检验批内，对梁、柱和独立基础，应抽查构件数量的10%，且不应少于3件；对墙和板，应按有代表性的自然间抽查10%，且不应少于3间；对大空间结构，墙可按相邻轴线间高度5 m左右划分检查面，板可按纵、横轴线划分检查面，抽查10%，且均不应少于3面。

表 4.1.8.3-1　预埋件和预留孔洞的安装允许偏差

项次	项目		允许偏差/mm
1	预埋板中新线位置		3
2	预埋管、预留孔洞中心线位置		3
3	插筋	中心线位置	5
		外露长度	±10；0
4	预埋螺栓	中心线位置	2
		外露长度	±10；0
5	预留洞	中心线位置	10
		尺寸	±10；0
注：检查中心线位置时，沿纵、横两个方向量测，并取其中偏差的较大值。			

6）现浇结构模板安装的尺寸偏差及检验方法应符合表4.1.8.3-2的规定。

检查数量：在同一检验批内，对梁、柱和独立基础，应抽查构件数量的10%，且不应少于3件；对墙和板，应按有代表性的自然间抽查10%，且不应少于3间；对大空间结构，墙可按相邻轴线间高度 5 m 左右划分检查面，板可按纵、横轴线划分检查面，抽查 10％，且均不应少于 3 面。

表 4.1.8.3-2　现浇结构模板安装的允许偏差及检验方法

项次	项目		允许偏差/mm	检验方法
1	轴线位置		5	尺量
2	底模上表面标高		±5	水准仪或拉线、尺量
3	模板内部尺寸	基础	±10	尺量
		柱、墙、梁	±5	尺量
		楼梯相邻踏步标高	±5	尺量
4	垂直度	柱、墙层高≤6 m	8	经纬仪或吊线、尺量
		柱、墙层高>6 m	10	经纬仪或吊线、尺量
5	相邻两块模板表面高差		2	尺量
6	表面平整度		5	2 m 靠尺和塞尺测量

注：检查轴线位置，当有纵、横两个方向时，沿纵、横两个方向量测，并取其中偏差的较大值。

4.1.9　项目拓展

项目拓展

任务二　钢筋工程质量验收与资料管理

4.2.1　任务描述

根据×××学院实验实训综合楼建筑和结构施工图、×××项目钢筋工程专项施工方案、工程量清单、材料产品合格证书、性能检验报告、进场验收记录、试验检验报告，以及《混凝土结构工程施工质量验收规范》(GB 50204—2015)、《混凝土结构工程施工规范》(GB 50666—2011)，完成以下工作任务：

(1)划分实验实训综合楼钢筋工程检验批方案。

(2)对钢筋工程原材料主控项目进行质量检查，并操作仪器完成一般项目允许偏差实体检测。

任务描述

(3)对钢筋加工主控项目进行质量检查，并操作仪器完成一般项目允许偏差实体检测。

(4)对钢筋主控项目进行质量检查，并操作仪器完成一般项目允许偏差实体检测。

(5)对钢筋安装主控项目进行质量检查，并操作仪器完成一般项目允许偏差实体检测。

(6)利用建筑工程资料管理软件填写钢筋工程现场验收检查原始记录、检验批质量验收记录、分项工程质量验收记录。

4.2.2 学习目标

1. 知识目标

(1)掌握钢筋工程施工工艺流程。

(2)掌握钢筋分项工程检验批划分规定。

(3)掌握钢筋工程钢筋原材料、钢筋加工、钢筋连接、钢筋安装质量验收的主控项目和一般项目的验收内容、检查数量、检验方法。

2. 能力目标

(1)能制订钢筋工程中钢筋原材料、钢筋加工、钢筋连接、钢筋安装检验批方案。

(2)能根据钢筋工程专项施工方案完成质量验收。

(3)能正确填写钢筋原材料、钢筋加工、钢筋连接、钢筋安装检验批现场验收检查原始记录表、检验批质量验收记录表、分项工程质量验收记录表。

3. 素质目标

(1)培养质量意识。

(2)培养规范意识,讲原则、守规矩。

(3)培养严谨求实、专心细致的工作作风。

(4)培养环保意识。

(5)培养团结协作意识。

4.2.3 任务分析

1. 重点

(1)钢筋工程主控项目和一般项目质量验收。

(2)填写质量验收记录表。

2. 难点

(1)划分钢筋工程检验批。

(2)掌握钢筋原材料、钢筋加工、钢筋连接、钢筋安装验收项目的操作规范。

4.2.4 素质养成

(1)在主控项目、一般项目验收条文描述中,引导学生养成规范意识、安全意识,具有质量第一的原则与立场。

(2)钢筋工程的质量与工程安全密切相关,通过学习本项目,强化学生的安全意识。

(3)在质量验收、填写质量验收表格过程中,要专心细致、如实记录数据、准确评价验收结果,训练中养成分工合作、不怕苦不怕累的精神。

4.2.5 任务分组

填写学生任务分配表(表4.2.5)。

表4.2.5 学生任务分配表

班级		组号		指导教师	
组长		学号			
组员	姓名	学号		姓名	学号
任务分工					

4.2.6 工作实施

任务工作单一

组号: _____ 姓名: _____ 学号: _____ 编号: __4.2.6-1__

引导问题:

(1)简述钢筋工程施工流程。

(2)简述钢筋工程原材料检验批如何划分。

质量验收记录表

(3)本工程钢筋原材料计划分15批进场,请按照随机且有代表性的原则编写钢筋原材料检验批的允许偏差实体检测方案(表4.2.6-1)。

表4.2.6-1 钢筋原材料检验批划分

序号	检验项目	检验批划分部位	检验方法

(4)如何正确填写钢筋工程原材料检验批质量验收记录表?

(5)请根据钢筋原材料检验批现场验收检查原始记录填写钢筋工程原材料检验批质量验收记录表。

任务工作单二

组号: _____ 姓名: _____ 学号: _____ 编号: 4.2.6-2

引导问题:

(1)简述钢筋加工检验批如何划分检验批。

(2)结合本工程项目材料,请按照随机且有代表性的原则编写钢筋加工检验批的允许偏差实体检测方案(表4.2.6-2)。

表4.2.6-2 钢筋加工检验批划分

序号	检验项目	检验批划分部位	检验方法

(3)请按照检测方案模拟填写钢筋加工检验批现场验收检查原始记录表。

(4)请按照钢筋工程原材料检验批现场验收检查原始记录填写钢筋加工检验批质量验收记录表。

任务工作单三

组号: _____ 姓名: _____ 学号: _____ 编号: 4.2.6-3

引导问题:

(1)结合本工程项目材料,请按照随机且有代表性的原则编写钢筋连接检验批的允许偏差实体检测方案(表4.2.6-3)。

表 4.2.6-3　钢筋连接检验批划分

序号	检验项目	检验批划分部位	检验方法

(2)请按照检测方案模拟填写钢筋连接检验批现场验收检查原始记录表。

(3)请按照钢筋工程原材料检验批现场验收检查原始记录填写钢筋连接检验批质量验收记录表。

任务工作单四

组号：＿＿＿＿＿　姓名：＿＿＿＿＿　学号：＿＿＿＿＿　编号：　4.2.6—4

引导问题：

(1)结合本工程项目材料，请按照随机且有代表性的原则编写钢筋安装检验批的允许偏差实体检测方案(表 4.2.6-4)。

表 4.2.6-4　钢筋安装检验批划分

序号	检验项目	检验批划分部位	检验方法

(2)请按照检测方案模拟填写钢筋安装检验批现场验收检查原始记录表。

(3)请按照钢筋安装检验批现场验收检查原始记录填写钢筋连接检验批质量验收记录表。

4.2.7 评价反馈

任务工作单一

组号：＿＿＿＿＿　姓名：＿＿＿＿＿＿　学号：＿＿＿＿＿＿　编号：　4.2.7－1

个人自评表

班级		组名		日期	年 月 日
评价指标	评价内容			分数	分数评定
信息理解与运用	能有效利用工程案例资料查找有用的相关信息；能将查到的信息有效地传递到学习中			10	
感知课堂生活	是否熟悉各自的工作岗位，认同工作价值；在学习中是否能获得满足感，课堂氛围如何			10	
参与状态	与教师、同学之间是否相互理解与尊重；与教师、同学之间是否保持多向、丰富、适宜的信息交流			10	
	能处理好合作学习和独立思考的关系，做到有效学习；能提出有意义的问题或能发表个人见解			10	
知识、能力获得情况	掌握钢筋工程施工过程			5	
	掌握钢筋分项工程中钢筋原材料、钢筋加工、钢筋连接、钢筋安装检验批划分规定			5	
	掌握钢筋工程质量验收的主控项目和一般项目的验收内容、检查数量、检验方法			5	
	能正确划分钢筋工程检验批			10	
	能对钢筋工程质量进行质量验收			10	
	能正确填写钢筋工程质量检验批现场验收检查原始记录表、检验批质量验收记录表、分项工程质量验收记录表			10	
思维状态	是否能发现问题、提出问题、分析问题、解决问题			5	
自评反思	按时按质完成任务；较好地掌握了专业知识点；较强的信息分析能力和理解能力			10	
自评分数					
有益的经验和做法					
总结反思建议					

任务工作单二

组号：＿＿＿＿＿＿ 姓名：＿＿＿＿＿＿ 学号：＿＿＿＿＿＿ 编号：4.2.7－2

小组互评表

班级		被评组名		日期	年 月 日
评价指标	评价内容			分数	分数评定
信息理解与运用	该组能否有效利用工程案例资料查找有用的相关信息			5	
	该组能否将查到的信息有效地传递到学习中			5	
感知课堂生活	该组是否熟悉各自的工作岗位，认同工作价值			5	
	该组在学习中是否能获得满足感			5	
参与状态	该组与教师、同学之间是否相互理解与尊重			5	
	该组与教师、同学之间是否保持多向、丰富、适宜的信息交流			5	
	该组能否处理好合作学习和独立思考的关系，做到有效学习			5	
	该组能否提出有意义的问题或发表个人见解			5	
任务完成情况	能正确填写钢筋工程检验批现场验收检查原始记录表			15	
	能正确填写钢筋工程检验批质量验收记录表			15	
	能正确填写钢筋工程分项工程质量验收记录表			15	
思维状态	该组是否能发现问题、提出问题、分析问题、解决问题			5	
自评反思	该组能严肃认真地对待自评			10	
互评分数					
简要评述					

任务工作单三

组号：＿＿＿＿＿＿ 姓名：＿＿＿＿＿＿ 学号：＿＿＿＿＿＿ 编号：4.2.7－3

教师评价表

班级		组名		姓名		
出勤情况						
评价内容	评价要点		考查要点	分数	教师评定	
					结论	分数
信息理解与运用	任务实施过程中资料查阅		是否查阅信息资料	10		
			正确运用信息资料			
任务完成情况	掌握钢筋工程施工工艺流程		内容正确，错一处扣2分	10		
	掌握钢筋分项工程检验批划分规定		内容正确，错一处扣2分	10		
	掌握钢筋工程质量验收的主控项目和一般项目的验收内容、检查数量、检验方法		内容正确，错一处扣2分	10		
	能正确划分钢筋工程检验批		内容正确，错一处扣2分	10		
	能对钢筋工程进行质量验收		内容正确，错一处扣2分	10		
	能正确填写钢筋工程检验批现场验收检查原始记录表、检验批质量验收记录表、分项工程质量验收记录表		内容正确，错一处扣2分	10		

班级		组名		姓名		
出勤情况						
评价内容	评价要点		考查要点	分数	教师评定	
					结论	分数
素质目标达成情况	出勤情况		缺勤1次扣2分	10		
	具有规范意识、讲原则、守规矩		根据情况，酌情扣分	5		
	具有严谨求实、专心细致的工作作风		根据情况，酌情扣分	5		
	具有团结协作意识		根据情况，酌情扣分	5		
	具有吃苦耐劳的精神		根据情况，酌情扣分	5		

4.2.8 相关知识点

4.2.8.1 钢筋工程工艺流程

钢筋工程工艺流程：材料进场验收（包括钢筋、机械连接套筒、焊条、焊剂等）→钢筋加工（防污、调直、切断、弯曲、套丝等）→钢筋安装（不同构件钢筋绑扎安装工艺流程按照钢筋工程施工方案执行）→钢筋隐蔽工程验收。

4.2.8.2 钢筋分项工程验收一般规定

钢筋分项工程是普通钢筋进场检验、钢筋加工、钢筋连接、钢筋安装等一系列技术工作和完成实体的总称。

相关知识点

（1）浇筑混凝土之前，应进行钢筋隐蔽工程验收。隐蔽工程验收应包括下列主要内容：

1）纵向受力钢筋的牌号、规格、数量、位置。

2）钢筋的连接方式、接头位置、接头质量、接头面积百分数、搭接长度、锚固方式及锚固长度。

3）箍筋、横向钢筋的牌号、规格、数量、间距、位置，箍筋弯钩的弯折角度及平直段长度。

4）预埋件的规格、数量和位置。

（2）钢筋、成型钢筋进场检验，当满足下列条件之一时，其检验批容量可扩大一倍：

1）获得认证的钢筋、成型钢筋。

2）同一厂家、同一牌号、同一规格的钢筋，连续三批均一次检验合格。

3）同一厂家、同一类型、同一钢筋来源的成型钢筋，连续三批均一次检验合格。

4.2.8.3 钢筋原材料质量控制与验收

（1）主控项目。

1）钢筋进场时，应按现行国家相关标准的规定抽取试件作屈服强度、抗拉强度、伸长率、弯曲性能和质量偏差检验，检验结果应符合有相应标准的规定。

检查数量：每批钢筋的检查数量，应按相关产品标准执行。国家标准《钢筋混凝土用钢 第1部分：热轧光圆钢筋》（GB/T 1499.1—2017）和《钢筋混凝土用钢 第2部分：热轧带肋钢筋》（GB/T 1499.2—2018）中规定每批抽取5个试件，先进行质量偏差检验（每个试样长度不小于500 mm），再取其中2个试件进行力学性能检验。

①热轧带肋钢筋（热轧光圆钢筋）每批由同一牌号、同一炉罐号、同一规格的钢筋组成。每

批质量通常不大于 60 t。每批钢筋应做 1 个拉伸试验、1 个弯曲试验。超过 60 t 的部分，每增加 40 t(或不足 40 t 的余数)，增加 1 个拉伸试样和 1 个弯曲试样。

②碳素结构钢每批由质量不大于 60 t 同一牌号、同一炉罐号、同一等级、同一品种、同一尺寸、同一交货状态的钢筋组成。用《碳素结构钢》(GB/T 700—2006)验收的直条钢筋每批应做 1 个拉伸试验、1 个弯曲试验。

检验方法：检查质量证明文件和抽样检验报告。

2)成型钢筋进场时，应抽取试件作屈服强度、抗拉强度、伸长率和质量偏差检验，检验结果应符合现行国家相关标准的规定。

检查数量：同一厂家、同一类型、同一钢筋来源的成型钢筋，不超过 30 t 为一批，每批中每种钢筋牌号、规格均应至少抽取 1 个钢筋试件，总数不应少于 3 个。

检验方法：检查质量证明文件和抽样检验报告。

3)对按一、二、三级抗震等级设计的框架和斜撑构件(含梯段)中的纵向受力普通钢筋应采用 HRB335E、HRB400E、HRB500E、HRBF335E、HRBF40BE 或 HRBF500E 钢筋，其强度和最大力下总伸长率的实测值应符合下列规定：

①抗拉强度实测值与屈服强度实测值的比值不应小于 1.25；

②屈服强度实测值与屈服强度标准值的比值不应大于 1.30；

③最大力下总伸长率不应小于 9%。

检查数量：按进场的批次和产品的抽样检验方案确定。

检验方法：检查抽样检验报告。

(2)一般项目。

1)钢筋应平直、无损伤，表面不得有裂纹、油污、颗粒状或片状老锈。

检查数量：全数检查。

检验方法：观察。

2)成型钢筋的外观质量和尺寸偏差应符合现行国家相关标准的规定。

检查数量：同一厂家、同一类型的成型钢筋，不超过 30 t 为一批，每批随机抽取 3 个成型钢筋试件。

检验方法：观察，尺量。

3)钢筋机械连接套筒、钢筋锚固板及预埋件等的外观质量应符合现行国家相关标准的规定。

检查数量：按现行国家相关标准的规定确定。

检验方法：检查产品质量证明文件；观察，尺量。

4.2.8.4 钢筋加工质量控制与验收

(1)主控项目。

1)钢筋弯折的弯弧内直径应符合下列规定：

①光圆钢筋，不应小于钢筋直径的 2.5 倍。

②335 MPa 级、400 MPa 级带肋钢筋，不应小于钢筋直径的 4 倍。

③500 MPa 级带肋钢筋，当直径为 28 mm 以下时不应小于钢筋直径的 6 倍，当直径为 28 mm 及以上时不应小于钢筋直径的 7 倍。

④箍筋弯折处不应小于纵向受力钢筋的直径。

检查数量：按每工作班同一类型钢筋、同一加工设备抽查不应少于 3 件。

检验方法：尺量。

2)纵向受力钢筋弯折后平直段长度应符合设计要求。光圆钢筋末端作 180°弯钩时，弯钩的平直段长度不应小于钢筋直径的 3 倍。

检查数量：按每工作班同一类型钢筋、同一加工设备抽查不应少于3件。

检验方法：尺量。

3)箍筋、拉筋的末端应按设计要求作弯钩，并应符合下列规定：

①对一般结构构件，箍筋弯钩的弯折角度不应小于90°，弯折后平直段长度不应小于箍筋直径的5倍；对有抗震设防要求或设计有专门要求的结构构件，箍筋弯钩的弯折角度不应小于135°，弯折后平直段长度不应小于箍筋直径的10倍；

②圆形箍筋的搭接长度不应小于其受拉锚固长度，且两末端弯钩的弯折角度不应小于135°，弯折后平直段长度对一般结构构件不应小于箍筋直径的5倍，对有抗震设防要求的结构构件不应小于箍筋直径的10倍；

③梁、柱复合箍筋中的单肢箍筋两端弯钩的弯折角度均不应小于135°，弯折后平直段长度应符合①对箍筋的有关规定。

检查数量：按每工作班同一类型钢筋、同一加工设备抽查不应少于3件。

检验方法：尺量。

(2)一般项目。钢筋加工的形状、尺寸应符合设计要求，其偏差应符合表4.2.8.4的规定。

检查数量：按每工作班同一类型钢筋、同一加工设备抽查不应少于3件。

检验方法：尺量。

表4.2.8.4 钢筋加工的允许偏差

项目	允许偏差/mm
受力钢筋沿长度方向的净尺寸	±10
弯起钢筋的弯折位置	±20
箍筋外轮廓尺寸	±5

4.2.8.5 钢筋连接控制与验收

(1)主控项目。

1)钢筋的连接方式应符合设计要求。

检查数量：全数检查。

检验方法：观察。

2)钢筋采用机械连接或焊接连接时，钢筋机械连接接头、焊接接头的力学性能、弯曲性能应符合现行国家相关标准的规定。接头试件应从工程实体中截取。

检查数量：按现行行业标准《钢筋机械连接技术规程》(JGJ 107—2016)和《钢筋焊接及验收规程》(JGJ 18—2012)的规定确定。

检验方法：检查质量证明文件和抽样检验报告。

3)钢筋采用机械连接时，螺纹接头应检验拧紧扭矩值，挤压接头应量测压痕直径，检验结果应符合现行行业标准《钢筋机械连接技术规程》(JGJ 107—2016)的相关规定。

检查数量：按现行行业标准《钢筋机械连接技术规程》(JGJ 107—2016)的规定确定。

检验方法：采用专用扭力扳手或专用量规检查。

(2)一般项目。

1)钢筋接头的位置应符合设计和施工方案要求。有抗震设防要求的结构中，梁端、柱端箍筋加密区范围内不应进行钢筋搭接。接头末端至钢筋弯起点的距离不应小于钢筋直径的10倍。

检查数量：全数检查。

检验方法：观察，尺盘。

2)钢筋机械连接接头、焊接接头的外观质量应符合现行行业标准《钢筋机械连接技术规程》(JGJ 107—2016)和《钢筋焊接及验收规程》(JGJ 18—2012)的规定。

检查数量:按现行行业标准《钢筋机械连接技术规程》(JGJ 107—2016)和《钢筋焊接及验收规程》(JGJ 18—2012)的规定确定。

检验方法:观察,尺量。

3)当纵向受力钢筋采用机械连接接头或焊接接头时,同一连接区段内纵向受力钢筋的接头面积百分率应符合设计要求;当设计无具体要求时,应符合下列规定:

①受拉接头,不宜大于50%;受压接头,可不受限制;

②直接承受动力荷载的结构构件中,不宜采用焊接;当采用机械连接时,不应超过50%。

检查数量:在同一检验批内,对梁、柱和独立基础,应抽查构件数量的10%,且不应少于3件;对墙和板,应按有代表性的自然间抽查10%,且不应少于3间;对大空间结构,墙可按相邻轴线间高度5 m左右划分检查面,板可按纵横轴线划分检查面,抽查10%,且均不应少于3面。

检验方法:观察,尺量。

注:1. 接头连接区段是指长度为35d且不小于500 mm的区段,d为相互连接两根钢筋的直径较小值。

2. 同一连接区段内纵向受力钢筋接头面积百分率为接头中点位于该连接区段内的纵向受力钢筋截面面积与全部纵向受力钢筋截面面积的比值。

4)当纵向受力钢筋采用绑扎搭接接头时,接头的设置应符合下列规定:

①接头的横向净间距不应小于钢筋直径,且不应小于25 mm;

②同一连接区段内,纵向受拉钢筋的接头面积百分率应符合设计要求;当设计无具体要求时,应符合下列规定:

a. 梁类、板类及墙类构件,不宜超过25%,基础筏板,不宜超过50%。

b. 柱类构件,不宜超过50%。

c. 当工程中确有必要增大接头面积百分率时,对梁类构件,不应大于50%。

检查数量:在同一检验批内,对梁、柱和独立基础,应抽查构件数量的10%,且不应少于3件;对墙和板,应按有代表性的自然间抽查10%,且不应少于3间;对大空间结构,墙可按相邻轴线间高度5 m左右划分检查面,板可按纵横轴线划分检查面,抽查10%,且均不应少于3面。

检验方法:观察,尺量。

注:1. 接头连接区段是指长度为1.3倍搭接长度的区段。搭接长度取相互连接两根钢筋中较小直径计算。

2. 同一连接区段内纵向受力钢筋接头面积百分率为接头中点位于该连接区段长度内的纵向受力钢筋截面面积与全部纵向受力钢筋截面面积的比值。

5)梁、柱类构件的纵向受力钢筋搭接长度范围内箍筋的设置应符合设计要求;当设计无具体要求时,应符合下列规定:

①箍筋直径不应小于搭接钢筋较大直径的1/4;

②受拉搭接区段的箍筋间距不应大于搭接钢筋较小直径的5倍,且不应大于100 mm;

③受压搭接区段的箍筋间距不应大于搭接钢筋较小直径的10倍,且不应大于200 mm;

④当柱中纵向受力钢筋直径大于25 mm时,应在搭接接头两个端面外100 mm范围内各设置两个箍筋,其间距宜为50 mm。

检查数量:在同一检验批内,应抽查构件数量的10%,且不应少于3件。

检验方法:观察,尺量。

4.2.8.6 钢筋安装控制与验收

(1)主控项目。

1)钢筋安装时,受力钢筋的牌号、规格和数量必须符合设计要求。

检查数量：全数检查。

检验方法：观察，尺量。

2）受力钢筋的安装位置、锚固方式应符合设计要求。

检查数量：全数检查。

检验方法：观察，尺量。

（2）一般项目。

钢筋安装偏差及检验方法应符合表4.2.8.6的规定。

梁板类构件上部受力钢筋保护层厚度的合格点率应达到90％及以上，且不得有超过表中数值1.5倍的尺寸偏差。

检查数量：在同一检验批内，对梁、柱和独立基础，应抽查构件数量的10％，且不应少于3件；对墙和板，应按有代表性的自然间抽查10％，且不应少于3间；对大空间结构，墙可按相邻轴线间高度5 m左右划分检查面，板可按纵、横轴线划分检查面，抽查10％，且均不应少于3面。

表4.2.8.6　钢筋安装允许偏差及检验方法

项目		允许偏差/mm	检验方法
绑扎钢筋网	长、宽	±10	尺量
	网眼尺寸	±20	尺量连续三档，取最大偏差值
绑扎钢筋骨架	长	±10	尺量
	宽、高	±5	尺量
纵向受力钢筋	锚固长度	−20	尺量
	间距	±10	尺量两端、中间各一点，取最大偏差值
	排距	±5	
纵向受力钢筋、箍筋的混凝土保护层厚度	基础	±10	尺量
	柱、梁	±5	尺量
	板、墙、壳	±3	尺量
绑扎箍筋、横向钢筋间距		±20	尺量连续三档，取最大偏差值
钢筋弯起点位置		20	尺量
预埋件	中心线位置	5	尺量、沿纵、横两个方向量测，并取其中偏差的较大值
	水平高差	+3，0	塞尺测量

4.2.9　项目拓展

项目拓展

任务三　混凝土工程质量验收与资料管理

4.3.1　任务描述

根据×××学院实验实训综合楼建筑和结构施工图、工程量清单、专项施工方案、安全功能试验检验报告，以及《混凝土结构工程施工质量验收规范》(GB 50204—2015)中关于混凝土工程质量验收的规定，完成以下工作任务：

(1)划分混凝土分项工程检验批。

(2)对混凝土工程主控项目进行质量检查。

(3)操作检测工具对混凝土工程一般项目允许偏差实体检测。

(4)利用建筑工程资料管理软件填写混凝土工程检验批现场验收检查原始记录、检验批质量验收记录、分项工程质量验收记录。

任务描述

4.3.2　学习目标

1. 知识目标

(1)掌握混凝土工程施工工艺流程。

(2)掌握混凝土分项工程检验批划分规定。

(3)掌握混凝土工程质量验收的主控项目和一般项目的验收内容、检查数量、检验方法。

2. 能力目标

(1)能正确划分混凝土分项工程检验批。

(2)能对混凝土工程进行质量验收。

(3)能正确填写混凝土工程检验批现场验收检查原始记录表、检验批质量验收记录表、分项工程质量验收记录表。

3. 素质目标

(1)培养科学精神和态度。

(2)培养自身的敬业精神。

(3)培养团结协作意识。

(4)培养严谨求实、专心细致的工作作风。

(5)培养环保意识和节能意识。

4.3.3　任务分析

1. 重点

(1)主控项目和一般项目质量验收。

(2)填写质量验收记录表。

2. 难点

(1)确定混凝土拌合物稠度检查数量。

(2)确定混凝土强度试件留置数量。

4.3.4 素质养成

(1)在主控项目、一般项目验收条文描述中,引导学生探索、完善混凝土拌合物稠度检查数量、混凝土强度试件留置数量方案;培养学生严谨的思维、良好的创新意识。

(2)熟悉混凝土施工工艺,掌握混凝土拌合物稠度检查数量和混凝土强度试件留置数量的方法,培养学生具有创新精神和实践能力,能够主动学习和运用新技术、新材料和新理念。

(3)了解混凝土施工工艺,使学生热爱生命和环境,具有环保意识和节能意识,注重建筑工程的可持续发展和生态建设。

(4)在质量验收、填写质量验收表格过程中,要专心细致、如实记录数据、准确评价验收结果,训练中养成分工合作、不怕苦不怕累的精神。

4.3.5 任务分组

填写学生任务分配表(表4.3.5)。

表4.3.5 学生任务分配表

班级		组号		指导教师		
组长		学号				
组员	姓名		学号	姓名		学号
任务分工						

4.3.6 工作实施

任务工作单一

组号:＿＿＿＿＿ 姓名:＿＿＿＿＿ 学号:＿＿＿＿＿ 编号: 4.3.6—1

引导问题:

(1)简述混凝土工程施工工艺流程。

(2)混凝土分项工程检验批划分规定是什么?本工程项目混凝土分项工程划分为多少个检验批?

任务工作单二

组号：_____ 姓名：_____ 学号：_____ 编号：<u>4.3.6-2</u>

引导问题：

(1)简述本项目混凝土工程的混凝土配合比及强度要求。

(2)简述混凝土(拌合物、施工)检验批的主控项目验收内容、检查数量和检验方法。

(3)简述混凝土(拌合物、施工)检验批的一般项目允许偏差检测部位要求。

(4)结合本项目图纸，请按照随机且有代表性的原则编写二层柱检验批混凝土拌合物稠度、试件留置数量的检测方案(表4.3.6)。

表 4.3.6　实体检测方案

序号	检测项目	检测部位	检验方法

任务工作单三

组号：_____ 姓名：_____ 学号：_____ 编号：<u>4.3.6-3</u>

引导问题：

(1)填写混凝土工程(拌合物、施工)检验批现场验收检查原始记录有哪些应注意的事项？请按照检测方案模拟填写混凝土工程检验批现场验收检查原始记录表。

质量验收记录表

(2)如何正确填写混凝土工程(原材料、拌合物、施工)检验批质量验收记录表？请按照混凝土工程(原材料、拌合物、施工)检验批现场验收检查原始记录填写混凝土工程(拌合物、施工)检验批质量验收记录表。

(3)如何正确填写混凝土分项工程质量验收记录表？请根据本项目检验批划分方案填写混凝土分项工程质量验收记录表。

4.3.7 评价反馈

任务工作单一

组号：＿＿＿＿＿＿ 姓名：＿＿＿＿＿＿ 学号：＿＿＿＿＿＿ 编号：4.3.7－1

个人自评表

班级		组名		日期	年 月 日
评价指标	评价内容			分数	分数评定
信息理解与运用	能有效利用工程案例资料查找有用的相关信息；能将查到的信息有效地传递到学习中			10	
感知课堂生活	是否熟悉各自的工作岗位，认同工作价值；在学习中是否能获得满足感，课堂氛围如何			10	
参与状态	与教师、同学之间是否相互理解与尊重；与教师、同学之间是否保持多向、丰富、适宜的信息交流			10	
	能处理好合作学习和独立思考的关系，做到有效学习；能提出有意义的问题或能发表个人见解			10	
知识、能力获得情况	掌握了混凝土工程施工工艺流程			5	
	掌握了混凝土分项工程检验批划分规定			5	
	掌握了混凝土工程质量验收的主控项目和一般项目的验收内容、检查数量、检验方法			5	
	能正确划分混凝土分项工程检验批			10	
	能对混凝土工程进行质量验收			10	
	能正确填写混凝土拌合物检验批现场验收检查原始记录表、检验批质量验收记录表、分项工程质量验收记录表			10	
思维状态	是否能发现问题、提出问题、分析问题、解决问题			5	
自评反思	按时按质完成任务；较好地掌握了专业知识点；较强的信息分析能力和理解能力			10	
自评分数					
有益的经验和做法					
总结反思建议					

任务工作单二

组号：＿＿＿＿＿＿＿　　姓名：＿＿＿＿＿＿＿　　学号：＿＿＿＿＿＿＿　　编号：4.3.7－2

小组互评表

班级		被评组名		日期	年 月 日
评价指标	评价内容			分数	分数评定
信息理解与运用	该组能否有效利用工程案例资料查找有用的相关信息			5	
	该组能否将查到的信息有效地传递到学习中			5	
感知课堂生活	该组是否熟悉各自的工作岗位，认同工作价值			5	
	该组在学习中是否能获得满足感			5	
参与状态	该组与教师、同学之间是否相互理解与尊重			5	
	该组与教师、同学之间是否保持多向、丰富、适宜的信息交流			5	
	该组能否处理好合作学习和独立思考的关系，做到有效学习			5	
	该组能否提出有意义的问题或发表个人见解			5	
任务完成情况	能正确填写混凝土工程检验批现场验收检查原始记录表			15	
	能正确填写混凝土工程检验批质量验收记录表			15	
	能正确填写混凝土工程分项工程质量验收记录表			15	
思维状态	该组是否能发现问题、提出问题、分析问题、解决问题			5	
自评反思	该组能严肃、认真地对待自评			10	
互评分数					
简要评述					

任务工作单三

组号：＿＿＿＿＿＿＿　　姓名：＿＿＿＿＿＿＿　　学号：＿＿＿＿＿＿＿　　编号：4.3.7－3

教师评价表

班级		组名		姓名		
出勤情况						
评价内容	评价要点	考查要点		分数	教师评定	
					结论	分数
信息理解与运用	任务实施过程中资料查阅	是否查阅信息资料		10		
		正确运用信息资料				
任务完成情况	掌握了混凝土工程施工工艺流程	内容正确，错一处扣2分		10		
	掌握了混凝土分项工程检验批划分规定	内容正确，错一处扣2分		10		
	掌握了混凝土工程质量验收的主控项目和一般项目的验收内容、检查数量、检验方法	内容正确，错一处扣2分		10		
	能正确划分混凝土分项工程检验批	内容正确，错一处扣2分		10		
	能对混凝土工程进行质量验收	内容正确，错一处扣2分		10		

班级		组名		姓名		
出勤情况						
评价内容	评价要点	考查要点	分数	教师评定		
				结论	分数	
任务完成情况	能正确填写混凝土工程检验批现场验收检查原始记录表、检验批质量验收记录表、分项工程质量验收记录表	内容正确,错一处扣2分	10			
素质目标达成情况	出勤情况	缺勤1次扣1分	5			
	培养科学精神和态度	根据情况,酌情扣分	5			
	培养自身的敬业精神	根据情况,酌情扣分	5			
	培养团结协作意识	根据情况,酌情扣分	5			
	培养严谨求实、专心细致的工作作风	根据情况,酌情扣分	5			
	培养环保意识和节能意识	根据情况,酌情扣分	5			

4.3.8 相关知识点

4.3.8.1 混凝土施工工艺流程

混凝土施工工艺流程如图4.3.8.1所示。

4.3.8.2 混凝土分项工程检验批划分规定

混凝土分项工程检验批划分应符合下列规定:

(1)原材料检验批按照进场批次划分。

(2)施工检验批按照工作班、楼层、结构缝或施工段划分。

相关知识点

4.3.8.3 混凝土工程的主控项目验收内容、检查数量和检验方法

(1)原材料的主控项目验收内容、检查数量和检验方法。

1)水泥进场时,应对其品种、代号、强度等级、包装或散装仓号、出厂日期等进行检查,并应对水泥的强度、安定性和凝结时间进行检验,检验结果应符合现行国家标准《通用硅酸盐水泥》(GB 175—2007)的相关规定。

检查数量:按同一厂家、同一品种、同一代号、同一强度等级、同一批号且连续进场的水泥,袋装不超过200 t为一批,散装不超过500 t为一批,每批抽样数量不应少于一次。

检验方法:检查质量证明文件和抽样检验报告。

2)混凝土外加剂进场时,应对其品种、性能、出厂日期等进行检查,并应对外加剂的相关性能指标进行检验,检验结果应符合现行国家标准《混凝土外加剂》(GB 8076—2008)和《混凝土外加剂应用技术规范》(GB 50119—2013)的规定。

检查数量:按同一厂家、同一品种、同一性能、同一批号且连续进场的混凝土外加剂,不超过50 t为一批,每批抽样数量不应少于一次。

检验方法:检查质量证明文件和抽样检验报告。

3)水泥、外加剂进场检验,当满足下列条件之一时,其检验批容量可扩大一倍:

①获得认证的产品;

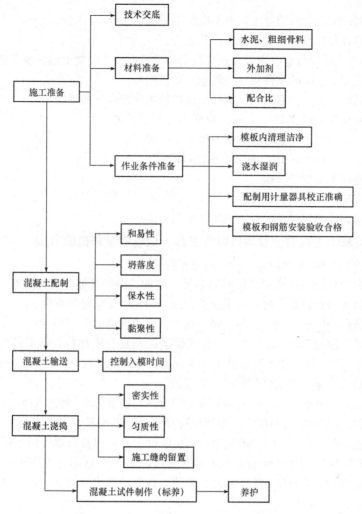

图 4.3.8.1 混凝土工程施工工艺流程图

②同一厂家、同一品种、同一规格的产品，连续三次进场检验均一次检验合格。

(2)混凝土拌合物主控项目验收内容、检查数量和检验方法。

1)预拌混凝土进场时，其质量应符合现行国家标准《预拌混凝土》(GB/T 14902—2012)的规定。

检查数量：全数检查。

检验方法：检查质量证明文件。

2)混凝土拌合物不应离析。

检查数量：全数检查。

检验方法：观察。

3)混凝土中氯离子含量和碱总含量应符合现行国家标准《混凝土结构设计规范(2015 年版)》(GB 50010—2010)的规定和设计要求。

检查数量：同一配合比的混凝土检查不应少于一次。

检验方法：检查原材料试验报告和氯离子、碱的总含量计算书。

4)首次使用的混凝土配合比应进行开盘鉴定，其原材料、强度、凝结时间、稠度等应满足设计配合比的要求。

检查数量：同一配合比的混凝土检查不应少于一次。

检验方法：检查开盘鉴定资料和强度试验报告。

(3)混凝土施工主控项目验收内容、检查数量和检验方法。混凝土的强度等级必须符合设计要求。用于检验混凝土强度的试件应在浇筑地点随机抽取。

检查数量：对同一配合比混凝土，取样与试件留置应符合下列规定：

①每拌制 100 盘且不超过 100 m³ 时，取样不得少于一次。

②每工作班拌制不足 100 盘时，取样不得少于一次。

③连续浇筑超过 1 000 m³ 时，每 200 m³ 取样不得少于一次。

④每一楼层取样不得少于一次。

⑤每次取样应至少留置一组试件。

检验方法：检查施工记录及混凝土强度试验报告。

4.3.8.4 混凝土工程的一般项目验收内容、检查数量和检验方法

(1)原材料的一般项目验收内容、检查数量和检验方法。

1)混凝土用矿物掺合料进场时，应对其品种、性能、出厂日期等进行检查，并应对矿物掺合料的相关性能指标进行检验，检验结果应符合现行国家有关标准的规定。

检查数量：按同一厂家、同一品种、同一批号且连续进场的矿物掺合料，粉煤灰、矿渣粉、磷渣粉、钢铁渣粉不超过 200 t 为一批，粒化高炉渣粉和复合矿物掺合料不超过 500 t 为一批，沸石粉不超过 120 t 为一批，硅灰不超过 30 t 为一批，每批抽样数量不应少于一次。

检验方法：检查质量证明文件和抽样检验报告。

2)混凝土原材料中的粗骨料、细骨料质量应符合现行行业标准《普通混凝土用砂、石质量及检验方法标准》(JGJ 52—2006)的规定，使用经过净化处理的海砂应符合现行行业标准《海砂混凝土应用技术规范》(JGJ 206—2010)的规定，再生混凝土骨料应符合现行国家标准《混凝土用再生粗骨料》(GB/T 25177—2010)和《混凝土和砂浆用再生细骨料》(GB/T 25176—2010)的规定。

检查数量：按现行行业标准《普通混凝土用砂、石质量及检验方法标准》(JGJ 52—2006)的规定确定。

检验方法：检查抽样检验报告。

3)混凝土拌制及养护用水应符合现行行业标准《混凝土用水标准》(JGJ 63—2006)的规定。采用饮用水作为混凝土用水时，可不检验；采用中水、搅拌站清洗水、施工现场循环水等其他水源时，应对其成分进行检验。

检查数量：同一水源检查不应少于一次。

检验方法：检查水质检验报告。

(2)混凝土拌合物一般项目验收内容、检查数量和检验方法。

1)混凝土拌合物稠度应满足施工方案的要求。

检查数量：对同一配合比混凝土，取样应符合下列规定：

①每拌制 100 盘且不超过 100 m³ 时，取样不得少于一次；

②每工作班拌制不足 100 盘时，取样不得少于一次；

③每次连续浇筑超过 1 000 m³ 时，每 200 m³ 取样不得少于一次；

④每一楼层取样不得少于一次。

检验方法：检查稠度抽样检验记录。

2)混凝土有耐久性指标要求时，应在施工现场随机抽取试件进行耐久性检验，其检验结果应符合国家现行有关标准的规定和设计要求。

检查数量：同一配合比的混凝土，取样不应少于一次，留置试件数量应符合现行国家标准《普通混凝土长期性能和耐久性能试验方法标准》(GB/T 50082—2009)和《混凝土耐久性检验评定标准》(JGJ/T 193—2009)的规定。

检验方法：检查试件耐久性试验报告。

3)混凝土有抗冻要求时，应在施工现场进行混凝土含气量检验，其检验结果应符合现行国家有关标准的规定和设计要求。

检查数量：同一配合比的混凝土，取样不应少于一次，取样数量应符合现行国家标准《普通混凝土拌合物性能试验方法标准》(GB/T 50080—2016)的规定。

检验方法：检查混凝土含气量检验报告。

(3)混凝土施工一般项目验收内容、检查数量和检验方法。

1)后浇带的留设位置应符合设计要求，后浇带和施工缝的留设及处理方法应符合施工方案要求。

检查数量：全数检查。

检验方法：观察。

2)混凝土浇筑完毕后应及时进行养护，养护时间及养护方法应符合施工方案要求。

检查数量：全数检查。

检验方法：观察，检查混凝土养护记录。

4.3.9 项目拓展

项目拓展

任务四 现浇结构工程质量验收与资料管理

4.4.1 任务描述

根据×××学院实验实训综合楼建筑和结构施工图、工程量清单、专项施工方案、安全功能试验检验报告，以及《混凝土结构工程施工质量验收规范》(GB 50204—2015)中关于混凝土工程质量验收的规定，完成以下工作任务：

(1)划分现浇结构分项工程检验批。

(2)对现浇结构工程主控项目进行质量检查。

(3)操作检测工具对现浇结构工程一般项目允许偏差实体检测。

(4)利用建筑工程资料管理软件填写现浇结构工程检验批现场验收检查原始记录、检验批质量验收记录、分项工程质量验收记录。

任务描述

4.4.2 学习目标

1. 知识目标

(1)掌握现浇结构工程外观质量缺陷种类及严重程度评定标准。

(2)掌握现浇结构分项工程检验批划分规定。

(3)掌握现浇结构工程质量验收的主控项目和一般项目的验收内容、检查数量、检验方法。

2. 能力目标

(1)能正确划分现浇结构分项工程检验批。

(2)能对现浇结构工程进行质量验收。

(3)能正确填写现浇结构工程检验批现场验收检查原始记录表、检验批质量验收记录表、分项工程质量验收记录表。

3. 素质目标

(1)培养科学精神和态度。

(2)培养自身的敬业精神。

(3)培养团结协作意识。

(4)培养严谨求实、专心细致的工作作风。

(5)培养环保意识和节能意识。

4.4.3 任务分析

1. 重点

(1)主控项目和一般项目质量验收。

(2)填写质量验收记录表。

2. 难点

严重缺陷、一般缺陷的判定。

4.4.4 素质养成

(1)在主控项目、一般项目验收条文描述中,引导学生探索混凝土质量缺陷的形成原因及处理方案;培养学生严谨的思维、良好的创新意识。

(2)通过对现浇混凝土结构外观质量严重缺陷、一般缺陷的判定讨论,培养学生具有创新精神和实践能力,能够主动学习和运用新技术、新材料与新理念。

(3)混凝土结构质量缺陷对混凝土结构存在重大安全隐患,培养学生热爱生命和环境,具有环保意识和节能意识,注重建筑工程的可持续发展和生态建设。

(4)在质量验收、填写质量验收表格过程中,要专心细致、如实记录数据、准确评价验收结果,训练中养成分工合作、不怕苦不怕累的精神。

4.4.5 任务分组

填写学生任务分配表(表4.4.5)。

表 4.4.5 学生任务分配表

班级		组号		指导教师	
组长		学号			
组员	姓名	学号	姓名	学号
任务分工					

4.4.6 工作实施

任务工作单一

组号:＿＿＿＿＿＿ 姓名:＿＿＿＿＿＿ 学号:＿＿＿＿＿＿ 编号: 4.4.6－1

引导问题:

(1)简述现浇结构工程外观质量缺陷种类及严重程度评定标准。

质量验收记录表

(2)现浇结构分项工程检验批划分规定是什么?本工程项目现浇结构分项工程划分为多少个检验批?

任务工作单二

组号:＿＿＿＿＿＿ 姓名:＿＿＿＿＿＿ 学号:＿＿＿＿＿＿ 编号: 4.4.6－2

引导问题:

(1)简述现浇结构分项工程检验批的主控项目验收内容、检查数量和检验方法。

(2)简述现浇结构分项工程检验批的一般项目允许偏差检测部位要求。

(3)结合本项目图纸，请按照随机且有代表性的原则编写二层柱子检验批的现浇结构位置、尺寸偏差一般项目允许偏差实体检测方案(表4.4.6)。

表4.4.6　实体检测方案

序号	检测项目	检测部位	检验方法

任务工作单三

组号：_____ 姓名：_____ 学号：_____ 编号：　4.4.6－3

引导问题：

(1)填写现浇结构检验批现场验收检查原始记录有哪些应注意的事项？请按照检测方案模拟填写现浇结构工程检验批现场验收检查原始记录表。

(2)如何正确填写现浇结构工程检验批质量验收记录表？请按照现浇结构工程检验批现场验收检查原始记录填写现浇结构工程检验批质量验收记录表。

(3)如何正确填写现浇结构分项工程质量验收记录表？请根据本项目检验批划分方案填写现浇结构分项工程质量验收记录表。

4.4.7　评价反馈

任务工作单一

组号：_____ 姓名：_____ 学号：_____ 编号：　4.4.7－1

个人自评表

班级		组名		日　期	年 月 日
评价指标	评价内容			分数	分数评定
信息理解与运用	能有效利用工程案例资料查找有用的相关信息；能将查到的信息有效地传递到学习中			10	
感知课堂生活	是否熟悉各自的工作岗位，认同工作价值；在学习中是否能获得满足感，课堂氛围如何			10	

班级		组名		日期	年 月 日
评价指标	评价内容			分数	分数评定
参与状态	与教师、同学之间是否相互理解与尊重；与教师、同学之间是否保持多向、丰富、适宜的信息交流			10	
	能处理好合作学习和独立思考的关系，做到有效学习；能提出有意义的问题或能发表个人见解			10	
知识、能力获得情况	掌握了混凝土现浇结构工程外观质量缺陷种类及严重程度评定标准			5	
	掌握了混凝土现浇结构分项工程检验批划分规定			5	
	掌握了混凝土现浇结构工程质量验收的主控项目和一般项目的验收内容、检查数量、检验方法			5	
	能正确划分混凝土现浇结构分项工程检验批			10	
	能对混凝土现浇结构工程进行质量验收			10	
	能正确填写混凝土现浇结构检验批现场验收检查原始记录表、检验批质量验收记录表、分项工程质量验收记录表			10	
思维状态	是否能发现问题、提出问题、分析问题、解决问题			5	
自评反思	按时按质完成任务；较好地掌握了专业知识点；较强的信息分析能力和理解能力			10	
自评分数					
有益的经验和做法					
总结反思建议					

任务工作单二

组号：＿＿＿＿＿＿＿　姓名：＿＿＿＿＿＿＿　学号：＿＿＿＿＿＿＿　编号：<u>4.4.7－2</u>

小组互评表

班级		被评组名		日期	年 月 日
评价指标	评价内容			分数	分数评定
信息理解与运用	该组能否有效利用工程案例资料查找有用的相关信息			5	
	该组能否将查到的信息有效地传递到学习中			5	
感知课堂生活	该组是否熟悉各自的工作岗位，认同工作价值			5	
	该组在学习中是否能获得满足感			5	
参与状态	该组与教师、同学之间是否相互理解与尊重			5	
	该组与教师、同学之间是否保持多向、丰富、适宜的信息交流			5	
	该组能否处理好合作学习和独立思考的关系，做到有效学习			5	
	该组能否提出有意义的问题或发表个人见解			5	

班级		被评组名		日期	年 月 日
评价指标	评价内容			分数	分数评定
任务完成情况	能正确填写混凝土现浇结构工程检验批现场验收检查原始记录表			15	
	能正确填写混凝土现浇结构工程检验批质量验收记录表			15	
	能正确填写混凝土现浇结构工程分项工程质量验收记录表			15	
思维状态	该组是否能发现问题、提出问题、分析问题、解决问题			5	
自评反思	该组能严肃、认真地对待自评			10	
互评分数					
简要评述					

任务工作单三

组号：＿＿＿＿＿＿ 姓名：＿＿＿＿＿＿ 学号：＿＿＿＿＿＿ 编号：4.4.7-3

教师评价表

班级		组名		姓名	
出勤情况					
评价内容	评价要点	考查要点	分数	教师评定	
				结论	分数
信息理解与运用	任务实施过程中资料查阅	是否查阅信息资料	10		
		正确运用信息资料			
任务完成情况	掌握了混凝土现浇结构工程外观质量缺陷种类及严重程度评定标准	内容正确，错一处扣2分	10		
	掌握了混凝土现浇结构分项工程检验批划分规定	内容正确，错一处扣2分	10		
	掌握了混凝土现浇结构工程质量验收的主控项目和一般项目的验收内容、检查数量、检验方法	内容正确，错一处扣2分	10		
	能正确划分混凝土现浇结构分项工程检验批	内容正确，错一处扣2分	10		
	能对混凝土现浇结构工程进行质量验收	内容正确，错一处扣2分	10		
	能正确填写混凝土现浇结构工程检验批现场验收检查原始记录表、检验批质量验收记录表、分项工程质量验收记录表	内容正确，错一处扣2分	10		

班级			组名		姓名	
出勤情况						
评价内容	评价要点		考查要点	分数	教师评定	
					结论	分数
素质目标达成情况	出勤情况		缺勤1次扣2分	5		
	培养科学精神和态度		根据情况，酌情扣分	5		
	培养自身的敬业精神		根据情况，酌情扣分	5		
	培养团结协作意识		根据情况，酌情扣分	5		
	培养严谨求实、专心细致的工作作风		根据情况，酌情扣分	5		
	培养环保意识和节能意识		根据情况，酌情扣分	5		

4.4.8 相关知识点

4.4.8.1 现浇结构外观质量缺陷

现浇结构外观质量缺陷见表 4.4.8.1。

表 4.4.8.1 现浇结构外观质量缺陷

名称	现象	严重缺陷	一般缺陷
露筋	构件内钢筋未被混凝土包裹而外露	纵向受力钢筋有露筋	其他钢筋有少量露筋
蜂窝	混凝土表面缺少水泥砂浆而形成石子外露	构件主要受力部位有蜂窝	其他部位有少量蜂窝
孔洞	混凝土中孔穴深度和长度均超过保护层厚度	构件主要受力部位有孔洞	其他部位有少量孔洞
夹渣	混凝土中夹有杂物且深度超过保护层厚度	构件主要受力部位有夹渣	其他部位有少量夹渣
疏松	混凝土中局部不密实	构件主要受力部位有疏松	其他部位有少量疏松
裂缝	裂缝从混凝土表面延伸至混凝土内部	构件主要受力部位有影响结构性能或使用功能的裂缝	其他部位有少量不影响结构性能或使用功能的裂缝
连接部位缺陷	构件连接处混凝土有缺陷及连接钢筋、连接件松动	连接部位有影响结构传力性能的缺陷	连接部位有基本不影响结构传力性能的缺陷
外形缺陷	缺棱掉角、棱角不直、翘曲不平、飞边凸肋等	清水混凝土构件有影响使用功能或装饰效果的外形缺陷	其他混凝土构件有不影响使用功能的外形缺陷
外表缺陷	构件表面麻面、掉皮、起砂、沾污等	具有重要装饰效果的清水混凝土构件有外表缺陷	其他混凝土构件有不影响使用功能的外表缺陷

4.4.8.2 混凝土现浇结构分项工程检验批划分规定

混凝土现浇结构分项工程可根据与施工方式相一致且便于控制施工质量的原则，按楼层、结构缝或施工段划分为若干检验批。

4.4.8.3 混凝土现浇结构工程的主控项目验收内容、检查数量和检验方法

(1)外观质量的主控项目验收内容、检查数量和检验方法。现浇结构的外观质量不应有严重缺陷。对已经出现的严重缺陷,应由施工单位提出技术处理方案,并经监理单位认可后进行处理;对裂缝、连接部位出现的严重缺陷及其他影响结构安全的严重缺陷,技术处理方案尚应经设计单位认可。对经处理的部位应重新验收。

检查数量:全数检查。

检验方法:观察,检查处理记录。

(2)位置和尺寸偏差主控项目验收内容、检查数量和检验方法。

1)现浇结构不应有影响结构性能或使用功能的尺寸偏差;混凝土设备基础不应有影响结构性能和设备安装的尺寸偏差。

2)对超过尺寸允许偏差且影响结构性能和安装、使用功能的部位,应由施工单位提出技术处理方案,经监理、设计单位认可后进行处理。对经处理的部位应重新验收。

检查数量:全数检查。

检验方法:量测,检查处理记录。

4.4.8.4 混凝土现浇结构工程的一般项目验收内容、检查数量和检验方法

(1)外观质量的一般项目验收内容、检查数量和检验方法。

1)现浇结构的外观质量不应有一般缺陷。

2)对已经出现的一般缺陷,应由施工单位按技术处理方案进行处理。对经处理的部位应重新验收。

检查数量;全数检查。

检验方法:观察,检查处理记录。

(2)位置和尺寸偏差一般项目验收内容、检查数量和检验方法。

1)现浇结构的位置、尺寸偏差及检验方法应符合《混凝土结构工程施工质量验收规范》(GB 50204—2015)表8.3.2的规定。

检查数量:按楼层、结构缝或施工段划分检验批。在同一检验批内,对梁、柱和独立基础,应抽查构件数量的10%,且不应少于3件;对墙和板,应按有代表性的自然间抽查10%,且不应少于3间;对大空间结构,墙可按相邻轴线间高度5 m左右划分检查面,板可按纵、横轴线划分检查面,抽查10%,且均不应少于3面;对电梯井,应全数检查。

2)现浇设备基础的位置和尺寸应符合设计与设备安装的要求。其位置和尺寸偏差及检验方法应符合《混凝土结构工程施工质量验收规范》(GB 50204—2015)表8.3.3的规定。

检查数量:全数检查。

4.4.9 项目拓展

项目拓展

任务五 装配式结构工程质量验收与资料管理

4.5.1 任务描述

根据×××学院学生公寓楼、教学楼的建筑和结构施工图、工程量清单、专项施工方案、安全功能试验检验报告，以及《混凝土结构工程施工质量验收规范》(GB 50204—2015)中关于装配式结构工程质量验收的规定，完成以下工作任务：

任务描述

(1)划分装配式结构分项工程检验批。

(2)对装配式结构工程主控项目进行质量检查。

(3)操作检测工具对装配式结构工程一般项目允许偏差实体检测。

(4)利用建筑工程资料管理软件填写装配式结构工程检验批现场验收检查原始记录、检验批质量验收记录、分项工程质量验收记录。

4.5.2 学习目标

1. 知识目标

(1)掌握装配式结构工程施工工艺流程。

(2)掌握装配式结构分项工程检验批划分规定。

(3)掌握装配式结构工程质量验收的主控项目和一般项目的验收内容、检查数量、检验方法。

2. 能力目标

(1)能正确划分装配式结构分项工程检验批。

(2)能对装配式结构工程进行质量验收。

(3)能正确填写装配式结构工程检验批现场验收检查原始记录表、检验批质量验收记录表、分项工程质量验收记录表。

3. 素质目标

(1)培养科学精神和态度。

(2)培养自身的敬业精神。

(3)培养团结协作意识。

(4)培养严谨求实、专心细致的工作作风。

(5)培养环保意识和节能意识。

4.5.3 任务分析

1. 重点

(1)主控项目和一般项目质量验收。

(2)填写质量验收记录表。

2. 难点

(1)确定构件连接质量检查。

(2)验收项目检测操作规范。

4.5.4　素质养成

(1)在主控项目、一般项目验收条文描述中，引导学生探索、完善装配式混凝土结构工程施工方案；培养学生严谨的思维、良好的创新意识。

(2)装配式混凝土结构节点连接质量是保证结构安全的关键，培养学生具有创新精神和实践能力，能够主动学习和运用新技术、新材料与新理念。

(3)装配式混凝土结构施工具有时间短、机械化程度高、预制构件质量高、降低环境污染等优点，培养学生热爱生命和环境，具有环保意识和节能意识，注重建筑工程的可持续发展和生态建设。

(4)在质量验收、填写质量验收表格过程中，要专心细致、如实记录数据、准确评价验收结果，训练中养成分工合作、不怕苦不怕累的精神。

4.5.5　任务分组

填写学生任务分配表(表4.5.5)。

表4.5.5　学生任务分配表

班级		组号		指导教师	
组长		学号			
组员	姓名	学号		姓名	学号
任务分工					

4.5.6　工作实施

任务工作单一

组号：_____　姓名：_____　学号：_____　编号：　4.5.6—1

引导问题：

(1)简述装配式结构工程施工工艺流程。

(2)装配式结构分项工程检验批划分规定是什么？本工程项目混凝土分项工程划分为多少个检验批？

任务工作单二

组号：_____ 姓名：_____ 学号：_____ 编号：　4.5.6－2

引导问题：

(1)简述本项目装配式结构工程的预制构件。

(2)简述装配式结构检验批的主控项目验收内容、检查数量和检验方法。

(3)简述装配式结构检验批的一般项目允许偏差检测部位要求。

(4)结合本项目图纸，请按照随机且有代表性的原则编写一个检验批的预制构件位置、尺寸偏差一般项目允许偏差实体检测方案(表4.5.6)。

表 4.5.6　实体检测方案

序号	检测项目	检测部位	检验方法

任务工作单三

组号：_____ 姓名：_____ 学号：_____ 编号：　4.5.6－3

引导问题：

(1)填写装配式结构检验批现场验收检查原始记录有哪些应注意的事项？请按照检测方案模拟填写装配式结构工程检验批现场验收检查原始记录表。

(2)如何正确填写装配式结构工程检验批质量验收记录表？请按照装配式结构工程检验批现场验收检查原始记录填写装配式结构工程检验批质量验收记录表。

质量验收记录表

（3）如何正确填写装配式结构分项工程质量验收记录表？请根据本项目检验批划分方案填写装配式结构分项工程质量验收记录表。

4.5.7 评价反馈

任务工作单一

组号：_____ 姓名：_____ 学号：_____ 编号：4.5.7-1

个人自评表

班级		组名		日期	年 月 日
评价指标	评价内容			分数	分数评定
信息理解与运用	能有效利用工程案例资料查找有用的相关信息；能将查到的信息有效地传递到学习中			10	
感知课堂生活	是否熟悉各自的工作岗位，认同工作价值；在学习中是否能获得满足感，课堂氛围如何			10	
参与状态	与教师、同学之间是否相互理解与尊重；与教师、同学之间是否保持多向、丰富、适宜的信息交流			10	
	能处理好合作学习和独立思考的关系，做到有效学习；能提出有意义的问题或能发表个人见解			10	
知识、能力获得情况	掌握了装配式结构工程施工工艺流程			5	
	掌握了装配式结构分项工程检验批划分规定			5	
	掌握了装配式结构工程质量验收的主控项目和一般项目的验收内容、检查数量、检验方法			5	
	能正确划分装配式结构分项工程检验批			10	
	能对装配式结构工程进行质量验收			10	
	能正确填写装配式结构检验批现场验收检查原始记录表、检验批质量验收记录表、分项工程质量验收记录表			10	
思维状态	是否能发现问题、提出问题、分析问题、解决问题			5	
自评反思	按时按质完成任务；较好地掌握了专业知识点；较强的信息分析能力和理解能力			10	
自评分数					
有益的经验和做法					
总结反思建议					

任务工作单二

组号：_____ 姓名：_____ 学号：_____ 编号： 4.5.7－2

小组互评表

班级		被评组名		日期	年 月 日
评价指标	评价内容			分数	分数评定
信息理解与运用	该组能否有效利用工程案例资料查找有用的相关信息			5	
	该组能否将查到的信息有效地传递到学习中			5	
感知课堂生活	该组是否熟悉各自的工作岗位，认同工作价值			5	
	该组在学习中是否能获得满足感			5	
参与状态	该组与教师、同学之间是否相互理解与尊重			5	
	该组与教师、同学之间是否保持多向、丰富、适宜的信息交流			5	
	该组能否处理好合作学习和独立思考的关系，做到有效学习			5	
	该组能否提出有意义的问题或发表个人见解			5	
任务完成情况	能正确填写装配式结构工程检验批现场验收检查原始记录表			15	
	能正确填写装配式结构工程检验批质量验收记录表			15	
	能正确填写装配式结构工程分项工程质量验收记录表			15	
思维状态	该组是否能发现问题、提出问题、分析问题、解决问题			5	
自评反思	该组能严肃、认真地对待自评			10	
互评分数					
简要评述					

任务工作单三

组号：_____ 姓名：_____ 学号：_____ 编号： 4.5.7－3

教师评价表

班级		组名		姓名		
出勤情况						
评价内容	评价要点	考查要点	分数	教师评定		
				结论	分数	
信息理解与运用	任务实施过程中资料查阅	是否查阅信息资料	10			
		正确运用信息资料				
任务完成情况	掌握了装配式结构工程施工工艺流程	内容正确，错一处扣2分	10			
	掌握了装配式结构分项工程检验批划分规定	内容正确，错一处扣2分	10			
	掌握了装配式结构工程质量验收的主控项目和一般项目的验收内容、检查数量、检验方法	内容正确，错一处扣2分	10			
	能正确划分混凝土现浇结构分项工程检验批	内容正确，错一处扣2分	10			

班级		组名		姓名	
出勤情况					

评价内容	评价要点	考查要点	分数	教师评定	
				结论	分数
任务完成情况	能对装配式结构工程进行质量验收	内容正确,错一处扣2分	10		
	能正确填写装配式结构工程检验批现场验收检查原始记录表、检验批质量验收记录表、分项工程质量验收记录表	内容正确,错一处扣2分	10		
素质目标达成情况	出勤情况	缺勤1次扣1分	5		
	培养科学精神和态度	根据情况,酌情扣分	5		
	培养自身的敬业精神	根据情况,酌情扣分	5		
	培养团结协作意识	根据情况,酌情扣分	5		
	培养严谨求实、专心细致的工作作风	根据情况,酌情扣分	5		
	培养环保意识和节能意识	根据情况,酌情扣分	5		

4.5.8 相关知识点

4.5.8.1 装配式结构施工工艺流程

(1)装配式建筑施工流程主要包括以下几项:

1)预制件制备,即将所需装配式构件加工准备就绪。

2)施工前准备,清理建筑现场、安排施工用具及设备。

3)施工组装,根据装配图纸和详图组装结构。

相关知识点

4)给构件现场加固,固定构件与基础接合点及节点处。

5)系统竣工,系统质量检查、完善配套工程。

6)竣工验收,按照国家相关规定进行验收。

(2)装配式建筑的施工工艺主要包括以下几项:

1)构件制备,即将装配式建筑构件与支架配套,完成全部细节加工。

2)施工现场准备,进行清理扫除工作,确保施工前的整洁。

3)部件安装,在施工现场搭配布置,用起重机将构件搬运到指定位置,然后安装调试。

4)竣工加固,在构件分段安装完成后,使用支架和螺栓进行加固。

5)系统竣工,完成系统安装及维护工作,确保装配式建筑结构的完整性。

6)竣工验收,确保装配式建筑符合设计要求,并获得正式验收。

4.5.8.2 装配式结构分项工程检验批划分规定

装配式结构分项工程可根据与施工方式相一致且便于控制施工质量的原则,按楼层、结构缝或施工段划分为若干检验批。

4.5.8.3 装配式结构工程的主控项目验收内容、检查数量和检验方法

(1)预制构件的主控项目验收内容、检查数量和检验方法。

1)预制构件的质量应符合《混凝土结构工程施工质量验收规范》(GB 50204—2015)、现行国

家相关标准的规定和设计的要求。

检查数量：全数检查。

检验方法：检查质量证明文件或质量验收记录。

2)混凝土预制构件专业企业生产的预制构件进场时，预制构件结构性能检验应符合下列规定：

①梁板类简支受弯预制构件进场时应进行结构性能检验，并应符合下列规定：

a. 结构性能检验应符合现行国家相关标准的有关规定及设计的要求，检验要求和试验方法应符合相关规范的规定。

b. 钢筋混凝土构件和允许出现裂缝的预应力混凝土构件应进行承载力、挠度和裂缝宽度检验；不允许出现裂缝的预应力混凝土构件应进行承载力、挠度和抗裂检验。

c. 对大型构件及有可靠应用经验的构件，可只进行裂缝宽度、抗裂和挠度检验。

d. 对使用数量较少的构件，当能提供可靠依据时，可不进行结构性能检验。

②对其他预制构件，除设计有专门要求外，进场时可不做结构性能检验。

③对进场时不做结构性能检验的预制构件，应采取下列措施：

a. 施工单位或监理单位代表应驻厂监督制作过程；

b. 当无驻厂监督时，预制构件进场时应对预制构件主要受力钢筋数量、规格、间距及混凝土强度等进行实体检验。

检验数量：每批进场不超过 1 000 个同类型预制构件为一批，在每批中应随机抽取一个构件进行检验。

检验方法：检查结构性能检验报告或实体检验报告。

注："同类型"是指同一钢种、同一混凝土强度等级、同一生产工艺和同一结构形式。抽取预制构件时，宜从设计荷载最大、受力最不利或生产数量最多的预制构件中抽取。

3)预制构件的外观质量不应有严重缺陷，且不应有影响结构性能和安装、使用功能的尺寸偏差。

检查数量：全数检查。

检验方法：观察，尺量；检查处理记录。

4)预制构件上的预埋件、预留插筋、预埋管线等的材料质量、规格和数量以及预留孔、预留洞的数量应符合设计要求。

检查数量：全数检查。

检验方法：观察。

(2)安装与连接主控项目验收内容、检查数量和检验方法。

1)预制构件临时固定措施的安装质量应符合施工方案的要求。

检查数量：全数检查。

检验方法：观察。

2)钢筋采用套筒灌浆连接或浆锚搭接连接时，灌浆应饱满、密实。

检查数量：全数检查。

检验方法：检查灌浆记录。

3)钢筋采用套筒灌浆连接或浆锚搭接连接时，其连接接头质量应符合现行国家相关标准的规定。

检查数量：按现行国家相关标准的有关规定确定。

检验方法：检查质量证明文件及平行加工试件的检验报告。

4)钢筋采用焊接连接时,其接头质量应符合现行行业标准《钢筋焊接及验收规程》(JGJ 18—2012)的规定。

检查数量:按现行行业标准《钢筋焊接及验收规程》(JGJ 18—2012)的有关规定确定。

检验方法:检查质量证明文件及平行加工试件的检验报告。

5)钢筋采用机械连接时,其接头质量应符合现行行业标准《钢筋机械连接技术规程》(JGJ 107—2016)的规定。

检查数量:按现行行业标准《钢筋机械连接技术规程》(JGJ 107—2016)的规定确定。

检验方法:检查质量证明文件、施工记录及平行加工试件的检验报告。

6)预制构件采用焊接、螺栓连接等连接方式时,其材料性能及施工质量应符合现行国家标准《钢结构工程施工质量验收标准》(GB 50205—2020)和《钢筋焊接及验收规程》(JGJ 18—2012)的相关规定。

检查数量:按现行国家标准《钢结构工程施工质量验收标准》(GB 50205—2020)和《钢筋焊接及验收规程》(JGJ 18—2012)的规定确定。

检验方法:检查施工记录及平行加工试件的检验报告。

7)装配式结构采用现浇混凝土连接构件时,构件连接处后浇混凝土的强度应符合设计要求。

检查数量:按《混凝土结构工程施工质量验收规范》(GB 50204—2015)第 7.4.1 条的规定确定。

检验方法:检查混凝土强度试验报告。

8)装配式结构施工后,其外观质量不应有严重缺陷,且不应有影响结构性能和安装、使用功能的尺寸偏差。

检查数量:全数检查。

检验方法:观察,量测;检查处理记录。

4.5.8.4 装配式结构工程的一般项目验收内容、检查数量和检验方法

(1)预制构件的一般项目验收内容、检查数量和检验方法。

1)预制构件应有标识。

检查数量:全数检查。

检验方法:观察。

2)预制构件的外观质量不应有一般缺陷。

检查数量:全数检查。

检验方法:观察,检查处理记录。

3)预制构件的尺寸偏差及检验方法应符合《混凝土结构工程施工质量验收规范》(GB 50204—2015)表 9.2.7 的规定;设计有专门规定时,尚应符合设计要求。施工过程中临时使用的预埋件,其中心线位置允许偏差可取《混凝土结构工程施工质量验收规范》(GB 50204—2015)表 9.2.7 中规定数值的 2 倍。

检查数量:同一类型的构件,不超过 100 件为一批,每批应抽查构件数量的 5%,且不应少于 3 件。

4)预制构件的粗糙面的质量及键槽的数量应符合设计要求。

检查数量:全数检查。

检验方法:观察。

(2)安装与连接一般项目验收内容、检查数量和检验方法。

1)装配式结构施工后,其外观质量不应有一般缺陷。

检查数量:全数检查。

检验方法：观察，检查处理记录。

2)装配式结构施工后，预制构件位置、尺寸偏差及检验方法应符合设计要求；当设计无具体要求时，应符合《混凝土结构工程施工质量验收规范》(GB 50204—2015)表 9.3.9 的规定。预制构件与现浇结构连接部位的表面平整度应符合《混凝土结构工程施工质量验收规范》(GB 50204—2015)表 9.3.9 的规定。

检查数量：按楼层、结构缝或施工段划分检验批。在同一检验批内，对梁、柱和独立基础，应抽查构件数量的 10%，且不应少于 3 件；对墙和板，应按有代表性的自然间抽查 10%，且不应少于 3 间；对大空间结构，墙可按相邻轴线间高度 5 m 左右划分检查面，板可按纵、横轴线划分检查面，抽查 10%，且均不应少于 3 面。

4.5.8.5 装配式结构工程的一般项目允许偏差测量方法

(1)轴线位置。

1)每 1 层为一个测区，每测区至少测量两个放线孔。

2)轴线竖向投测：在楼层放线孔上架设仪器，通过仪器对准基准点，若施工层主轴线和基准点之间的偏差值不满足标准要求及楼层少于 2 个放线孔，则此测点为不合格，每栋楼任选一层进行实测。每层轴线竖向偏差测 2 个实测值，各作为 1 个计算点，测 3 个测区，共 6 个计算点。

3)施工层放线精度：用卷尺测量主轴线和施工层控制线(承重墙、柱边线)之间的距离，与设计值进行比较，判断其偏差值是否符合标准要求；累计实测 3 个测区，24 个计算点。

(2)标高。

1)同一功能房间混凝土顶板作为 1 个实测区，累计实测实量 10 个实测区。

2)使用激光水平仪，在实测板跨内打出一条水平基准线。同一实测区距顶板天花线约 30 cm 处位置选取 4 个角点及板跨几何中心位(若板单侧跨度较大，可在中心部位增加 1 个测点)，分别测量混凝土顶板与水平基准线之间的 5 个垂直距离。以最低点为基准点，计算另外四点与最低点之间的偏差。偏差值≤10 mm 时实测点合格；最大偏差值≤15 mm 时，5 个偏差值(基准点偏差值以 0 计)的实际值作为判断该实测指标合格率的 5 个计算点；最大偏差值>15 mm 时，5 个偏差值均按最大偏差值计，作为判断该实测指标合格率的 5 个计算点。

(3)层高范围内柱/墙体垂直度。

1)任取长边墙的一面作为 1 个实测区。累计实测实量 20 个实测区，60 个实测点。

2)当墙长度小于 3 m 时，同一面墙距两端头竖向阴阳角约 30 cm 位置，分别按以下原则实测 2 次：一是靠尺顶端接触到上部混凝土顶板位置时测 1 次垂直度；二是靠尺底端接触到下部地面位置时测 1 次垂直度。墙长范围内存在现浇混凝土墙或柱时，则现浇混凝土墙或柱部位中间位置为必测部位。实测值中取 2 个最大值分别作为判断该实测指标合格率的 2 个计算点。

3)当墙长度大于 3 m 时，同一面墙距两端头竖向阴阳角约 30 cm 和墙中间位置，分别按以下原则实测 3 次：一是靠尺顶端接触到上部混凝土顶板位置时测 1 次垂直度；二是靠尺底端接触到下部地面位置时测 1 次垂直度；三是在墙长度中间位置靠尺基本在高度方向居中时测 1 次垂直度。墙长范围内存在现浇混凝土墙或柱时，则现浇混凝土墙或柱部位中间位置为必测部位。实测值中取 3 个最大值分别作为判断该实测指标合格率的 3 个计算点。

(4)构件倾斜度。在构件顶部或需要的高度处观测点位置上，直接悬挂或支出一点悬挂适当质量的垂球，在垂线下的底部用钢尺量测即可。

(5)层高范围内柱/墙体表面平整度。

1)墙/暗柱/隔墙：选取长边墙，任选长边墙两面中的一面作为 1 个实测区。

2)当所选墙面为同一块预制墙或全现浇墙面时，同一面墙 4 个角(顶部及根部)中取左上及右下 2 个角，按 45°角斜放靠尺，累计测 2 次表面平整度，墙长度中间距地面 10 cm 处水平放靠尺测一次表面平整度。跨洞口部位必测。选取其中 3 个最大实测值分别作为判断该指标合格率的 3 个计算点。

3）当所选墙面存在预制拼缝或预制与现浇拼缝时，竖向拼缝距地面 10 cm 处和距地面 150 cm 处为必测，水平放靠尺各测一次表面平整度；水平拼缝的表面平整度必测，选取疑似最大偏差值部位按 45°角斜放靠尺测一次表面平整度；存在跨洞的现浇墙在跨洞口部位为必测。测区内优先选取必测部位，单个测区内不超过 3 个测点，选取其中 3 个最大实测值分别作为判断该指标合格率的 3 个计算点。当必测部位不足三个时，选取预制墙面的跨洞口部位或墙角左上部位补足测点。

4）实测区范围内存在预制拼缝或预制与现浇拼缝的墙面及全现浇墙面≥15 个时，则选取的存在预制拼缝或预制与现浇拼缝的墙面实测区及全现浇墙面≥75％，少于 15 个时全数检查。

（6）构件搁置长度。梁：用钢尺量取两端到柱的中线距离；板：用钢尺量取四角到梁的中线距离。

（7）支座、支垫中心位置。用钢尺直接量取构件与支座、支垫中心的距离。

4.5.9 项目拓展

项目拓展

项目五　钢结构工程质量验收与资料管理

【思政元素举例】

1. 四个自信、爱国主义
2. 勇攀高峰、攻坚克难
3. 精益求精、大国工匠
4. 爱岗敬业、职业素养
5. 辩证思维、改革创新

【典型思政案例】

港珠澳大桥彰显中国奋斗精神

伶仃洋上"作画"，大海深处"穿针"。历时9年建设，全长55 km，集桥、岛、隧道于一体的港珠澳大桥横空出世。汇众智，聚众力，数以万计建设者百折不挠、不懈奋斗，用心血和汗水浇筑成了横跨三地的"海上长城"。从早期设想到最终落成，港珠澳大桥的建设过程，是中国经济、科技、教育、装备、技术、工艺工法发展到一定程度上集成式创新的结果，是中国特色社会主义制度优越性的集中体现。

逢山开路、遇水架桥，这是一个国家的奋斗精神。施工水域每天有4 000艘船只航行，台风、大雾、强对流天气致使每年有效作业时间只有200 d左右。面对防洪、防风、海事、航空限高等各种复杂建设难题，全国各地的建设精英们夙兴夜寐，顺境不骄、逆境不馁，以"功成必定有我"的责任感、自豪感，竖起中国桥梁的高峰，再度刷新了世人对中国工程的印象。

港珠澳大桥每一个节点的进展、每一次攻关、每一次创新，都蕴含着可经受历史考验的中国工匠精神。差之毫厘，谬以千里。在高温、高湿、高盐的环境下，一线建筑工人舍身忘我，以"每一次都是第一次"的初衷，焊牢每一条缝隙，拧紧每一颗螺丝，筑平每一寸混凝土路面，在日复一日、年复一年的劳作中，将大桥平地拔起。正是他们的默默付出，让港珠澳大桥从图纸变成了实体。

港珠澳大桥的寿命是120年，普通大桥的寿命一般是100年。港珠澳大桥整个横隔板都采用自动焊接技术，质量非常稳定。除自动焊接外，在涂装、钢材的厚度等很多方面也采取了很多措施，以保证大桥120年的寿命。可以说，港珠澳大桥是中国桥隧结合的第一次探索，也是中国整个桥梁制造的一次突破，为以后桥梁的建设做了初步的探索。

2023年4月19日，港珠澳大桥主体工程通过交通运输部、国家发展改革委、国务院港澳办组织的竣工验收。竣工验收委员会评价认为，大桥主体工程创下多项世界之最，工程质量等级和综合评价等级均为优良，打造了一座"精品工程、样板工程、平安工程、廉洁工程"，为超大型跨海通道工程建设积累了宝贵经验。

十几年来，中国建设者以"走钢丝"的慎重和专注，经受了无数没有先例的考验，交出了出乎国内外专家预料的答卷。追求卓越、力求完美，将港珠澳大桥打造成为世纪工程、景观地标的共同追求，成就了港珠澳大桥这个中国桥梁界的丰碑和旗帜。

任务一　焊接工程质量验收与资料管理

5.1.1　任务描述

根据×××学院教学楼与学生公寓楼的建筑和钢结构施工图、钢结构深化图、专项施工方案、安全功能试验检验报告，以及《钢结构工程施工质量验收标准》(GB 50205—2020)中关于钢结构焊接工程质量验收的规定，完成以下工作任务：

(1)划分钢结构焊接分项工程检验批。

(2)对钢结构焊接工程主控项目进行质量检查。

(3)使用检测工具对钢结构焊接工程一般项目进行实体检测。

(4)利用建筑工程资料管理软件填写钢结构焊接工程检验批现场验收检查原始记录、检验批质量验收记录、分项工程质量验收记录。

任务描述

5.1.2　学习目标

1. 知识目标

(1)掌握钢结构焊接典型的施工工艺。

(2)掌握钢结构焊接分项工程检验批划分规定。

(3)掌握钢结构焊接工程质量验收的主控项目和一般项目的验收内容、检查数量、检验方法。

(4)了解钢结构焊接工程质量通病及质量控制内容。

2. 能力目标

(1)能正确划分钢结构焊接分项工程检验批。

(2)能对钢结构焊接工程进行质量验收。

(3)能正确填写填充钢结构焊接工程检验批现场验收检查原始记录表、检验批质量验收记录表、分项工程质量验收记录表。

3. 素质目标

(1)培养质量意识。

(2)培养规范意识，讲原则、守规矩。

(3)培养严谨求实、专心细致的工作作风。

(4)培养节约意识。

(5)培养团结协作意识。

(6)培养吃苦耐劳的精神。

5.1.3　任务分析

1. 重点

(1)主控项目和一般项目质量验收。

(2)填写质量验收记录表。

2. 难点

(1)钢结构施工图识读。

(2)验收项目检测方法。

5.1.4 素质养成

(1)在主控项目、一般项目验收条文描述中，引导学生养成规范、规矩意识，具有质量第一的原则与立场。

(2)钢结构焊接不需要在钢材上打孔钻眼，既省工省时，又不会使材料的截面积受到减损，使材料得到充分利用，培养节约意识；钢结构焊接任何形状的构件都可直接连接，连接构造简单，传力路线短，适应面广，焊接连接的气密性和水密性都较好，结构刚性也较大，结构的整体性较好，培养结构安全意识。

(3)在质量验收、填写质量验收表格过程中，要专心细致、如实记录数据、准确评价验收结果，训练中养成分工合作、不怕苦不怕累的精神。

5.1.5 任务分组

填写学生任务分配表(表5.1.5)。

表 5.1.5　学生任务分配表

班级		组号		指导教师		
组长		学号				
组员	姓名		学号	姓名		学号
任务分工						

5.1.6 工作实施

任务工作单一

组号：_____　姓名：_____　学号：_____　编号：__5.1.6-1__

引导问题：

(1)简述钢结构焊接典型的施工工艺。

（2）规范中对钢结构焊接分项工程检验批划分如何规定？本工程项目钢结构焊接分项工程划分为多少个检验批？

任务工作单二

组号：＿＿＿＿＿＿　姓名：＿＿＿＿＿＿　学号：＿＿＿＿＿＿　编号：<u>5.1.6—2</u>

引导问题：

（1）简述本项目钢材种类及规格。

（2）简述本项目焊接材料选用的原则及规格。

（3）简述主要的焊缝检测工具及使用方法。

（4）简述钢结构焊接工程的主控项目验收内容、检查数量和检验方法。

（5）结合本项目图纸，请按照随机且有代表性的原则编写一个检验批的焊缝外观质量和焊缝外观尺寸偏差一般项目允许偏差实体检测方案（表5.1.6）。

表5.1.6　实体检测方案

序号	检测项目	检测部位	检验方法

任务工作单三

组号：＿＿＿＿＿＿　姓名：＿＿＿＿＿＿　学号：＿＿＿＿＿＿　编号：<u>5.1.6—3</u>

引导问题：

（1）填写钢结构焊接工程检验批现场验收检查原始记录有哪些应注意的事项？请按照检测方案模拟填写钢结构焊接工程检验批现场验收检查原始记录表。

质量验收记录表

（2）如何正确填写钢结构焊接工程检验批质量验收记录表？请按照钢结构焊接工程检验批现场验收检查原始记录填写钢结构焊接工程检验批质量验收记录表。

5.1.7 评价反馈

任务工作单一

组号：＿＿＿＿＿＿ 姓名：＿＿＿＿＿＿ 学号：＿＿＿＿＿＿ 编号： 5.1.7－1

个人自评表

班级		组名		日期	年 月 日
评价指标	评价内容			分数	分数评定
信息理解与运用	能有效利用工程案例资料查找有用的相关信息；能将查到的信息有效地传递到学习中			10	
感知课堂生活	是否熟悉各自的工作岗位，认同工作价值；在学习中是否能获得满足感，课堂氛围如何			10	
参与状态	与教师、同学之间是否相互理解与尊重；与教师、同学之间是否保持多向、丰富、适宜的信息交流			10	
	能处理好合作学习和独立思考的关系，做到有效学习；能提出有意义的问题或能发表个人见解			10	
知识、能力获得情况	掌握钢结构焊接典型的施工工艺			10	
	掌握钢结构焊接分项工程检验批划分规定			5	
	掌握钢结构焊接工程质量验收的主控项目和一般项目的验收内容、检查数量、检验方法			5	
	了解钢结构焊接工程质量通病及质量控制内容			5	
	能对钢结构焊接工程进行质量验收			10	
	能正确填写钢结构焊接工程检验批现场验收检查原始记录表、检验批质量验收记录表、分项工程质量验收记录表			10	
思维状态	是否能发现问题、提出问题、分析问题、解决问题			5	
自评反思	按时按质完成任务；较好地掌握了专业知识点；较强的信息分析能力和理解能力			10	
自评分数					
有益的经验和做法					
总结反思建议					

任务工作单二

组号：_____ 姓名：_____ 学号：_____ 编号：5.1.7—2

小组互评表

班级		被评组名		日期	年 月 日
评价指标	评价内容			分数	分数评定
信息理解 与运用	该组能否有效利用工程案例资料查找有用的相关信息			5	
	该组能否将查到的信息有效地传递到学习中			5	
感知课堂 生活	该组是否熟悉各自的工作岗位，认同工作价值			10	
	该组在学习中是否能获得满足感			5	
参与状态	该组与教师、同学之间是否相互理解与尊重			5	
	该组与教师、同学之间是否保持多向、丰富、适宜的信息交流			10	
	该组能否处理好合作学习和独立思考的关系，做到有效学习			5	
	该组能否提出有意义的问题或发表个人见解			5	
任务完成情况	能正确填写钢结构焊接工程检验批现场验收检查原始记录表			15	
	能正确填写钢结构焊接工程检验批质量验收记录表			15	
思维状态	该组是否能发现问题、提出问题、分析问题、解决问题			10	
自评反思	该组能严肃、认真地对待自评			10	
互评分数					
简要评述					

任务工作单三

组号：_____ 姓名：_____ 学号：_____ 编号：5.1.7—3

教师评价表

班级		组名		姓名		
出勤情况						
评价内容	评价要点	考查要点	分数	教师评定		
				结论	分数	
信息理解与运用	任务实施过程中资料查阅	是否查阅信息资料	10			
		正确运用信息资料				
任务完成情况	掌握了钢结构焊接典型的施工工艺	内容正确，错一处扣2分	10			
	掌握了钢结构焊接分项工程检验批划分规定	内容正确，错一处扣2分	10			
	掌握了钢结构焊接工程质量验收的主控项目和一般项目的验收内容、检查数量、检验方法	内容正确，错一处扣2分	10			

续表

班级		组名		姓名	
出勤情况					
评价内容	评价要点	考查要点	分数	教师评定	
				结论	分数
任务完成情况	了解钢结构焊接工程质量通病及质量控制内容	内容正确，错一处扣2分	10		
	能对钢结构焊接工程进行质量验收	内容正确，错一处扣2分	10		
	能正确填写钢结构焊接工程检验批现场验收检查原始记录表、检验批质量验收记录表、分项工程质量验收记录表	内容正确，错一处扣2分	10		
素质目标达成情况	出勤情况	缺勤1次扣2分	10		
	具有规范意识，讲原则、守规矩	根据情况，酌情扣分	5		
	具有严谨求实、专心细致的工作作风	根据情况，酌情扣分	5		
	具有团结协作意识	根据情况，酌情扣分	5		
	具有吃苦耐劳的精神	根据情况，酌情扣分	5		

5.1.8 相关知识点

5.1.8.1 钢结构焊接典型施工工艺

钢结构焊接典型施工工艺见表5.1.8.1。

相关知识点

表5.1.8.1 钢结构焊接典型的施工工艺

序号	工序	工艺技术要求
1	焊接区坡口打磨	焊接前必须将坡口位置打磨出金属光泽
2	安装引、熄弧板	引、熄弧板材料及接头与母材相同，其尺寸为手工焊、半自动50 mm×30 mm×t mm；自动焊150 mm×80 mm×t mm；焊后用气割割除，磨平割口
3	陶瓷衬垫	对于背面难以焊接区域，使用陶瓷衬垫代替钢衬条装在焊缝背面，焊接完成后取出陶瓷衬垫，背面焊缝外观成型美观
4	定位焊	定位点焊长度为40～60 mm，点焊之间的间距不得长于300～600 mm
5	气保焊焊接	使用气保焊焊接时，可以用自动焊接小车取代人工两边对称同时焊接
6	层间温度控制	整个焊接过程最低温度不得低于预热温度，最高温度不得高于220 ℃，使用测温仪检测
7	焊缝修补	焊接完成后对焊缝外观实行自检、互检和专检制度，对不合格焊缝进行修补打磨或返修

177

5.1.8.2 焊缝检测尺的使用

焊缝检测尺主要由主尺、滑尺、斜形尺三个零件组成，是焊工用来测量焊接件坡口角度和焊缝宽度、高度及焊接间隙的一种专用量具。焊缝检测尺主要由主尺、高度尺、咬边深度尺和多用尺等组成，如图5.1.8.2-1所示。

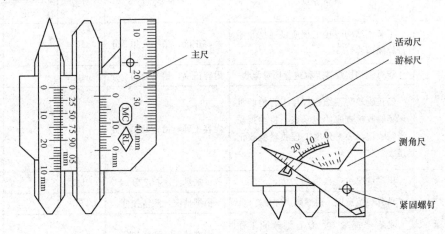

图 5.1.8.2-1　焊缝检测尺

检验方法：外观检查通常采用目视检查和焊缝检测尺检查。目视检查主要检查焊缝外观是否均匀一致，焊缝及其热影响区表面是否有夹渣、飞溅、外咬边、表面未熔合、夹具焊点、焊瘤等外观缺陷，要求每检验批抽查10点（处）；焊缝检测尺主要用于检查焊缝外观宽度、焊缝余高、焊缝表面是否低于母材、咬边深度、凹坑的深度等。

焊缝检测尺的主要作用及方法如下：

(1)作一般钢尺用，如图5.1.8.2-2所示。

(2)测量错边量。根据焊件所需要的坡口角度，用主尺紧靠管体，然后滑动高度尺与另外一管体，高度尺的示值即错边量。

(3)测量坡口角度。根据焊件所需要的坡口角度，用主尺与多用尺配合。看主尺工作面与多用尺工作面形成的角度，多用尺指示线所指示值为坡口角度。

(4)测量间隙尺寸。用多用尺插入两焊件之间，看多用尺上间隙尺所指值，即间隙值。

(5)测量组对坡口角度，如图5.1.8.2-3所示。

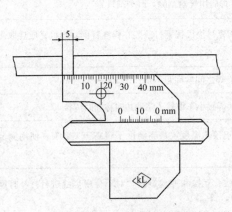

图 5.1.8.2-2　焊缝检测尺

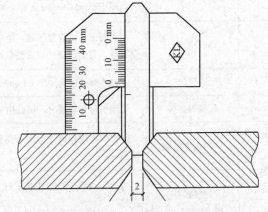

图 5.1.8.2-3　测量组对坡口角度

(6)测量垂直焊缝余高。首先把咬边深度尺对准零，并紧固螺钉，然后滑动高度尺与焊点接触，高度尺的示值即焊缝高度。

(7)测量角焊缝厚度。在45°时的焊点为角焊缝厚度。首先把主体的工作面与焊件靠紧，并滑动高度尺与焊点接触，高度尺所指示值即焊缝厚度。

(8)测量焊缝宽度。先用主体测量角靠紧焊缝的一边，然后旋转多用尺的测量角靠紧焊缝的另一边，多用尺上的指示值即焊缝宽度。

5.1.8.3 钢结构焊接工程检验批划分规定

(1)单层钢结构按变形缝划分。

(2)多层及高层钢结构按楼层或施工段划分。

(3)对于原材料及成品进场验收时，可以根据工程规模及进料实际情况合并或分解检验批。

5.1.8.4 钢结构焊接工程主控项目验收内容、检查数量和检验方法

(1)焊接材料与母材的匹配应符合设计文件的要求及现行国家标准的规定。焊接材料在使用前，应按其产品说明书及焊接工艺文件的规定进行烘焙和存放。

检查数量：全数检查。

检验方法：检查质量证明书和烘焙记录。

(2)持证焊工必须在其焊工合格证书规定的认可范围内施焊，严禁无证焊工施焊。

检查数量：全数检查。

检验方法：检查焊工合格证及其认可范围、有效期。

(3)施工单位应按现行国家标准《钢结构焊接规范》(GB 50661—2011)的规定进行焊接工艺评定，根据评定报告确定焊接工艺，编写焊接工艺规程并进行全过程质量控制。

检查数量：全数检查。

检验方法：检查焊接工艺评定报告，焊接工艺规程，焊接过程参数测定、记录。

(4)设计要求的一级、二级焊缝应进行内部缺陷的无损检测，一级、二级焊缝的质量等级和无损检测要求应符合表5.1.8.4的规定。

检查数量：全数检查。

检验方法：检查超声波或射线探伤记录。

表 5.1.8.4 一级、二级焊缝质量等级及无损检测要求

焊缝质量等级		一级	二级
内部缺陷超声波探伤	缺陷评定等级	Ⅰ	Ⅱ
	检验等级	B 级	B 级
	检测比例	100%	20%
内部缺陷射线探伤	缺陷评定等级	Ⅰ	Ⅱ
	检验等级	B 级	B 级
	检测比例	100%	20%
注：二级焊缝检测比例的计数方法应按以下原则确定：工厂制作焊缝按照焊缝长度计算百分比，且探伤长度不小于 200 mm；当焊缝长度小于 200 mm 时，应对整条焊缝探伤；现场安装焊缝应按照同一类型、同一施焊条件的焊缝条数计算百分比，且不应少于 3 条焊缝。			

(5)焊缝内部缺陷的无损检测应符合下列规定：

1)采用超声波检测时，超声波检测设备、工艺要求及缺陷评定等级应符合现行国家标准《钢结构焊接规范》(GB 50661—2011)的规定。

2)当不能采用超声波探伤或对超声波检测结果有疑义时，可采用射线检测验证，射线检测技术应符合现行国家标准《焊缝无损检测 射线检测 第1部分：X和伽玛射线的胶片技术》(GB/T 3323.1—2019)或《焊缝无损检测 射线检测 第2部分：使用数字化探测器的X和伽玛射线技术》(GB/T 3323.2—2019)的规定，缺陷评定等级应符合现行国家标准《钢结构焊接规范》(GB 50661—2011)的规定。

3)焊接球节点网架、螺栓球节点网架及圆管T、K、Y节点焊缝的超声波探伤方法及缺陷分级应符合现行国家和行业标准的有关规定。

检查数量：全数检查。

检验方法：检查超声波或射线探伤记录。

(6)T形接头、十字接头、角接接头等要求焊透的对接和角接组合焊缝(图5.1.8.4)，其加强焊脚尺寸 h_k 不应小于 $t/4$ 且不大于10 mm，其允许偏差为0～4 mm。

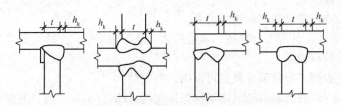

图5.1.8.4 对接和角接组合焊缝

检查数量：资料全数检查，同类焊缝抽查10%，且不应少于3条。

检验方法：观察检查，用焊缝量规抽查测量。

5.1.8.5 钢结构焊接工程一般项目验收内容、检查数量和检验方法

(1)焊缝外观质量应符合《钢结构工程施工质量验收标准》(GB 50205—2020)表5.2.7-1和表5.2.7-2的规定。

检查数量：承受静荷载的二级焊缝每批同类构件抽查10%，承受静荷载的一级焊缝和承受动荷载的焊缝每批同类构件抽查15%，且不应少于3件：被抽查构件中，每一类型焊缝应按条数抽查5%。且不应少于1条；每条应抽查1处，总抽查数不应少于10处。

检验方法：观察检查或使用放大镜、焊缝量规和钢尺检查，当有疲劳验算要求时，采用渗透或磁粉探伤检查。

(2)焊缝外观尺寸要求应符合《钢结构工程施工质量验收标准》(GB 50205—2020)表5.2.8-1和表5.2.8-2的规定。

检查数量：承受静荷载的二级焊缝每批同类构件抽查10%，承受静荷载的一级焊缝和承受动荷载的焊缝每批同类构件抽查15%，且不应少于3件；被抽查构件中，每种焊缝应按条数各抽查5%，但不应少于1条；每条应抽查1处，总抽查数不应少于10处。

检验方法：用焊缝量规检查。

(3)对于需要进行预热或后热的焊缝，其预热温度或后热温度应符合现行国家标准的规定或通过焊接工艺评定确定。

检查数量：全数检查。

检验方法：检查预热或后热施工记录和焊接工艺评定报告。

5.1.9 项目拓展

项目拓展

任务二 紧固件连接工程质量验收与资料管理

5.2.1 任务描述

根据×××学院教学楼与学生公寓楼钢结构施工图、钢结构深化图、专项施工方案、安全功能试验检验报告以及《钢结构工程施工质量验收标准》(GB 50205—2020)中关于紧固件连接工程质量验收的规定,完成以下工作任务:

任务描述

(1)划分紧固件连接分项工程检验批。

(2)对钢结构紧固件连接工程主控项目进行质量检查。

(3)使用检测工具对高强度螺栓连接工程一般项目进行检验。

(4)利用建筑工程资料管理软件填写钢结构紧固件连接工程检验批现场验收检查原始记录、检验批质量验收记录、分项工程质量验收记录。

5.2.2 学习目标

1. 知识目标

(1)掌握钢结构高强度螺栓连接典型的施工工艺。

(2)掌握钢结构紧固件连接分项工程检验批划分规定。

(3)掌握钢结构紧固件连接工程质量验收的主控项目和一般项目的验收内容、检查数量、检验方法。

(4)了解钢结构紧固件连接工程质量通病及质量控制内容。

2. 能力目标

(1)能正确划分钢结构紧固件连接分项工程检验批。

(2)能对钢结构紧固件连接工程进行质量验收。

(3)能正确填写填充钢结构紧固件连接工程检验批现场验收检查原始记录表、检验批质量验收记录表、分项工程质量验收记录表。

3. 素质目标

(1)培养质量意识。

(2)培养规范意识,讲原则、守规矩。

(3)培养严谨求实、专心细致的工作作风。

(4)培养节能环保意识。

(5)培养团结协作意识。

(6)培养吃苦耐劳的精神。

5.2.3 任务分析

1. 重点

(1)主控项目和一般项目质量验收。

(2)填写质量验收记录表。

2. 难点

(1)钢结构螺栓连接节点图识读。

(2)验收项目检测方法。

5.2.4 素质养成

(1)在主控项目、一般项目验收条文描述中,引导学生养成规范、规矩意识,具有质量第一的原则与立场。

(2)钢结构焊接不可避免地会在现场产生相应的光污染和气体污染,而紧固件连接中的螺栓连接过程则不会有这方面的困扰。我国正在实施"双碳"战略,目标是在2030年实现碳达峰,2060年实现碳中和。对建筑业来说,施工阶段的碳排放是一个关键的节点。当采用螺栓连接后,焊接工作都可以转入构件工厂,通过技术手段来减低碳排放量,培养低碳环保意识;现场焊接属于隐蔽工程,其质量受各方面因素的影响很大,如环境温度、焊接位置、焊接水平等,所以,对于要求较高的焊缝需要进行相应的质量检查才能保证其连接的强度。而螺栓连接的技术指标比较简单,且有专门的工具和措施能保证其连接的可靠性,螺栓的质量更加稳定,培养施工安全意识。

(3)在质量验收、填写质量验收表格过程中,要专心细致、如实记录数据、准确评价验收结果,训练中养成分工合作、不怕苦不怕累的精神。

5.2.5 任务分组

填写学生任务分配表(表5.2.5)。

表5.2.5 学生任务分配表

班级		组号		指导教师	
组长		学号			
组员	姓名	学号		姓名	学号
任务分工					

5.2.6 工作实施

任务工作单一

组号：_____ 姓名：_____ 学号：_____ 编号：__5.2.6-1__

引导问题：

(1)简述钢结构高强度螺栓连接典型的施工工艺。

(2)规范中对钢结构紧固件连接分项工程检验批划分如何规定？本工程项目钢结构紧固件连接分项工程划分为多少个检验批？

任务工作单二

组号：_____ 姓名：_____ 学号：_____ 编号：__5.2.6-2__

引导问题：

(1)简述本项目钢结构紧固件连接的方式。

(2)简述本项目采用的普通螺栓等级。

(3)简述本项目采用的高强度螺栓等级、种类和连接方式。

(4)简述钢结构紧固件连接工程的主控项目验收内容、检查数量和检验方法。

(5)结合本项目图纸，请按照随机且有代表性的原则编写高强度螺栓连接检验批的一般项目实体检测方案(表5.2.6)。

表5.2.6 实体检测方案

序号	检测项目	检测部位	检验方法

任务工作单三

组号：_____ 姓名：_____ 学号：_____ 编号： 5.2.6－3

引导问题：

(1)填写钢结构紧固件连接工程检验批现场验收检查原始记录有哪些应注意的事项？请按照检测方案模拟填写钢结构紧固件连接工程检验批现场验收检查原始记录表。

质量验收记录表

(2)如何正确填写钢结构紧固件连接工程检验批质量验收记录表？请按照钢结构紧固件连接工程检验批现场验收检查原始记录填写填充墙砌体工程检验批质量验收记录表。

5.2.7 评价反馈

任务工作单一

组号：_____ 姓名：_____ 学号：_____ 编号： 5.2.7－1

个人自评表

班级		组名		日期	年 月 日
评价指标	评价内容			分数	分数评定
信息理解与运用	能有效利用工程案例资料查找有用的相关信息；能将查到的信息有效地传递到学习中			10	
感知课堂生活	是否熟悉各自的工作岗位，认同工作价值；在学习中是否能获得满足感，课堂氛围如何			10	
参与状态	与教师、同学之间是否相互理解与尊重；与教师、同学之间是否保持多向、丰富、适宜的信息交流			10	
	能处理好合作学习和独立思考的关系，做到有效学习；能提出有意义的问题或能发表个人见解			10	
知识、能力获得情况	掌握钢结构高强度螺栓连接典型的施工工艺			10	
	掌握钢结构紧固件连接分项工程检验批划分规定			5	
	掌握钢结构紧固件连接工程质量验收的主控项目和一般项目的验收内容、检查数量、检验方法			5	
	了解钢结构紧固件连接工程质量控制内容			5	
	能对钢结构紧固件连接工程进行质量验收			10	
	能正确填写钢结构紧固件连接工程检验批现场验收检查原始记录表、检验批质量验收记录表、分项工程质量验收记录表			10	
思维状态	是否能发现问题、提出问题、分析问题、解决问题			5	

班级		组名		日期	年 月 日
评价指标	评价内容			分数	分数评定
自评反思	按时按质完成任务；较好地掌握了专业知识点；较强的信息分析能力和理解能力			10	
自评分数					
有益的经验和做法					
总结反思建议					

任务工作单二

组号：＿＿＿＿＿＿ 姓名：＿＿＿＿＿＿ 学号：＿＿＿＿＿＿ 编号：<u>5.2.7—2</u>

小组互评表

班级		被评组名		日期	年 月 日
评价指标	评价内容			分数	分数评定
信息理解与运用	该组能否有效利用工程案例资料查找有用的相关信息			5	
	该组能否将查到的信息有效地传递到学习中			5	
感知课堂生活	该组是否熟悉各自的工作岗位，认同工作价值			10	
	该组在学习中是否能获得满足感			5	
参与状态	该组与教师、同学之间是否相互理解与尊重			5	
	该组与教师、同学之间是否保持多向、丰富、适宜的信息交流			10	
	该组能否处理好合作学习和独立思考的关系，做到有效学习			5	
	该组能否提出有意义的问题或发表个人见解			5	
任务完成情况	能正确填写钢结构紧固件连接工程检验批现场验收检查原始记录表			15	
	能正确填写钢结构紧固件连接工程检验批质量验收记录表			15	
思维状态	该组是否能发现问题、提出问题、分析问题、解决问题			10	
自评反思	该组能严肃、认真地对待自评			10	
互评分数					
简要评述					

任务工作单三

组号：_____ 姓名：_____ 学号：_____ 编号：5.2.7－3

教师评价表

班级		组名		姓名	
出勤情况					
评价内容	评价要点	考查要点	分数	教师评定	
				结论	分数
信息理解与运用	任务实施过程中资料查阅	是否查阅信息资料	10		
		正确运用信息资料			
任务完成情况	掌握了钢结构高强度螺栓连接典型的施工工艺	内容正确，错一处扣2分	10		
	掌握了钢结构紧固件连接分项工程检验批划分规定	内容正确，错一处扣2分	10		
	掌握了钢结构紧固件连接工程质量验收的主控项目和一般项目的验收内容、检查数量、检验方法	内容正确，错一处扣2分	10		
	了解钢结构紧固件连接工程质量控制内容	内容正确，错一处扣2分	10		
	能对钢结构紧固件连接工程进行质量验收	内容正确，错一处扣2分	10		
	能正确填写钢结构紧固件连接工程检验批现场验收检查原始记录表、检验批质量验收记录表、分项工程质量验收记录表	内容正确，错一处扣2分	10		
素质目标达成情况	出勤情况	缺勤1次扣2分	10		
	具有规范意识，讲原则、守规矩	根据情况，酌情扣分	5		
	具有严谨求实、专心细致的工作作风	根据情况，酌情扣分	5		
	具有团结协作意识	根据情况，酌情扣分	5		
	具有吃苦耐劳的精神	根据情况，酌情扣分	5		

5.2.8 相关知识点

5.2.8.1 钢结构高强度螺栓连接典型的施工工艺

高强度螺栓施工前，进行高强度螺栓紧固轴力试验和抗滑移摩擦面试验。高强度螺栓施工使用机具包括电动测力扳手、电动铰刀、钢刷、扁铲、过镗冲、撬棍等。钢结构高强度螺栓典型的施工工艺见表5.2.8.1。

相关知识点

表 5.2.8.1　钢结构高强度螺栓典型的施工工艺

施工步骤	施工内容	图示	技术要求
1	清理构件摩擦面		构件吊装前清理摩擦面，保证摩擦面无浮锈、油污
2	钢梁吊装就位后采用安装螺栓临时固定		不得使杂物进入连接面，安装螺栓数量不得少于本节点螺栓数的 30%，且不少于 2 颗
3	用高强度螺栓更换安装螺栓并进行初拧		高强度螺栓的初拧，从螺栓群中部开始安装，向四周逐个拧紧
4	高强度螺栓终拧		初拧后 24 h 内完成终拧。终拧顺序同初拧，螺栓终拧以拧掉尾部为合格，同时要保证有 2～3 扣以上的余丝露在螺母外

施工步骤	施工内容	图示	技术要求
5	连接面油漆补涂		高强度螺栓施工完成并检查合格后立即进行

5.2.8.2　高强度螺栓保管及要求

高强度螺栓保管及要求见表 5.2.8.2。

表 5.2.8.2　高强度螺栓保管及要求

序号	高强度螺栓保管及要求
1	高强度螺栓连接副由制造厂按批配套供应，每个包装箱内都必须配套装有螺栓、螺母及垫圈，包装箱能满足储运的要求，并具备防水、密封的功能。包装箱内带有产品合格证和质量保证书；包装箱外表面注明批号、规格及数量
2	在运输、保管及使用过程中轻装轻卸，防止损伤螺纹，螺纹损伤严重或雨淋过的螺栓不得使用
3	螺栓连接副须成箱在室内仓库保管，地面有防潮措施，并按批号、规格分类堆放，保管使用中不得混批。高强度螺栓连接副包装箱码放底层架空，距地面高度大于 300 mm
4	使用前尽可能不要开箱，以免破坏包装的密封性。开箱取出部分螺栓后原封包装好，以免沾染灰尘和锈蚀
5	高强度螺栓连接副在安装使用时，工地按当天计划使用的规格和数量领取，当天安装剩余的也应妥善保管，有条件的送回仓库保管
6	在安装过程中，要注意保护螺栓，不得沾染泥沙等脏物和碰伤螺纹。使用过程中如发现异常情况，必须立即停止施工，经检查确认无误后再行施工
7	高强度螺栓连接副的保管时间不得超过 6 个月。保管周期超过 6 个月时，若再次使用须按要求进行紧固轴力试验，检验合格后方可使用

5.2.8.3　钢结构紧固件连接工程检验批划分规定

(1)单层钢结构按变形缝划分；

(2)多层及高层钢结构按楼层或施工段划分；

(3)对原材料及成品进场验收时，可以根据工程规模及进料实际情况合并或分解检验批。

5.2.8.4　扭矩扳手的使用

扭矩扳手的使用要点：首先设定好一个需要的扭矩值上限，当施加的扭矩达到设定值时，扳手会发出"咔嗒"声响，这就代表已经紧固不能再加力了。

(1)计算需要的扭矩值，以高强度螺栓为例：终拧扭矩值＝扭矩系数×预拉力值标准值×螺栓公称直径。

(2)设定好一个需要检查的扭矩值。

(3)设定扭矩后，将套筒插入方形驱动头。

(4)通过调整卡子的位置来调节顺/逆时针旋转方向。

(5)将套筒套在螺栓头部或螺母上。

(6)在扭紧时螺栓和螺母可能会同时转动，需要用一个扳手卡紧螺栓，之后顺时针转动扭矩扳手对螺母进行紧固(扭矩很大时，可外加接长套杆以便操作省力)。

(7)在使用过程中，按照国家标准仪器操作规范，其垂直度偏差左右不应超过 10°。其水平方向上下偏差不应超过 3°，操作人员在使用过程中应保证其上下左右施力范围均不超过 15°。

(8)听到"咔嗒"声后，紧固结束，然后应及时解除作用力。

(9)扳手是测量工具，应轻拿轻放，不能代替榔头敲打，如长期不使用，调节标尺刻线退至扭矩最小数值处，有利于保证扭矩的精度。最后存放于干燥处。

5.2.8.5 普通紧固件连接工程的主控项目验收内容、检查数量和检验方法

(1)普通螺栓作为永久性连接螺栓时，当设计有要求或对其质量有疑义时，应进行螺栓实物最小拉力载荷复验，试验方法可按《钢结构工程施工质量验收标准》(GB 50205—2020)附录 B 执行，其结果应符合现行国家标准《紧固件机械性能 螺栓、螺钉和螺柱》(GB/T 3098.1—2010)的规定。

检查数量：每一规格螺栓应抽查 8 个。

检验方法：检查螺栓实物复验报告。

(2)连接薄钢板采用的自攻钉、拉铆钉、射钉等规格尺寸应与被连接钢板相匹配，并满足设计要求，其间距、边距等应满足设计要求。

检查数量：应按连接节点数抽查 1%，且不应少于 3 个。

检验方法：观察和尺量检查。

5.2.8.6 普通紧固件连接工程的一般项目验收内容、检查数量和检验方法

(1)永久性普通螺栓紧固应牢固、可靠，外露丝扣不应少于 2 扣。

检查数量：应按连接节点数抽查 10%，且不应少于 3 个。

检验方法：观察和用小锤敲击检查。

(2)自攻螺钉、拉铆钉、射钉等与连接钢板应紧固密贴，外观排列整齐。

检查数量：按连接节点数抽查 10%，且不应少于 3 个。

检验方法：观察或用小锤敲击检查。

5.2.8.7 高强度螺栓连接工程的主控项目验收内容、检查数量和检验方法

(1)钢结构制作和安装单位应分别进行高强度螺栓连接摩擦面(含涂层摩擦面)的抗滑移系数试验和复验，现场处理的构件摩擦面应单独进行摩擦面抗滑移系数试验，其结果应满足设计要求。

检查数量：按《钢结构工程施工质量验收标准》(GB 50205—2020)附录 B 执行。

检验方法：检查摩擦面抗滑移系数试验报告及复验报告。

(2)涂层摩擦面钢材表面处理应达到 Sa2 ½，涂层最小厚度应满足设计要求。

检查数量：按《钢结构工程施工质量验收标准》(GB 50205—2020)附录 B 执行。

检验方法：检查除锈记录和抗滑移系数试验报告。

(3)高强度螺栓连接副应在终拧完成 1 h 后、48 h 内进行终拧质量检查，检查结果应符合

《钢结构工程施工质量验收标准》(GB 50205—2020)附录 B 的规定。

检查数量：按节点数抽查 10%，且不少于 10 个，每个被抽查到的节点，按螺栓数抽查 10%，且不少于 2 个。

检验方法：按《钢结构工程施工质量验收标准》(GB 50205—2020)附录 B 执行。

(4)对于扭剪型高强度螺栓连接副，除因构造原因无法使用专用扳手拧掉梅花头者外，螺栓尾部梅花头拧断为终拧结束。未在终拧中拧掉梅花头的螺栓数不应大于该节点螺栓数的 5%，对所有梅花头未拧掉的扭剪型高强度螺栓连接副应采用扭矩法或转角法进行终拧并做标记，且按《钢结构工程施工质量验收标准》(GB 50205—2020)第 6.3.3 条的规定进行终拧质量检查。

检查数量：按节点数抽查 10%，且不应小于 10 个节点，被抽查节点中梅花头未拧掉的扭剪型高强度螺栓连接副全数进行终拧扭矩检查。

检验方法：观察检查及按《钢结构工程施工质量验收标准》(GB 50205—2020)附录 B 执行。

5.2.8.8　高强度螺栓连接工程的一般项目验收内容、检查数量和检验方法

(1)高强度螺栓连接副的施拧顺序和初拧、终拧扭矩应满足设计要求并应符合现行行业标准《钢结构高强度螺栓连接技术规程》(JGJ 82—2011)的规定。

检查数量：全数检查。

检验方法：检查扭矩扳手标定记录和螺栓施工记录。

(2)高强度螺栓连接副终拧后，螺栓丝扣外露应为 2～3 扣，其中允许有 10% 的螺栓丝扣外露 1 扣或 4 扣。

检查数量：按节点数抽查 5%，且不应小于 10 个。

检验方法：观察检查。

(3)高强度螺栓连接摩擦面应保持干燥、整洁，不应有飞边、毛刺、焊接飞溅物、焊疤、氧化薄钢板、污垢等，除设计要求外摩擦面不应涂漆。

检查数量：全数检查。

检验方法：观察检查。

(4)高强度螺栓应能自由穿入螺栓孔，当不能自由穿入时，应用铰刀修正。修孔数量不应超过该节点螺栓数量的 25%，扩孔后的孔径不应超过 1.2d(d 为螺栓直径)。

检查数量：被扩螺栓孔全数检查。

检验方法：观察检查及用卡尺检查。

5.2.9　项目拓展

项目拓展

5.3.1　任务描述

根据×××学院教学楼与学生公寓楼钢结构施工图、钢结构深化图、专项施工方案、安全功能试验检验报告以及《钢结构工程施工质量验收标准》(GB 50205—2020)中关于单层、多高层钢结构安装工程质量验收内容，完成以下工作任务：

(1)划分单层、多高层钢结构安装分项工程检验批；

(2)对单层、多高层钢结构安装工程主控项目进行质量检查；

(3)利用建筑工程资料管理软件填写单层、多高层钢结构安装工程检验批现场验收检查原始记录、检验批质量验收记录、分项工程质量验收记录。

任务描述

5.3.2　学习目标

1. 知识目标

(1)掌握单层、多高层钢结构安装典型的施工工艺。

(2)掌握单层、多高层钢结构安装分项工程检验批划分规定。

(3)掌握单层、多高层钢结构安装工程质量验收的主控项目和一般项目的验收内容、检查数量、检验方法。

(4)了解单层、多高层钢结构安装工程质量通病及质量控制内容。

2. 能力目标

(1)能正确划分单层、多高层钢结构安装分项工程检验批。

(2)能对单层、多高层钢结构安装工程进行质量验收。

(3)能正确填写单层、多高层钢结构安装工程检验批现场验收检查原始记录表、检验批质量验收记录表、分项工程质量验收记录表。

3. 素质目标

(1)培养质量意识。

(2)培养规范意识，讲原则、守规矩。

(3)培养严谨求实、专心细致的工作作风。

(4)培养安全意识。

(5)培养团结协作意识。

(6)培养吃苦耐劳的精神。

5.3.3　任务分析

1. 重点

(1)主控项目和一般项目质量验收。

(2)填写质量验收记录表。

2. 难点

(1)钢结构安装图纸识读。

(2)验收项目检测方法。

5.3.4　素质养成

(1)在主控项目、一般项目验收条文描述中，引导学生养成规范、规矩意识，具有质量第一的原则与立场。

(2)钢结构工程以其施工速度快、周期短、强度高、便于预制、安装、适用于高层大跨度等的优越性已在工程领域广泛应用。而我国大量采用钢筋混凝土结构和预应力混凝土结构，现场工程技术人员比较缺乏钢结构工程的施工经验，钢结构工程的施工质量直接关系到人民群众的生命和财产安全。因此，加强钢结构工程施工质量控制，具有很重要的现实意义和必要性。通过本章学习，培养学生的质量安全意识。

(3)在质量验收、填写质量验收表格过程中，要专心细致、如实记录数据、准确评价验收结果，训练中养成分工合作、不怕苦不怕累的精神。

5.3.5　任务分组

填写学生任务分配表(表5.3.5)。

表 5.3.5　学生任务分配表

班级		组号		指导教师	
组长		学号			
组员	姓名	学号		姓名	学号
任务分工					

5.3.6　工作实施

任务工作单一

组号：＿＿＿＿＿　姓名：＿＿＿＿＿　学号：＿＿＿＿＿　编号：　5.3.6－1

引导问题：

(1)简述多层钢结构安装典型的施工工艺。

(2)规范中对单层、多高层钢结构安装分项工程检验批划分如何规定？本工程项目多高层钢结构安装分项工程划分为多少个检验批？

任务工作单二

组号：_____　姓名：_____　学号：_____　编号：5.3.6—2

引导问题：

(1)简述钢柱地脚安装典型工艺。

(2)简述钢柱安装典型工艺。

(3)简述钢梁安装典型工艺。

(4)简述单层、多高层钢结构安装工程的主控项目验收内容、检查数量和检验方法。

(5)结合本项目图纸，请按照随机且有代表性的原则编写钢柱、钢梁检验批的一般项目实体检测方案(表5.3.6-1和表5.3.6-2)。

表 5.3.6-1　钢柱实体检测方案

序号	检测项目	检测部位	检验方法

表 5.3.6-2　钢梁实体检测方案

序号	检测项目	检测部位	检验方法

任务工作单三

组号：_____ 姓名：_____ 学号：_____ 编号：<u>5.3.6－3</u>

引导问题：

（1）填写单层、多高层钢结构安装工程检验批现场验收检查原始记录有哪些应注意的事项？请按照检测方案模拟填写单层、多高层钢结构安装工程检验批现场验收检查原始记录表。

质量验收记录表

（2）如何正确填写单层、多高层钢结构安装工程检验批质量验收记录表？请按照单层、多高层钢结构安装工程检验批现场验收检查原始记录填写单层、多高层钢结构安装工程检验批质量验收记录表。

5.3.7 评价反馈

任务工作单一

组号：_____ 姓名：_____ 学号：_____ 编号：<u>5.3.7－1</u>

个人自评表

班级		组名		日期	年 月 日
评价指标	评价内容			分数	分数评定
信息理解与运用	能有效利用工程案例资料查找有用的相关信息；能将查到的信息有效地传递到学习中			10	
感知课堂生活	是否熟悉各自的工作岗位，认同工作价值；在学习中是否能获得满足感，课堂氛围如何			10	
参与状态	与教师、同学之间是否相互理解与尊重；与教师、同学之间是否保持多向、丰富、适宜的信息交流			10	
	能处理好合作学习和独立思考的关系，做到有效学习；能提出有意义的问题或能发表个人见解			10	
知识、能力获得情况	掌握单层、多高层钢结构安装典型的施工工艺			10	
	掌握单层、多高层钢结构安装分项工程检验批划分规定			5	
	掌握单层、多高层钢结构安装工程质量验收的主控项目和一般项目的验收内容、检查数量、检验方法			5	
	了解单层、多高层钢结构安装工程质量通病及质量控制内容			5	
	能对单层、多高层钢结构安装工程进行质量验收			10	
	能正确填写单层、多高层钢结构安装工程检验批现场验收检查原始记录表、检验批质量验收记录表、分项工程质量验收记录表			10	
思维状态	是否能发现问题、提出问题、分析问题、解决问题			5	

班级		组名		日期	年 月 日
评价指标	评价内容			分数	分数评定
自评反思	按时按质完成任务；较好地掌握了专业知识点；较强的信息分析能力和理解能力			10	
自评分数					
有益的经验和做法					
总结反思建议					

任务工作单二

组号：_____ 姓名：_____ 学号：_____ 编号：5.3.7－2

小组互评表

班级		被评组名		日期	年 月 日
评价指标	评价内容			分数	分数评定
信息理解与运用	该组能否有效利用工程案例资料查找有用的相关信息			5	
	该组能否将查到的信息有效地传递到学习中			5	
感知课堂生活	该组是否熟悉各自的工作岗位，认同工作价值			10	
	该组在学习中是否能获得满足感			5	
参与状态	该组与教师、同学之间是否相互理解与尊重			5	
	该组与教师、同学之间是否保持多向、丰富、适宜的信息交流			10	
	该组能否处理好合作学习和独立思考的关系，做到有效学习			5	
	该组能否提出有意义的问题或发表个人见解			5	
任务完成情况	能正确填写单层、多高层钢结构安装工程检验批现场验收检查原始记录表			15	
	能正确填写单层、多高层钢结构安装工程检验批质量验收记录表			15	
思维状态	该组是否能发现问题、提出问题、分析问题、解决问题			10	
自评反思	该组能严肃、认真地对待自评			10	
互评分数					
简要评述					

任务工作单三

组号：_____ 姓名：_____ 学号：_____ 编号：__5.3.7－3__

教师评价表

班级		组名		姓名	
出勤情况					
评价内容	评价要点	考查要点	分数	教师评定	
				结论	分数
信息理解与运用	任务实施过程中资料查阅	是否查阅信息资料	10		
		正确运用信息资料			
任务完成情况	掌握了单层、多高层钢结构安装典型的施工工艺	内容正确，错一处扣2分	10		
	掌握了单层、多高层钢结构安装分项工程检验批划分规定	内容正确，错一处扣2分	10		
	掌握了单层、多高层钢结构安装工程质量验收的主控项目和一般项目的验收内容、检查数量、检验方法	内容正确，错一处扣2分	10		
	了解单层、多高层钢结构安装工程质量通病及质量控制内容	内容正确，错一处扣2分	10		
	能对单层、多高层钢结构安装工程进行质量验收	内容正确，错一处扣2分	10		
	能正确填写单层、多高层钢结构安装工程检验批现场验收检查原始记录表、检验批质量验收记录表、分项工程质量验收记录表	内容正确，错一处扣2分	10		
素质目标达成情况	出勤情况	缺勤1次扣2分	10		
	具有规范意识，讲原则、守规矩	根据情况，酌情扣分	5		
	具有严谨求实、专心细致的工作作风	根据情况，酌情扣分	5		
	具有团结协作意识	根据情况，酌情扣分	5		
	具有吃苦耐劳的精神	根据情况，酌情扣分	5		

5.3.8 相关知识点

5.3.8.1 地脚螺栓安装典型的施工工艺

（1）施工前准备，见表5.3.8.1。

相关知识点

表 5.3.8.1　地脚螺栓施工前准备

序号	具体内容
1	地脚螺栓进场验收,资料需齐全:原材料质量说明书、试验报告、出场合格证等
2	地脚螺栓、定位环板复核,材质、长度必须符合图纸要求
3	准备施工测量用具,如全站仪、水准仪、钢尺和水平尺、粉线、记号笔等,施工测量用具、计量器具必须经国家计量单位检定校准合格并在有效期内方可使用
4	焊接设备、配电箱等性能良好,安全、可靠,清渣打磨工具、安装工具准备齐全

(2)测量放线。根据施工图纸要求,结合土建施工流程,从现场已经布设好的轴线、标高控制线测设每一组地脚螺栓的轴线定位板和至少两个标高控制点,并在承台底板上做好标记。

(3)地脚螺栓固定措施。地脚螺栓是型钢柱与基础刚性连接的节点措施,地脚螺栓的安装质量直接影响着钢柱的安装质量。地脚螺栓固定采用 φ20 螺纹钢筋支架定位,即柱脚预埋螺栓将柱脚各个地脚螺栓连接起来,然后现场固定安装时在每个螺栓上用两根钢筋支撑固定在底板钢筋上。

5.3.8.2　钢柱安装典型施工工艺

首先在上一节钢柱顶部安装操作平台,安装人员就位→钢柱起吊(起吊时起钩、旋转、移动三个动作交替缓慢进行。底部用另一台塔式起重机辅助起吊。起吊过程中用两根缆风绳牵引保持钢柱平稳)→钢柱吊装及就位(钢柱起吊平稳,匀速移动,就位时缓慢下落)→临时固定(将上柱柱底中心线与下柱柱顶中心线精确对位。通过临时耳板和连接板连接,用安装螺栓固定)→标高调整(通过千斤顶与节点板间隙中打入的钢楔进行钢柱标高调整)→扭转调整(在上节柱和下节柱的耳板的不同侧面夹入一定厚度的垫板,微微夹紧连接板,进行钢柱扭转的调整)→垂直度调整(通过千斤顶上下调节使全站仪所控制点位与柱顶选定点位重合之后,拧紧上下柱临时接头的安装螺栓)→钢柱的焊接(钢柱校正完成后拧紧上下柱临时接头的安装螺栓,然后进行钢管柱焊接,焊接完成后将连接耳板割除)。

5.3.8.3　钢梁安装典型施工工艺

固定安全扶手绳→清理钢梁摩擦面,并配备安装螺栓→挂钩,采用一钩多吊方式起吊→穿入安装螺栓临时固定→用高强度螺栓替换安装螺栓,终拧高强度螺栓并补涂连接板油漆。

5.3.8.4　单层、多高层钢结构安装工程检验批划分规定

钢结构安装工程可按变形缝或空间稳定单元等划分成一个或若干个检验批,也可按楼层或施工段等划分为一个或若干个检验批。地下钢结构可按不同地下层划分检验批。

5.3.8.5　基础和地脚螺栓(锚栓)主控项目验收内容、检查数量和检验方法

(1)建筑物定位轴线、基础上柱的定位轴线和标高应满足设计要求。当设计无要求时应符合《钢结构工程施工质量验收标准》(GB 50205—2020)表 10.2.1 的规定。

检查数量:全数检查。

检验方法:用经纬仪、水准仪、全站仪和钢尺现场实测。

(2)基础顶面直接作为柱的支承面或以基础顶面预埋钢板或支座作为柱的支承面时,其支承面、地脚螺栓(锚栓)位置的允许偏差应符合《钢结构工程施工质量验收标准》(GB 50205—2020)表 10.2.2 的规定。

检查数量：按柱基数抽查10%，且不应少于3个。

检验方法：用经纬仪、水准仪、全站仪、水平尺和钢尺实测。

(3)采用座浆垫板时，座浆垫板的允许偏差应符合《钢结构工程施工质量验收标准》(GB 50205—2020)表10.2.3的规定。

检查数量：按柱基数抽查10%，且不应少于3个。

检验方法：用水准仪、全站仪、水平尺和钢尺现场实测。

(4)采用插入式或埋入式柱脚时，杯口尺寸的允许偏差应符合《钢结构工程施工质量验收标准》(GB 50205—2020)表10.2.4的规定。

检查数量：按基础数抽查10%，且不应少于3处。

检验方法：观察及尺量检查。

5.3.8.6 基础和地脚螺栓(锚栓)的一般项目验收内容、检查数量和检验方法

(1)地脚螺栓(锚栓)规格、位置及紧固应满足设计要求，地脚螺栓(锚栓)的螺纹应有保护措施。

检查数量：全数检查。

检验方法：现场观察。

(2)地脚螺栓(锚栓)尺寸的偏差应符合《钢结构工程施工质量验收标准》(GB 50205—2020)表10.2.6的规定。

检查数量：按基础数抽查10%，且不应少于3处。

检验方法：用钢尺现场实测。

5.3.8.7 钢柱安装的主控项目验收内容、检查数量和检验方法

(1)钢柱几何尺寸应满足设计要求并应符合《钢结构工程施工质量验收标准》(GB 50205—2020)的规定。运输、堆放和吊装等造成的钢构件变形及涂层脱落，应进行矫正和修补。

检查数量：按钢柱数抽查10%，且不应少于3个。

检验方法：用拉线、钢尺现场实测或观察。

(2)设计要求顶紧的构件或节点、钢柱现场拼接接头接触面不应少于70%密贴，且边缘最大间隙不应大于0.8 mm。

检查数量：按节点或接头数抽查10%，且不应少于3个。

检验方法：用钢尺及0.3 mm和0.8 mm厚的塞尺现场实测。

5.3.8.8 钢柱安装的一般项目验收内容、检查数量和检验方法

(1)钢柱等主要构件的中心线及标高基准点等标记应齐全。

检查数量：按同类构件或钢柱数抽查10%，且不应少于3件。

检验方法：观察检查。

(2)钢柱安装的允许偏差应符合《钢结构工程施工质量验收标准》(GB 50205—2020)表10.3.4的规定。

检查数量：按钢柱数抽查10%，且不应少于3件。

检验方法：应符合《钢结构工程施工质量验收标准》(GB 50205—2020)表10.3.4的规定。

(3)柱的工地拼接接头焊缝组间隙的允许偏差应符合《钢结构工程施工质量验收标准》(GB 50205—2020)表10.3.5的规定。

检查数量：按同类节点数抽查10%，且不应少于3个。

检验方法：钢尺检查。

(4)钢柱表面应干净，结构主要表面不应有疤痕、泥沙等污垢。

检查数量：按同类构件数抽查10%，且不应少于3件。

检验方法：观察检查。

5.3.8.9　钢屋(托)架、钢梁(桁架)安装的主控项目验收内容、检查数量和检验方法

(1)钢屋(托)架、钢梁(桁架)的几何尺寸偏差和变形应满足设计要求并符合《钢结构工程施工质量验收标准》(GB 50205—2020)的规定。运输、堆放和吊装等造成的钢构件变形及涂层脱落，应进行矫正和修补。

检查数量：按钢梁数抽查10%，且不应少于3个。

检验方法：用拉线、钢尺现场实测或观察。

(2)钢屋(托)架、钢桁架、钢梁、次梁的垂直度和侧向弯曲矢高的允许偏差应符合《钢结构工程施工质量验收标准》(GB 50205—2020)表10.4.2的规定。

检查数量：按同类构件数抽查10%，且不应少于3个。

检验方法：用吊线、拉线、经纬仪和钢尺现场实测。

5.3.8.10　钢屋(托)架、钢梁(桁架)安装的一般项目验收内容、检查数量和检验方法

(1)当钢桁架(或梁)安装在混凝土柱上时，其支座中心对定位轴线的偏差不应大于10 mm；当采用大型混凝土屋面板时，钢桁架(或梁)间距的偏差不应大于10 mm。

检查数量：按同类构件数抽查10%，且不应少于3榀。

检验方法：用拉线和钢尺现场实测。

(2)钢吊车梁或直接承受动力荷载的类似构件，其安装的允许偏差应符合《钢结构工程施工质量验收标准》(GB 50205—2020)表10.4.4的规定。

检查数量：按钢吊车梁数抽查10%，且不应少于3榀。

检验方法：应符合《钢结构工程施工质量验收标准》(GB 50205—2020)表10.4.4的规定。

(3)钢梁安装的允许偏差应符合《钢结构工程施工质量验收标准》(GB 50205—2020)表10.4.5的规定。

检查数量：按钢梁数抽查10%，且不应少于3个。

检验方法：应符合《钢结构工程施工质量验收标准》(GB 50205—2020)表10.4.5的规定。

5.3.8.11　连接节点安装的主控项目验收内容、检查数量和检验方法

(1)弯扭、不规则构件连接节点除应符合《钢结构工程施工质量验收标准》(GB 50205—2020)的规定外，还应满足设计要求。运输、堆放和吊装等造成的钢构件变形及涂层脱落，应进行矫正和修补。

检查数量：按同类构件数抽查10%，且不应少于3个。

检验方法：用拉线、吊线、钢尺、经纬仪等现场实测或观察。

(2)构件与节点对接处的允许偏差应符合《钢结构工程施工质量验收标准》(GB 50205—2020)表10.5.2的规定。

检查数量：按同类构件数抽查10%，且不应少于3件，每件不少于3个坐标点。

检验方法：用吊线、拉线、经纬仪和钢尺、全站仪现场实测。

(3)同一结构层或同一设计标高异形构件标高允许偏差应为5 mm。

检查数量：按同类构件数抽查10%，且不应少于3件，每件不少于3个坐标点。

检验方法：用吊线、拉线、经纬仪和钢尺、全站仪现场实测。

5.3.8.12　连接节点安装的一般项目验收内容、检查数量和检验方法

(1)构件轴线空间位置偏差不应大于10 mm，节点中心空间位置偏差不应大于15 mm。

检查数量：按同类构件数抽查10%，且不应少于3件，每件不应少于3个坐标点。

检验方法：用吊线、拉线、经纬仪和钢尺、全站仪现场实测。

(2)构件对接处截面的平面度偏差：截面边长 $l \leqslant 3$ m 时，偏差不应大于 2 mm；截面边长 $l > 3$ m 时，允许偏差不应大于 $l/1\ 500$。

检查数量：按同类构件数抽查 10%，且不应少于 3 件。

检验方法：用吊线、拉线、水平尺和钢尺现场实测。

5.3.8.13　主体钢结构的主控项目验收内容、检查数量和检验方法

主体钢结构整体立面偏移和整体平面弯曲的允许偏差应符合《钢结构工程施工质量验收标准》(GB 50205—2020)表 10.9.1 的规定。

检查数量：对主要立面全部检查。对每个所检查的立面，除两列角柱外，还应至少选取一列中间柱。

检验方法：采用经纬仪、全站仪、GPS 等测量。

5.3.8.14　主体钢结构的一般项目验收内容、检查数量和检验方法

主体钢结构总高度可按相对标高或设计标高进行控制。总高度的允许偏差应符合《钢结构工程施工质量验收标准》(GB 50205—2020)表 10.9.2 的规定。

检查数量：按标准柱列数抽查 10%，且不应少于 4 列。

检验方法：采用全站仪、水准仪和钢尺实测。

5.3.9　项目拓展

项目拓展

任务四　涂装工程质量验收与资料管理

5.4.1　任务描述

根据×××学院教学楼与学生公寓楼钢结构施工图、钢结构深化图、专项施工方案、安全功能试验检验报告以及《钢结构工程施工质量验收标准》(GB 50205—2020)中关于钢结构涂装工程质量验收内容，完成以下工作任务：

(1)划分钢结构涂装分项工程检验批；

(2)对钢结构涂装工程主控项目进行质量检查；

(3)利用建筑工程资料管理软件填写钢结构涂装工程检验批现场验收检查原始记录、检验批质量验收记录、分项工程质量验收记录。

任务描述

5.4.2　学习目标

1. 知识目标

(1)掌握钢结构涂装工程典型的施工工艺。

(2)掌握钢结构涂装分项工程检验批划分规定。

(3)掌握钢结构涂装工程质量验收的主控项目和一般项目的验收内容、检查数量、检验方法。

(4)了解钢结构涂装工程质量通病及质量控制内容。

2. 能力目标

(1)能正确划分钢结构涂装分项工程检验批。

(2)能对钢结构涂装工程进行质量验收。

(3)能正确填写填充钢结构涂装工程检验批现场验收检查原始记录表、检验批质量验收记录表、分项工程质量验收记录表。

3. 素质目标

(1)培养质量意识。

(2)培养规范意识,讲原则、守规矩。

(3)培养严谨求实、专心细致的工作作风。

(4)培养防灾安全意识。

(5)培养团结协作意识。

(6)培养吃苦耐劳的精神。

5.4.3　任务分析

1. 重点

(1)主控项目和一般项目质量验收。

(2)填写质量验收记录表。

2. 难点

(1)钢结构设计说明关于涂装的要求识读。

(2)验收项目检测方法。

5.4.4　素质养成

(1)在主控项目、一般项目验收条文描述中,引导学生养成规范、规矩意识,具有质量第一的原则与立场。

(2)钢结构的易腐蚀性是钢结构一个明显的缺点,防腐质量的好坏直接决定了钢结构的使用寿命和使用质量。因此,若钢结构的防腐涂装工程发生质量问题,将加速钢结构的腐蚀速度,从而降低承载构件的性能,存在安全隐患。钢结构的不耐高温是钢结构另一个明显的缺点,研究表明,钢结构温度达到 450 ℃~650 ℃就会失去承载能力,造成结构的损坏。钢结构的防火涂装能将钢结构的耐火极限提高到设计规范规定的极限范围,防止钢结构在火灾中迅速升温发生形变塌落,能最大限度地保护人民生命财产安全。通过本项目的学习,培养学生的防灾安全意识。

(3)在质量验收、填写质量验收表格过程中，要专心细致、如实记录数据、准确评价验收结果，训练中养成分工合作、不怕苦不怕累的精神。

5.4.5 任务分组

填写学生任务分配表(表5.4.5)。

表5.4.5 学生任务分配表

班级		组号		指导教师	
组长		学号			
组员	姓名	学号	姓名		学号
任务分工					

5.4.6 工作实施

任务工作单一

组号：＿＿＿＿＿＿ 姓名：＿＿＿＿＿＿ 学号：＿＿＿＿＿＿ 编号： 5.4.6—1

引导问题：

(1)简述本项目设计图纸关于钢结构防腐涂料涂装的设计要求。

(2)简述钢结构防腐涂料涂装工程质量验收的主控项目验收内容、检查数量和检验方法。

(3)简述钢结构防腐涂料涂装工程质量验收的一般项目验收内容、检查数量和检验方法。

(4)简述连接部位涂装及涂层缺陷修补验收的主控项目和一般项目验收内容、检查数量和检验方法。

(5)简述钢结构防腐涂装典型的施工工艺。

(6)规范中对钢结构涂装分项工程检验批划分如何规定？本工程项目钢结构涂装分项工程划分为多少个检验批？

(7)结合本项目图纸，请按照随机且有代表性的原则编写防腐涂装工程的一个检验批的漆膜厚度的实体检测方案(表5.4.6-1)。

表 5.4.6-1　实体检测方案

序号	检测项目	检测部位	检验方法

任务工作单二

组号：_____　姓名：_____　学号：_____　编号：　5.4.6－2

引导问题：

(1)本项目耐火等级为多少？

(2)简述本项目防火涂料涂装的做法。

(3)简述本项目厚涂型防火涂料的施工流程。

(4)简述钢结构防火涂料涂装质量验收的主控项目验收内容、检查数量和检验方法。

(5)结合本项目图纸，请按照随机且有代表性的原则编写防火涂料涂装工程的一个检验批的涂层表面裂纹宽度的实体检测方案(表5.4.6-2)。

表 5.4.6-2　实体检测方案

序号	检测项目	检测部位	检验方法

任务工作单三

组号：＿＿＿＿＿＿　姓名：＿＿＿＿＿＿　学号：＿＿＿＿＿＿　编号：5.4.6－3

引导问题：

（1）填写钢结构涂装工程检验批现场验收检查原始记录有哪些应注意的事项？请按照检测方案模拟填写钢结构涂装工程检验批现场验收检查原始记录表。

质量验收记录表

（2）如何正确填写钢结构涂装工程检验批质量验收记录表？请按照钢结构涂装工程检验批现场验收检查原始记录填写钢结构涂装工程检验批质量验收记录表。

5.4.7　评价反馈

任务工作单一

组号：＿＿＿＿＿＿　姓名：＿＿＿＿＿＿　学号：＿＿＿＿＿＿　编号：5.4.7－1

个人自评表

班级		组名		日期	年 月 日
评价指标	评价内容			分数	分数评定
信息理解与运用	能有效利用工程案例资料查找有用的相关信息；能将查到的信息有效地传递到学习中			10	
感知课堂生活	是否熟悉各自的工作岗位，认同工作价值；在学习中是否能获得满足感，课堂氛围如何			10	
参与状态	与教师、同学之间是否相互理解与尊重；与教师、同学之间是否保持多向、丰富、适宜的信息交流			10	
	能处理好合作学习和独立思考的关系，做到有效学习；能提出有意义的问题或能发表个人见解			10	
知识、能力获得情况	掌握钢结构涂装工程典型的施工工艺			10	
	掌握钢结构涂装分项工程检验批划分规定			5	
	掌握钢结构涂装工程质量验收的主控项目和一般项目的验收内容、检查数量、检验方法			5	
	了解钢结构涂装工程质量通病及质量控制内容			5	
	能对钢结构涂装工程进行质量验收			10	
	能正确填写钢结构涂装工程检验批现场验收检查原始记录表、检验批质量验收记录表、分项工程质量验收记录表			10	
思维状态	是否能发现问题、提出问题、分析问题、解决问题			5	

班级		组名		日期	年 月 日
评价指标	评价内容			分数	分数评定
自评反思	按时按质完成任务；较好地掌握了专业知识点；较强的信息分析能力和理解能力			10	
自评分数					
有益的经验和做法					
总结反思建议					

任务工作单二

组号：＿＿＿＿＿＿＿＿ 姓名：＿＿＿＿＿＿＿＿ 学号：＿＿＿＿＿＿＿＿ 编号：_5.4.7－2_

小组互评表

班级		被评组名		日期	年 月 日
评价指标	评价内容			分数	分数评定
信息理解与运用	该组能否有效利用工程案例资料查找有用的相关信息			5	
	该组能否将查到的信息有效地传递到学习中			5	
感知课堂生活	该组是否熟悉各自的工作岗位，认同工作价值			10	
	该组在学习中是否能获得满足感			5	
参与状态	该组与教师、同学之间是否相互理解与尊重			5	
	该组与教师、同学之间是否保持多向、丰富、适宜的信息交流			10	
	该组能否处理好合作学习和独立思考的关系，做到有效学习			5	
	该组能否提出有意义的问题或发表个人见解			5	
任务完成情况	能正确填写钢结构涂装工程检验批现场验收检查原始记录表			15	
	能正确填写钢结构涂装工程检验批质量验收记录表			15	
思维状态	该组是否能发现问题、提出问题、分析问题、解决问题			10	
自评反思	该组能严肃、认真地对待自评			10	
互评分数					
简要评述					

任务工作单三

组号：_____ 姓名：_____ 学号：_____ 编号：__5.4.7－3__

教师评价表

班级		组名		姓名		
出勤情况						
评价内容	评价要点		考查要点	分数	教师评定	
					结论	分数
信息理解与运用	任务实施过程中资料查阅		是否查阅信息资料	10		
			正确运用信息资料			
任务完成情况	掌握了钢结构涂装典型的施工工艺		内容正确，错一处扣2分	10		
	掌握了钢结构涂装分项工程检验批划分规定		内容正确，错一处扣2分	10		
	掌握了钢结构涂装工程质量验收的主控项目和一般项目的验收内容、检查数量、检验方法		内容正确，错一处扣2分	10		
	了解钢结构涂装工程质量通病及质量控制内容		内容正确，错一处扣2分	10		
	能对钢结构涂装工程进行质量验收		内容正确，错一处扣2分	10		
	能正确填写钢结构涂装工程检验批现场验收检查原始记录表、检验批质量验收记录表、分项工程质量验收记录表		内容正确，错一处扣2分	10		
素质目标达成情况	出勤情况		缺勤1次扣2分	10		
	具有规范意识，讲原则、守规矩		根据情况，酌情扣分	5		
	具有严谨求实、专心细致的工作作风		根据情况，酌情扣分	5		
	具有团结协作意识		根据情况，酌情扣分	5		
	具有质量安全意识		根据情况，酌情扣分	5		

5.4.8 相关知识点

5.4.8.1 钢结构防腐涂装典型施工工艺

用电动钢丝刷或磨光机进行除锈处理，表面处理质量应达到规范和设计要求，除锈后将钢材表面灰尘除尽→使用毛刷涂刷底漆→待底漆干燥后，涂刷中间漆→涂装结束后，及时用测厚仪对构件涂层进行检测，并对已喷涂的构件进行保护。

相关知识点

5.4.8.2 钢结构厚涂型防火涂装典型施工工艺

基层处理(施工前用铲刀、钢丝刷等清除钢构件表面的浮浆、泥沙、灰尘和其他黏附物;钢构件表面不得有水渍、油污)→涂料搅拌(使用搅拌机按比例将防火涂料搅拌均匀)→第一道施工(使用抹涂或者喷涂方式进行第一道防火涂料的施工)→后续施工(待第一道防火涂料干燥后,依次进行第2~10道防火涂料施工,直至达到设计要求厚度)。

5.4.8.3 钢结构涂装工程检验批划分规定

(1)单层钢结构按变形缝划分;

(2)多层及高层钢结构按楼层或施工段划分;

(3)对原材料及成品进场验收时,可以根据工程规模及进料实际情况合并或分解检验批。

5.4.8.4 防腐涂料涂装工程的主控项目验收内容、检查数量和检验方法

(1)涂装前钢材表面除锈等级应满足设计要求并符合现行国家标准的规定。处理后的钢材表面不应有焊渣、焊疤、灰尘、油污、水和毛刺等。当设计无要求时,钢材表面除锈等级应符合表5.4.8.4的规定。

检查数量:按构件数抽查10%,且同类构件不应少于3件。

检验方法:用铲刀检查和用现行国家标准《涂覆涂料前钢材表面处理 表面清洁度的目视评定 第1部分:未涂覆过的钢材表面和全面清除原有涂层后的钢材表面的锈蚀等级和处理等级》(GB/T 8923.1—2011)规定的图片对照观察检查。

表5.4.8.4 各种底漆或防锈漆要求最低的除锈等级

涂料品种	除锈等级
油性酚醛、醇酸等底漆或防锈漆	St2½
高氯化聚乙烯、氯化橡胶、氯磺化聚乙烯、环氧树脂、聚氨酯等底漆或防锈漆	Sa2½
无机富锌、有机硅、过氯乙烯等底漆	Sa2$\frac{1}{2}$

(2)当设计要求或施工单位首次采用某涂料和涂装工艺时,应按《钢结构工程施工质量验收标准》(GB 50205—2020)附录D的规定进行涂装工艺评定,评定结果应满足设计要求并应符合现行国家标准的要求。

检查数量:全数检查。

检验方法:检查涂装工艺评定报告。

(3)防腐涂料、涂装遍数、涂装间隔、涂层厚度均应满足设计文件、涂料产品标准的要求。当设计对涂层厚度无要求时,涂层干漆膜总厚度:室外不应小于150 μm,室内不应小于125 μm。

检查数量:按照构件数抽查10%,且同类构件不应少于3件。

检验方法:用干漆膜测厚仪检查。每个构件检测5处,每处的数值为3个相距50 mm测点涂层干漆膜厚度的平均值。漆膜厚度的允许偏差应为−25 μm。

(4)金属热喷涂涂层厚度应满足设计要求。

检查数量:平整的表面每10 m^2 表面上的测量基准面数量不得少于3个,不规则的表面可适当增加基准面数量。

检验方法:按现行国家标准《热喷涂涂层厚度的无损测量方法》(GB/T 11374—2012)的有关规定执行。

(5)金属热喷涂涂层结合强度应符合现行国家标准《热喷涂 金属和其他无机覆盖层 锌、铝及其合金》(GB/T 9793—2012)的有关规定。

检查数量：每 500 m² 检测数量不得少于 1 次，且总检测数量不得少于 3 次。

检验方法：按现行国家标准《热喷涂 金属和其他无机覆盖层 锌、铝及其合金》(GB/T 9793—2012)的有关规定执行。

(6)当钢结构处于有腐蚀介质环境、外露或设计有要求时，应进行涂层附着力测试。在检测范围内，当涂层完整程度达到 70% 以上时，涂层附着力可认定为质量合格。

检查数量：按构件数抽查 1%，且不应少于 3 件，每件测 3 处。

检验方法：按现行国家标准《漆膜划圈试验》(GB 1720—2020)或《色漆和清漆 划格试验》(GB/T 9286—2021)执行。

5.4.8.5 防腐涂料涂装工程的一般项目验收内容、检查数量和检验方法

(1)涂层应均匀，无明显皱皮、流坠、针眼和气泡等。

检查数量：全数检查。

检验方法：观察检查。

(2)金属热喷涂涂层的外观应均匀一致，涂层不得有气孔、裸露母材的斑点、附着不牢的金属熔融颗粒、裂纹或影响使用寿命的其他缺陷。

检查数量：全数检查。

检验方法：观察检查。

(3)涂装完成后，构件的标志、标记和编号应清晰完整。

检查数量：全数检查。

检验方法：观察检查。

5.4.8.6 连接部位涂装及涂层缺陷修补的主控项目验收内容、检查数量和检验方法

(1)在施工过程中，钢结构连接焊缝、紧固件及其连接节点的构件涂层被损伤的部位，应编制专项涂装修补工艺方案，且应满足设计和涂装工艺评定的要求。

检查数量：全数检查。

检验方法：检查专项涂装修补工艺方案、涂装工艺评定和施工记录。

(2)钢结构工程连接焊缝或临时焊缝、补焊部位，涂装前应清理焊渣、焊疤等污垢，钢材表面处理应满足设计要求。当设计无要求时，宜采用人工打磨处理，除锈等级不低于 St3。

检查数量：全数检查。

检验方法：用现行国家标准《涂覆涂料前钢材表面处理 表面清洁度的目视评定 第 1 部分：未涂覆过的钢材表面和全面清除原有涂层后的钢材表面的锈蚀等级和处理等级》(GB/T 8923.1—2011)规定的图片对照观察检查。

(3)高强度螺栓连接部位，涂装前应按设计要求除锈、清理，当设计无要求时，宜采用人工除锈、清理，除锈等级不低于 St3。

检查数量：全数检查。

检验方法：用现行国家标准《涂覆涂料前钢材表面处理 表面清洁度的目视评定 第 1 部分：未涂覆过的钢材表面和全面清除原有涂层后的钢材表面的锈蚀等级和处理等级》(GB/T 8923.1—2011)规定的图片对照观察检查。

(4)构件涂层受损伤部位，修补前应清除已失效和损伤的涂层材料，根据损伤程度按照专项修补工艺进行涂层缺陷修补，修补后涂层质量应满足设计要求并应符合《钢结构工程施工质量验收标准》(GB 50205—2020)的规定。

检查数量：全数检查。

检验方法：漆膜测厚仪和观察检查。

5.4.8.7 连接部位涂装及涂层缺陷修补的一般项目验收内容、检查数量和检验方法

钢结构工程连接焊缝、紧固件及其连接节点，以及施工过程中构件涂层被损伤的部位，涂装或修补后的涂层外观质量应满足设计要求并应符合《钢结构工程施工验收标准》(GB 50205—2020)的规定。

检查数量：全数检查。

检验方法：观察检查。

5.4.8.8 防火涂料涂装的主控项目验收内容、检查数量和检验方法

(1)防火涂料涂装前，钢材表面防腐涂装质量应满足设计要求并应符合《钢结构工程施工质量验收标准》(GB 50205—2020)的规定。

检查数量：全数检查。

检验方法：检查防腐涂装验收记录。

(2)防火涂料黏结强度、抗压强度应符合现行国家标准《钢结构防火涂料》(GB 14907—2018)的规定。

检查数量：每使用100 t或不足100 t薄涂型防火涂料应抽检一次黏结强度；每使用500 t或不足500 t厚涂型防火涂料应抽检一次黏结强度和抗压强度。

检验方法：检查复检报告。

(3)膨胀型(超薄型、薄涂型)防火涂料、厚涂型防火涂料的涂层厚度及隔热性能应满足现行国家标准有关耐火极限的要求，且不应小于－200 μm。当采用厚涂型防火涂料涂装时，80%及以上涂层面积应满足现行国家标准有关耐火极限的要求，且最薄处厚度不应低于设计要求的85%。

检查数量：按照构件数抽查10%，且同类构件不应少于3件。

检验方法：膨胀型(超薄型、薄涂型)防火涂料采用涂层厚度测量仪，涂层厚度允许偏差应为－5%。厚涂型防火涂料的涂层厚度采用《钢结构工程施工质量验收标准》(GB 50205—2020)附录E的方法检测。

(4)超薄型防火涂料涂层表面不应出现裂纹；薄涂型防火涂料涂层表面裂纹宽度不应大于0.5 mm；厚涂型防火涂料涂层表面裂纹宽度不应大于1.0 mm。

检查数量：按同类构件数抽查10%，且均不应少于3件。

检验方法：观察和用尺量检查。

5.4.8.9 防火涂料涂装的一般项目验收内容、检查数量和检验方法

(1)防火涂料涂装基层不应有油污、灰尘和泥沙等污垢。

检查数量：全数检查。

检验方法：观察检查。

(2)防火涂料不应有误涂、漏涂，涂层应闭合，无脱层、空鼓、明显凹陷、粉化松散和浮浆、乳突等缺陷。

检查数量：全数检查。

检验方法：观察检查。

5.4.9 项目拓展

项目拓展

项目六　屋面工程质量验收与资料管理

【思政元素举例】

1. 职业道德
2. 劳模精神
3. 工匠精神
4. 钻研精神
5. 质量意识

【典型思政案例】

从泥瓦工到全国劳模

江苏广兴集团有限公司首席技师、总工程师沈春雷扎根建筑行业一线 41 年，凭借"干一行钻一行"的精益求精，从一名泥瓦工成长为既有高超技能又懂建筑施工管理技术的复合建筑人才，被授予全国劳动模范、全国"五一劳动奖章""江苏大工匠"等荣誉（称号），并当选党的二十大代表。

"斜坡屋面防水"是房屋建筑领域的难题之一，大多数施工队伍在遇到这个问题时会选择绕着走。解决问题的关键在于责任与担当。沈春雷选择直面问题，寻找解决方法。那段时间，他天天在图书馆和工地两头跑，一边查找各类文献资料，一边创新实践，在无数次计算机模拟和实地试验之后，终于形成了自己的一套施工思路。他的斜坡屋面防水技术运用到公司的各项工程后，竣工工程屋面渗漏返修率一直保持为零，创造了良好的经济效益和社会效益。

解决问题必须依靠信息技术支持，计算机技术便成了必须攀登的高峰。通过长期钻研和创新，沈春雷不仅熟练掌握了建筑信息技术，还积累了许多技术革新项目，组织撰写了《浅谈斜坡屋面结构防水》《GRC 装饰构件安装工法推广应用》《论多专业交叉作业协调管理》等多篇论文和工法，在行业内得到应用。同时，沈春雷作为第一起草人，组织编写的《建设工程技术质量标准》成为企业标准，并在国家级期刊杂志上发表了《可种植平屋面施工工法研究》《采用金属护角粘贴外墙砖施工工法的研究》等多篇专业论文。

建筑施工是百年大计，必须坚持质量第一。沈春雷把质量比作生命，对学徒们的"作品"要求极其严苛，哪怕只是一个小问题也要全部返工重来。"差不多"先生没有立足之地，质量重于泰山才有发展和未来。党的十八大以来，我国建筑行业发生了翻天覆地的变化。在建筑工业化过程中也对建筑工人提出了更高要求，只有勤于学习，勇于创造，有知识、有技术、能创新，才能不断增强建筑行业的核心竞争力。

任务一　　基层与保护工程质量验收与资料管理

6.1.1　找坡层和找平层质量验收与资料管理

6.1.1.1　任务描述

根据×××学院实验实训综合楼 EPC 总承包的建筑施工图(建施 1－3、建施 10、建施 15)、工程量清单、专项施工方案，以及《屋面工程质量验收规范》(GB 50207—2012)中关于基层与保护工程的质量验收的规定，完成以下工作任务：

(1)划分找坡层、找平层的检验批。

(2)对找坡层、找平层质量验收中的主控项目进行质量检查。

(3)操作检测工具对找平层的平整度进行实体检测。

(4)利用建筑工程资料管理软件填写找坡层检验批质量验收记录、找平层检验批质量验收记录。

任务描述

6.1.1.2　学习目标

(1)知识目标：

1)掌握找坡层、找平层施工工艺流程。

2)掌握找坡层、找平层的检验批划分规定。

3)掌握找坡层、找平层质量验收的主控项目和一般项目的验收内容、检查数量、检验方法。

(2)能力目标：

1)能正确划分找坡层、找平层的检验批。

2)能对找坡层、找平层进行质量验收。

3)能正确填写找坡层、找平层检验批现场验收检查原始记录表、检验批质量验收记录表、分项工程质量验收记录表。

(3)素质目标：

1)培养按规范、规则开展工作的意识。

2)培养认真细致的工作作风及团结协作的意识；培养整体与局部的系统概念及辩证思维。

3)培养不畏艰难、吃苦耐劳的精神和实事求是、具体问题具体分析的素质。

6.1.1.3　任务分析

(1)重点。

1)主控项目和一般项目质量验收。

2)填写质量验收记录表。

(2)难点。

1)根据设计图纸的屋面工程做法找出找平层和找坡层的做法要求。

2)确定找平层和找坡层检验批容量。

3)掌握找平层平整度检测操作方法。

6.1.1.4　素质养成

(1)在主控项目、一般项目验收条文描述中，引导学生养成规范、规矩意识，具有质量第一的原则与立场。

（2）屋面构造层较多，前一道构造层施工质量影响到下一道构造层的质量，找坡层质量影响屋面排水是否顺畅，找平层质量影响防水层施工质量，引导学生形成系统概念及辩证思维意识。

（3）在质量验收、填写质量验收表格过程中，培养学生专心细致、实事求是、具体问题具体分析的素质。

6.1.1.5 任务分组

填写学生任务分配表（表6.1.1.5）。

表 6.1.1.5 学生任务分配表

班级		组号		指导教师	
组长		学号			
组员	姓名	学号	姓名	学号	
任务分工					

6.1.1.6 工作实施

任务工作单一

组号：＿＿＿＿＿＿＿ 姓名：＿＿＿＿＿＿＿ 学号：＿＿＿＿＿＿＿ 编号：　6.1.1.6－1

引导问题：

（1）本工程屋面的构造做法一共有多少种？这些屋面构造做法分别用于本工程何处？

（2）简述屋面找坡层、找平层施工工艺流程。

（3）找坡层、找平层检验批划分规定分别是什么？本工程项目屋面的找坡层、找平层可以划分为多少个检验批？

任务工作单二

组号：＿＿＿＿＿＿＿ 姓名：＿＿＿＿＿＿＿ 学号：＿＿＿＿＿＿＿ 编号：　6.1.1.6－2

引导问题：

（1）简述本项目对屋面找坡层、找平层所用材料的要求。

(2)简述本项目找坡层的坡度要求及找平层与凸出屋面结构(女儿墙、山墙)交界处的构造做法要求。

(3)简述找坡层、找平层的主控项目验收内容、检查数量和检验方法。

(4)简述找坡层、找平层的一般项目允许偏差检测要求。

(5)结合本项目图纸,请按照随机且有代表性的原则编写找坡层、找平层一个检验批的一般项目允许偏差实体检测方案(表 6.1.1.6)。

表 6.1.1.6　实体检测方案

序号	检测项目	检测部位	检验方法

任务工作单三

组号:_____ 姓名:_____ 学号:_____ 编号: 6.1.1.6-3

引导问题:

(1)填写找坡层、找平层检验批现场验收检查原始记录有哪些应注意的事项?请按照检测方案模拟填写找坡层、找平层检验批现场验收检查原始记录表。

质量验收记录表

(2)如何正确填写找坡层、找平层检验批质量验收记录表?请按照找坡层、找平层检验批现场验收检查原始记录填写找平层检验批质量验收记录表。

(3)如何正确填写找坡层和找平层分项工程质量验收记录表?请根据本项目检验批划分方案填写找坡层和找平层分项工程质量验收记录表。

6.1.1.7 评价反馈

任务工作单一

组号：_____ 姓名：_____ 学号：_____ 编号： 6.1.1.7－1

个人自评表

班级		组名		日期	年 月 日
评价指标	评价内容			分数	分数评定
信息理解与运用	能有效利用工程案例资料查找有用的相关信息；能将查到的信息有效地传递到学习中			10	
感知课堂生活	是否熟悉各自的工作岗位，认同工作价值；在学习中是否能获得满足感，课堂氛围如何			10	
参与状态	与教师、同学之间是否相互理解与尊重；与教师、同学之间是否保持多向、丰富、适宜的信息交流			10	
	能处理好合作学习和独立思考的关系，做到有效学习；能提出有意义的问题或能发表个人见解			10	
知识、能力获得情况	掌握了找坡层、找平层施工工艺流程			5	
	掌握了找坡层、找平层检验批划分规定			5	
	掌握了找坡层、找平层质量验收的主控项目和一般项目的验收内容、检查数量、检验方法			5	
	能正确划分找坡层、找平层检验批			10	
	能对找坡层、找平层进行质量验收			10	
	能正确填写找坡层、找平层检验批现场验收检查原始记录表、检验批质量验收记录表、分项工程质量验收记录表			10	
思维状态	是否能发现问题、提出问题、分析问题、解决问题			5	
自评反思	按时按质完成任务；较好地掌握了专业知识点；较强的信息分析能力和理解能力			10	
自评分数					
有益的经验和做法					
总结反思建议					

任务工作单二

组号：_____ 姓名：_____ 学号：_____ 编号：6.1.1.7－2

小组互评表

班级		被评组名		日期	年 月 日
评价指标	评价内容			分数	分数评定
信息理解 与运用	该组能否有效利用工程案例资料查找有用的相关信息			5	
	该组能否将查到的信息有效地传递到学习中			5	
感知课堂 生活	该组是否熟悉各自的工作岗位，认同工作价值			5	
	该组在学习中是否能获得满足感			5	
参与状态	该组与教师、同学之间是否相互理解与尊重			5	
	该组与教师、同学之间是否保持多向、丰富、适宜的信息交流			5	
	该组能否处理好合作学习和独立思考的关系，做到有效学习			5	
	该组能否提出有意义的问题或发表个人见解			5	
任务完成情况	能正确填写找坡层、找平层检验批现场验收检查原始记录表			15	
	能正确填写找坡层、找平层检验批质量验收记录表			15	
	能正确填写找坡层、找平层分项工程质量验收记录表			15	
思维状态	该组是否能发现问题、提出问题、分析问题、解决问题			5	
自评反思	该组能严肃、认真地对待自评			10	
互评分数					
简要评述					

任务工作单三

组号：_____ 姓名：_____ 学号：_____ 编号：6.1.1.7－3

教师评价表

班级		组名		姓名	
出勤情况					
评价内容	评价要点	考查要点	分数	教师评定	
				结论	分数
信息理解与运用	任务实施过程中资料查阅	是否查阅信息资料	10		
		正确运用信息资料			
任务完成情况	掌握了找坡层、找平层施工工艺流程	内容正确，错一处扣2分	5		
	掌握了找坡层、找平层检验批划分规定	内容正确，错一处扣2分	10		

班级		组名		姓名		
出勤情况						
评价内容	评价要点	考查要点	分数	教师评定		
				结论	分数	
任务完成情况	掌握了找坡层、找平层质量验收的主控项目和一般项目的验收内容、检查数量、检验方法	内容正确，错一处扣2分	10			
	能正确划分找坡层、找平层检验批	内容正确，错一处扣2分	10			
	能对找坡层、找平层进行质量验收	内容正确，错一处扣2分	10			
	能正确填写找坡层、找平层检验批现场验收检查原始记录表、检验批质量验收记录表、分项工程质量验收记录表	内容正确，错一处扣2分	10			
素质目标达成情况	出勤情况	缺勤1次扣2分	10			
	具有规范意识，讲原则、守规矩	根据情况，酌情扣分	5			
	具有严谨求实、专心细致的工作作风	根据情况，酌情扣分	5			
	具有团结协作意识	根据情况，酌情扣分	5			
	具有吃苦耐劳的精神	根据情况，酌情扣分	5			
	具有具体问题具体分析的素质和辩证思维	根据情况，酌情扣分	5			

6.1.1.8 相关知识点

（1）找坡层、找平层施工工艺流程。

1）找坡层施工工艺流程：材料准备 →基层验收→管根封闭→作业面清理 →根据坡度要求拉线找坡→找坡层施工→压实养护。

2）找平层施工工艺流程：材料准备 →基层验收→ 作业面清理 → 放线、冲筋→划分分格缝位置→找平层施工→养护→分隔缝嵌缝。

相关知识点

（2）找坡层、找平层检验批划分规定。找坡层、找平层宜按屋面面积 $500\sim1\,000\ \text{m}^2$ 划分为一个检验批，不足 $500\ \text{m}^2$ 的应按一个检验批。

（3）找坡层、找平层主控项目验收内容、检查数量和检验方法。

检查数量：找坡层、找平层每个检验批主控项目的检查数量，应按屋面面积每 $100\ \text{m}^2$ 抽查一处，每处应为 $10\ \text{m}^2$ ，且不得少于3处。

验收内容和检验方法：

1）找坡层、找平层所用材料的质量及配合比，应符合设计要求。

检验方法：检查出厂合格证、质量检验报告和计量措施。

2）找坡层、找平层的排水坡度，应符合设计要求。

检验方法：坡度尺检查。

(4)找坡层、找平层一般项目验收内容、检查数量和检验方法。

检查数量：找坡层、找平层每个检验批一般项目的检查数量同主控项目。

验收内容和检验方法：

1)找平层应抹平、压光，不得有酥松、起砂、起皮现象。

检验方法：观察检查。

2)卷材防水层的基层与突出屋面结构的交接处，以及基层的转角处，找平层应做成圆弧形且应整齐平顺。

检验方法：观察检查。

3)找平层分格缝的宽度和间距，均应符合设计要求。

检验方法：观察和尺量检查。

4)找坡层表面平整度的允许偏差为 7 mm，找平层表面平整度的允许偏差为 5 mm。

检验方法：2 m 靠尺和塞尺检查。

(5)找坡层、找平层的一般项目允许偏差测量方法。

表面平整度。

1)按每 10 m² 的区域作为 1 个实测区。

2)在一个区域中取左上及右下 2 个角。按 45°角斜放靠尺分别测量 2 次，在实测区中间位置测量 1 次，其实测值作为判断该实测指标合格率的 3 个计算点。

3)屋面有洞口时，洞口 45°斜交叉测 1 次，该实测值作为判断新增实测指标合格率的 1 个计算点。

6.1.1.9 项目拓展

项目拓展

6.1.2 保护层质量验收与资料管理

6.1.2.1 任务描述

根据×××学院实验实训综合楼 EPC 总承包的建筑施工图(建施 1－3、建施 10、建施 15)、工程量清单、专项施工方案，以及《屋面工程质量验收规范》(GB 50207—2012)中关于基层与保护工程质量验收的规定，完成以下工作任务：

任务描述

(1)划分保护层的检验批。

(2)对保护层质量验收中的主控项目进行质量检查。

(3)操作检测工具对保护层的平整度进行实体检测。

(4)利用建筑工程资料管理软件填写保护层检验批质量验收记录。

6.1.2.2 学习目标

(1)知识目标：

1)掌握保护层施工工艺流程。

2)掌握保护层的检验批划分规定。

3)掌握保护层质量验收的主控项目和一般项目的验收内容、检查数量、检验方法。

(2)能力目标：

1)能正确划分保护层的检验批。

2)能对保护层进行质量验收。

3)能正确填写保护层检验批现场验收检查原始记录表、检验批质量验收记录表、分项工程质量验收记录表。

(3)素质目标：

1)培养按规范、规则开展工作的意识。

2)培养认真细致的工作作风及团结协作的意识。

3)培养不畏艰难、吃苦耐劳的精神和具体问题具体分析的素质。

6.1.2.3 任务分析

(1)重点。

1)主控项目和一般项目质量验收。

2)填写质量验收记录表。

(2)难点。

1)根据设计图纸的屋面工程做法找出保护层的做法要求。

2)确定保护层检验批容量。

6.1.2.4 素质养成

(1)在主控项目、一般项目验收条文描述中，引导学生养成规范、规矩意识，具有质量第一的原则与立场。

(2)通过分组完成任务，培养学生团结协作的意识。

(3)通过填写表格，培养学生具体问题具体分析的素质。

6.1.2.5 任务分组

填写学生任务分配表(表6.1.2.5)。

表6.1.2.5 学生任务分配表

班级		组号		指导教师	
组长		学号			
组员	姓名	学号		姓名	学号
任务分工					

6.1.2.6 工作实施

任务工作单一

组号：＿＿＿＿＿＿ 姓名：＿＿＿＿＿＿ 学号：＿＿＿＿＿＿ 编号： 6.1.2.6—1

引导问题：

(1)根据使用材料的不同，保护层一般有哪几种类型？本工程用的保护层属于哪种类型？

(2)简述屋面保护层施工工艺流程。

(3)保护层检验批划分规定分别是什么？本工程项目屋面的保护层可以划分为多少个检验批？

任务工作单二

组号：＿＿＿＿＿＿ 姓名：＿＿＿＿＿＿ 学号：＿＿＿＿＿＿ 编号： 6.1.2.6—2

引导问题：

(1)简述本项目对屋面保护层所用材料的要求。

(2)简述本项目保护层的坡度要求及保护层与凸出屋面结构(女儿墙、山墙)之间的预留缝隙的要求。

(3)简述保护层的主控项目验收内容、检查数量和检验方法。

(4)简述保护层的一般项目允许偏差检测要求。

(5)结合本项目图纸，请按照随机且有代表性的原则编写保护层一个检验批的一般项目允许偏差实体检测方案(表6.1.2.6)。

表6.1.2.6 实体检测方案

序号	检测项目	检测部位	检验方法

任务工作单三

组号：_____ 姓名：_____ 学号：_____ 编号：6.1.2.6—3

引导问题：

(1)填写保护层检验批现场验收检查原始记录有哪些应注意的事项？请按照检测方案模拟填写保护层检验批现场验收检查原始记录表。

质量验收记录表

(2)如何正确填写保护层检验批质量验收记录表？请按照保护层检验批现场验收检查原始记录填写保护层检验批质量验收记录表。

(3)如何正确填写保护层分项工程质量验收记录表？请根据本项目检验批划分方案填写保护层分项工程质量验收记录表。

6.1.2.7　评价反馈

任务工作单一

组号：_____ 姓名：_____ 学号：_____ 编号：6.1.2.7—1

个人自评表

班级		组名		日期	年 月 日
评价指标	评价内容			分数	分数评定
信息理解与运用	能有效利用工程案例资料查找有用的相关信息；能将查到的信息有效地传递到学习中			10	
感知课堂生活	是否熟悉各自的工作岗位，认同工作价值；在学习中是否能获得满足感，课堂氛围如何			10	
参与状态	与教师、同学之间是否相互理解与尊重；与教师、同学之间是否保持多向、丰富、适宜的信息交流			10	
	能处理好合作学习和独立思考的关系，做到有效学习；能提出有意义的问题或能发表个人见解			10	
知识、能力获得情况	掌握了保护层施工工艺流程			5	
	掌握了保护层检验批划分规定			5	
	掌握了保护层质量验收的主控项目和一般项目的验收内容、检查数量、检验方法			5	
	能正确划分保护层检验批			10	
	能对保护层进行质量验收			10	
	能正确填写保护层检验批现场验收检查原始记录表、检验批质量验收记录表、分项工程质量验收记录表			10	
思维状态	是否能发现问题、提出问题、分析问题、解决问题			5	

班级		组名		日期	年 月 日
评价指标	评价内容			分数	分数评定
自评反思	按时按质完成任务；较好地掌握了专业知识点；较强的信息分析能力和理解能力			10	
自评分数					
有益的经验和做法					
总结反思建议					

任务工作单二

组号：＿＿＿＿＿＿＿ 姓名：＿＿＿＿＿＿＿ 学号：＿＿＿＿＿＿＿ 编号：6.1.2.7－2

小组互评表

班级		被评组名		日期	年 月 日
评价指标	评价内容			分数	分数评定
信息理解与运用	该组能否有效利用工程案例资料查找有用的相关信息			5	
	该组能否将查到的信息有效地传递到学习中			5	
感知课堂生活	该组是否熟悉各自的工作岗位，认同工作价值			5	
	该组在学习中是否能获得满足感			5	
参与状态	该组与教师、同学之间是否相互理解与尊重			5	
	该组与教师、同学之间是否保持多向、丰富、适宜的信息交流			5	
	该组能否处理好合作学习和独立思考的关系，做到有效学习			5	
	该组能否提出有意义的问题或发表个人见解			5	
任务完成情况	能正确填写保护层检验批现场验收检查原始记录表			15	
	能正确填写保护层检验批质量验收记录表			15	
	能正确填写保护层分项工程质量验收记录表			15	
思维状态	该组是否能发现问题、提出问题、分析问题、解决问题			5	
自评反思	该组能严肃、认真地对待自评			10	
互评分数					
简要评述					

任务工作单三

组号：_____ 姓名：_____ 学号：_____ 编号：<u>6.1.2.7−3</u>

教师评价表

班级			组名		姓名	
出勤情况						
评价内容	评价要点		考查要点	分数	教师评定	
					结论	分数
信息理解与运用	任务实施过程中资料查阅		是否查阅信息资料	10		
			正确运用信息资料			
任务完成情况	掌握了保护层施工工艺流程		内容正确，错一处扣2分	5		
	掌握了保护层检验批划分规定		内容正确，错一处扣2分	10		
	掌握了保护层质量验收的主控项目和一般项目的验收内容、检查数量、检验方法		内容正确，错一处扣2分	10		
	能正确划分保护层检验批		内容正确，错一处扣2分	10		
	能对保护层进行质量验收		内容正确，错一处扣2分	10		
	能正确填写保护层检验批现场验收检查原始记录表、检验批质量验收记录表、分项工程质量验收记录表		内容正确，错一处扣2分	10		
素质目标达成情况	出勤情况		缺勤1次扣2分	10		
	具有规范意识，讲原则、守规矩		根据情况，酌情扣分	5		
	具有严谨求实、专心细致的工作作风		根据情况，酌情扣分	5		
	具有团结协作意识		根据情况，酌情扣分	5		
	具有吃苦耐劳的精神		根据情况，酌情扣分	5		
	具有具体问题具体分析的素质		根据情况，酌情扣分	5		

6.1.2.8 相关知识点

(1)保护层施工工艺流程。材料准备→基层验收→作业面清理→洒水湿润基层→拉控制线→保护层施工→成品保护。

(2)保护层检验批划分规定。保护层宜按屋面面积 500～1 000 m² 划分为一个检验批，不足 500 m² 的应按一个检验批。

相关知识点

(3)保护层主控项目验收内容、检查数量和检验方法。

检查数量：保护层每个检验批主控项目的检查数量，应按屋面面积每 100 m² 抽查一处，每处应为 10 m²，且不得少于 3 处。

验收内容和检验方法：

1)保护层所用材料的质量及配合比，应符合设计要求。

检验方法：检查出厂合格证、质量检验报告和计量措施。

2)块体材料、水泥砂浆或细石混凝土保护层的强度等级，应符合设计要求。

检验方法：检查块体材料、水泥砂浆或混凝土抗压强度试验报告。

3)保护层的排水坡度，应符合设计要求。

检验方法：坡度尺检查。

(4)保护层一般项目验收内容、检查数量和检验方法。

检查数量：找坡层、找平层每个检验批一般项目的检查数量同主控项目。

验收内容和检验方法：

1)块体材料保护层表面应干净，接缝应平整，周边应顺直，镶嵌应正确，应无空鼓现象。

检验方法：小锤轻击和观察检查。

2)水泥砂浆、细石混凝土保护层不得有裂纹、脱皮、麻面和起砂等现象。

检验方法：观察检查。

3)浅色涂料应与防水层黏结牢固，厚薄应均匀，不得漏涂。

检验方法：观察检查。

4)保护层的允许偏差和检验方法应符合《屋面工程质量验收规范》(GB 50207—2012)表 4.5.12 的规定。

(5)保护层的一般项目允许偏差测量方法。

表面平整度：

1)按每 10 m² 的区域作为 1 个实测区。

2)在一个区域中取左上及右下 2 个角。按 45°角斜放靠尺分别测量 2 次，在实测区中间位置测量 1 次，其实测值作为判断该实测指标合格率的 3 个计算点。

6.1.2.9　项目拓展

项目拓展

任务二　保温与隔热工程质量验收与资料管理

6.2.1　任务描述

根据×××学院实验实训综合楼 EPC 总承包的建筑施工图(建施 1—3、建施 10、建施 15)、工程量清单、专项施工方案，以及《屋面工程质量验收规范》(GB 50207—2012)中关于保温与隔热工程质量验收的规定，完成以下工作任务：

(1)划分保温隔热层的检验批。

(2)对保温隔热层质量验收中的主控项目进行质量检查。

(3)操作检测工具对板状材料保温层接缝高低差进行实体检测。

(4)利用建筑工程资料管理软件填写板状材料保温层检验批质量验收记

任务描述

录、板状材料保温层分项工程质量验收记录。

6.2.2 学习目标

1. 知识目标

(1)掌握板状材料保温层施工工艺流程。

(2)掌握板状材料保温层检验批划分规定。

(3)掌握板状材料保温层质量验收的主控项目和一般项目的验收内容、检查数量、检验方法。

2. 能力目标

(1)能正确划分板状材料保温层的检验批。

(2)能对板状材料保温层进行质量验收。

(3)能正确填写板状材料保温层检验批现场验收检查原始记录表、检验批质量验收记录表、分项工程质量验收记录表。

3. 素质目标

(1)培养按规范、规则开展工作的意识和养成小心谨慎的工作作风、保护成品的工作意识。

(2)培养认真细致的工作作风及团结协作的意识;培养节能环保意识。

(3)培养不畏艰难、吃苦耐劳的精神和实事求是、具体问题具体分析的素质。

6.2.3 任务分析

1. 重点

(1)主控项目和一般项目质量验收。

(2)填写质量验收记录表。

2. 难点

(1)确定检验批容量。

(2)掌握板状材料保温层接缝高低差检测操作方法。

6.2.4 素质养成

(1)在主控项目、一般项目验收条文描述中,引导学生养成规范、规矩意识,具有质量第一的原则与立场;板状材料保温层施工完成后容易受人员踩踏造成破坏,引导学生养成小心谨慎的工作作风和注意保护成品的意识。

(2)保温层的厚度对保温性能有直接影响,通过检测保温层的厚度培养学生节能减排、节能环保的意识。

(3)在质量验收、填写质量验收表格过程中,要专心细致、如实记录数据、准确评价验收结果,培养不畏艰难、吃苦耐劳的精神以及实事求是、具体问题具体分析的素质。

6.2.5　任务分组

填写学生任务分配表(表6.2.5)。

表 6.2.5　学生任务分配表

班级		组号		指导教师	
组长		学号			
组员	姓名	学号		姓名	学号
任务分工					

6.2.6　工作实施

任务工作单一

组号:＿＿＿＿＿＿＿　姓名:＿＿＿＿＿＿＿　学号:＿＿＿＿＿＿＿　编号:　6.2.6－1

引导问题:

(1)根据材料的不同,常见的屋面保温隔热层一般有哪几种形式?本工程屋面保温隔热层采用的是哪种材料?

(2)简述屋面板状材料保温层施工工艺流程。

(3)保温隔热层检验批划分规定是什么?本工程屋面保温隔热层可以划分为多少个检验批?

任务工作单二

组号:＿＿＿＿＿＿＿　姓名:＿＿＿＿＿＿＿　学号:＿＿＿＿＿＿＿　编号:　6.2.6－2

引导问题:

(1)简述本项目对屋面保温隔热层所用材料的要求。

(2)简述本项目保温隔热层采用干铺法或粘贴法施工时应注意的施工要求。

(3)简述保温隔热层的主控项目验收内容、检查数量和检验方法。

(4)简述在质量验收中,保温隔热层厚度、接缝高低差这两个检验项目的允许误差范围。

(5)结合本项目图纸,请按照随机且有代表性的原则编写一个检验批的一般项目允许偏差实体检测方案(表6.2.6)。

表6.2.6 实体检测方案

序号	检测项目	检测部位	检验方法

任务工作单三

组号:＿＿＿＿＿＿ 姓名:＿＿＿＿＿＿ 学号:＿＿＿＿＿＿ 编号: 6.2.6－3

引导问题:

(1)填写保温隔热层检验批现场验收检查原始记录有哪些应注意的事项?请按照检测方案模拟填写保温隔热层检验批现场验收检查原始记录表。

质量验收记录表

(2)如何正确填写保温隔热层检验批质量验收记录表?请按照保温隔热层检验批现场验收检查原始记录填写找平层检验批质量验收记录表。

(3)如何正确填写板状材料保温层分项工程质量验收记录表?请根据本项目检验批划分方案填写板状材料保温层分项工程质量验收记录表。

6.2.7 评价反馈

任务工作单一

组号：_____ 姓名：_____ 学号：_____ 编号：__6.2.7－1__

个人自评表

班级			日期	年 月 日
评价指标	评价内容		分数	分数评定
信息理解与运用	能有效利用工程案例资料查找有用的相关信息；能将查到的信息有效地传递到学习中		10	
感知课堂生活	是否熟悉各自的工作岗位，认同工作价值；在学习中是否能获得满足感，课堂氛围如何		10	
参与状态	与教师、同学之间是否相互理解与尊重；与教师、同学之间是否保持多向、丰富、适宜的信息交流		10	
	能处理好合作学习和独立思考的关系，做到有效学习；能提出有意义的问题或能发表个人见解		10	
知识、能力获得情况	掌握了板状材料保温层施工工艺流程		5	
	掌握了板状材料保温层检验批划分规定		5	
	掌握了板状材料保温层质量验收的主控项目和一般项目的验收内容、检查数量、检验方法		5	
	能正确划分板状材料保温层检验批		10	
	能对板状材料保温层进行质量验收		10	
	能正确填写板状材料保温层检验批现场验收检查原始记录表、检验批质量验收记录表、分项工程质量验收记录表		10	
思维状态	是否能发现问题、提出问题、分析问题、解决问题		5	
自评反思	按时按质完成任务；较好地掌握了专业知识点；较强的信息分析能力和理解能力		10	
自评分数				
有益的经验和做法				
总结反思建议				

228

任务工作单二

组号：＿＿＿＿＿＿＿＿ 姓名：＿＿＿＿＿＿＿＿ 学号：＿＿＿＿＿＿＿＿ 编号： 6.2.7－2

小组互评表

班级		被评组名		日期	年 月 日
评价指标	评价内容			分数	分数评定
信息理解 与运用	该组能否有效利用工程案例资料查找有用的相关信息			5	
	该组能否将查到的信息有效地传递到学习中			5	
感知课堂 生活	该组是否熟悉各自的工作岗位，认同工作价值			5	
	该组在学习中是否能获得满足感			5	
参与状态	该组与教师、同学之间是否相互理解与尊重			5	
	该组与教师、同学之间是否保持多向、丰富、适宜的信息交流			5	
	该组能否处理好合作学习和独立思考的关系，做到有效学习			5	
	该组能否提出有意义的问题或发表个人见解			5	
任务 完成情况	能正确填写板状材料保温层检验批现场验收检查原始记录表			15	
	能正确填写板状材料保温层检验批质量验收记录表			15	
	能正确填写板状材料保温层分项工程质量验收记录表			15	
思维状态	该组是否能发现问题、提出问题、分析问题、解决问题			5	
自评反思	该组能严肃认真地对待自评			10	
互评分数					
简要评述					

任务工作单三

组号：＿＿＿＿＿＿＿＿ 姓名：＿＿＿＿＿＿＿＿ 学号：＿＿＿＿＿＿＿＿ 编号： 6.2.7－3

教师评价表

班级		组名		姓名		
出勤情况						
评价内容	评价要点	考查要点	分数	教师评定		
				结论	分数	
信息理解与运用	任务实施过程中资料查阅	是否查阅信息资料	10			
		正确运用信息资料				
任务完成情况	掌握了板状材料保温层施工工艺流程	内容正确，错一处扣2分	10			
	掌握了板状材料保温层检验批划分规定	内容正确，错一处扣2分	10			
	掌握了板状材料保温层工程质量验收的主控项目和一般项目的验收内容、检查数量、检验方法	内容正确，错一处扣2分	10			
	能正确划分板状材料保温层检验批	内容正确，错一处扣2分	10			

班级			组名		姓名		
出勤情况							
评价内容	评价要点		考查要点		分数	教师评定	
						结论	分数
任务完成情况	能对板状材料保温层进行质量验收		内容正确，错一处扣2分		10		
	能正确填写板状材料保温层检验批现场验收检查原始记录表、检验批质量验收记录表、分项工程质量验收记录表		内容正确，错一处扣2分		10		
素质目标达成情况	出勤情况		缺勤1次扣2分		10		
	具有规范意识，讲原则、守规矩、小心谨慎		根据情况，酌情扣分		5		
	具有严谨求实、专心细致的工作作风		根据情况，酌情扣分		5		
	具有团结协作意识		根据情况，酌情扣分		5		
	具有吃苦耐劳的精神		根据情况，酌情扣分		5		

6.2.8 相关知识点

6.2.8.1 板状材料保温层施工工艺流程

材料准备→基层验收→作业面清理→铺设板状材料保温层→热桥部位处理→清扫完成面→做好保护措施。

6.2.8.2 板状材料保温层检验批划分规定

板状材料保温层宜按屋面面积 500～1 000 m² 划分为一个检验批，不足 500 m² 的应按一个检验批。

6.2.8.3 板状材料保温层的主控项目验收内容、检查数量和检验方法

检查数量：板状材料保温层每个检验批主控项目的检查数量，应按屋面面积每 100 m² 抽查 1 处，每处应为 10 m²，且不得少于 3 处。

验收内容和检验方法：

(1)板状保温材料的质量，应符合设计要求。

检验方法：检查出厂合格证、质量检验报告和进场检验报告。

(2)板状材料保温层的厚度应符合设计要求，其正偏差应不限，负偏差为 5%，且不得大于 4 mm。

检验方法：钢针插入和尺量检查。

(3)屋面热桥部位处理应符合设计要求。

检验方法：观察检查。

相关知识点

6.2.8.4 板状材料保温层的一般项目验收内容、检查数量和检验方法

板状材料保温层每个检验批一般项目的检查数量同主控项目。

(1)板状保温材料铺设应紧贴基层,应铺平垫稳,拼缝应严密,粘贴应牢固。

检验方法:观察检查。

(2)固定件的规格、数量和位置均应符合设计要求;垫片应与保温层表面齐平。

检验方法:观察检查。

(3)板状材料保温层表面平整度的允许偏差为 5 mm。

检验方法:2 m 靠尺和塞尺检查。

(4)板状材料保温层接缝高低差的允许偏差为 2 mm。

检验方法:直尺和塞尺检查。

6.2.8.5 板状材料保温层的一般项目允许偏差测量方法

接缝高低差:

(1)按每 10 m² 的区域作为 1 个实测区。

(2)同一实测区域内目测选取 2 条疑似高低差最大的板状保温材料接缝,分别用钢尺或其他辅助工具紧靠相邻两地板条跨过接缝,以 0.5 mm 厚度的不锈钢塞片插入钢尺与地板条之间的缝隙。如能插入,则该测量点不合格;反之,则该测量点合格。

6.2.9 项目拓展

项目拓展

任务三 防水与密封工程质量验收与资料管理

6.3.1 任务描述

根据×××学院实验实训综合楼 EPC 总承包的建筑施工图(建施 1—1、建施 1—3、建施10、建施15)、工程量清单、专项施工方案,以及《屋面工程质量验收规范》(GB 50207—2012)中关于防水与密封工程质量验收的规定,完成以下工作任务:

任务描述

(1)划分防水层的检验批。

(2)对防水层质量验收中的主控项目进行质量检查。

(3)对防水层的收头处构造进行观察检查。

(4)操作检测工具对卷材的搭接宽度进行实体检测。

(5)利用建筑工程资料管理软件填写卷材防水层检验批质量验收记录、卷材防水层分项工程质量验收记录。

6.3.2　学习目标

1. 知识目标

(1)掌握卷材防水层施工工艺流程。

(2)掌握卷材防水层检验批划分规定。

(3)掌握卷材防水层质量验收的主控项目和一般项目的验收内容、检查数量、检验方法。

2. 能力目标

(1)能正确划分卷材防水层的检验批。

(2)能对卷材防水层进行质量验收。

(3)能正确填写卷材防水层检验批现场验收检查原始记录表、检验批质量验收记录表、分项工程质量验收记录表。

3. 素质目标

(1)培养按规范、规则开展工作的意识。

(2)培养工匠精神及团结协作的意识。

(3)培养不畏艰难、吃苦耐劳的精神和实事求是、具体问题具体分析的素质。

6.3.3　任务分析

1. 重点

(1)主控项目和一般项目质量验收。

(2)填写质量验收记录表。

2. 难点

(1)确定检验批容量。

(2)掌握卷材搭接宽度检测操作方法。

(3)卷材防水层在檐口、檐沟、天沟、水落口、泛水、变形缝和伸出屋面管道的防水构造的施工工艺。

6.3.4　素质养成

(1)在主控项目、一般项目验收条文描述中，引导学生养成规范、规矩意识，具有质量第一的原则与立场。

(2)防水层微小破损会严重影响房屋质量和使用功能，通过任务的学习，培养学生认真严谨的工匠精神。

(3)通过填写表格，培养学生从实际情况出发，实事求是、具体问题具体分析的素质。

6.3.5　任务分组

填写学生任务分配表(表6.3.5)。

表 6.3.5　学生任务分配表

班级		组号		指导教师	
组长		学号			

组员	姓名	学号	姓名	学号

任务分工	

6.3.6　工作实施

任务工作单一

组号：＿＿＿＿＿＿＿＿　姓名：＿＿＿＿＿＿＿＿　学号：＿＿＿＿＿＿＿＿　编号：　6.3.6—1

引导问题：

(1)根据材料的不同，屋面卷材可以分为哪几种？本工程屋面卷材防水层采用的是哪种材料？

(2)简述屋面卷材防水层施工工艺流程。

(3)卷材防水层检验批划分规定是什么？本工程屋面卷材防水层可以划分为多少个检验批？

任务工作单二

组号：＿＿＿＿＿＿＿＿　姓名：＿＿＿＿＿＿＿＿　学号：＿＿＿＿＿＿＿＿　编号：　6.3.6—2

引导问题：

(1)本项目屋面的防水等级是几级？

(2)简述本项目两层卷材防水层铺贴施工时应满足的要求。

(3)简述卷材防水层的主控项目验收内容、检查数量和检验方法。

(4)简述在质量验收中,卷材防水层搭接宽度要求和允许误差分别是多少?

(5)结合本项目图纸,请按照随机且有代表性的原则编写一个检验批的一般项目允许偏差实体检测方案(表6.3.6)。

表 6.3.6　实体检测方案

序号	检测项目	检测部位	检验方法

任务工作单三

组号:＿＿＿＿＿＿　姓名:＿＿＿＿＿＿　学号:＿＿＿＿＿＿　编号:＿6.3.6—3＿

引导问题:

(1)填写卷材防水层检验批现场验收检查原始记录有哪些应注意的事项?请按照检测方案模拟填写卷材防水层检验批现场验收检查原始记录表。

质量验收记录表

(2)如何正确填写卷材防水层检验批质量验收记录表?请按照卷材防水层检验批现场验收检查原始记录填写卷材防水层检验批质量验收记录表。

(3)如何正确填写卷材防水层分项工程质量验收记录表?请根据本项目检验批划分方案填写卷材防水层分项工程质量验收记录表。

6.3.7 评价反馈

任务工作单一

组号：_____　姓名：_____　学号：_____　编号：<u>6.3.7-1</u>

个人自评表

班级		组名		日期	年 月 日
评价指标	评价内容			分数	分数评定
信息理解与运用	能有效利用工程案例资料查找有用的相关信息；能将查到的信息有效地传递到学习中			10	
感知课堂生活	是否熟悉各自的工作岗位，认同工作价值；在学习中是否能获得满足感，课堂氛围如何			10	
参与状态	与教师、同学之间是否相互理解与尊重；与教师、同学之间是否保持多向、丰富、适宜的信息交流			10	
	能处理好合作学习和独立思考的关系，做到有效学习；能提出有意义的问题或能发表个人见解			10	
知识、能力获得情况	掌握了卷材防水层施工工艺流程			5	
	掌握了卷材防水层检验批划分规定			5	
	掌握了卷材防水层质量验收的主控项目和一般项目的验收内容、检查数量、检验方法			5	
	能正确划分卷材防水层检验批			10	
	能对卷材防水层进行质量验收			10	
	能正确填写卷材防水层检验批现场验收检查原始记录表、检验批质量验收记录表、分项工程质量验收记录表			10	
思维状态	是否能发现问题、提出问题、分析问题、解决问题			5	
自评反思	按时按质完成任务；较好地掌握了专业知识点；较强的信息分析能力和理解能力			10	
自评分数					
有益的经验和做法					
总结反思建议					

任务工作单二

组号：＿＿＿＿＿　姓名：＿＿＿＿＿＿　学号：＿＿＿＿＿＿　编号：＿6.3.7－2＿

小组互评表

班级		被评组名		日期	年 月 日
评价指标		评价内容		分数	分数评定
信息理解 与运用	该组能否有效利用工程案例资料查找有用的相关信息			5	
	该组能否将查到的信息有效地传递到学习中			5	
感知课堂 生活	该组是否熟悉各自的工作岗位，认同工作价值			5	
	该组在学习中是否能获得满足感			5	
参与状态	该组与教师、同学之间是否相互理解与尊重			5	
	该组与教师、同学之间是否保持多向、丰富、适宜的信息交流			5	
	该组能否处理好合作学习和独立思考的关系，做到有效学习			5	
	该组能否提出有意义的问题或发表个人见解			5	
任务 完成情况	能正确填写卷材防水层检验批现场验收检查原始记录表			15	
	能正确填写卷材防水层检验批质量验收记录表			15	
	能正确填写卷材防水层分项工程质量验收记录表			15	
思维状态	该组是否能发现问题、提出问题、分析问题、解决问题			5	
自评反思	该组能严肃、认真地对待自评			10	
互评分数					
简要评述					

任务工作单三

组号：＿＿＿＿＿　姓名：＿＿＿＿＿＿　学号：＿＿＿＿＿　编号：＿6.3.7－3＿

教师评价表

班级		组名		姓名	
出勤情况					
评价内容	评价要点	考查要点	分数	教师评定	
				结论	分数
信息理解与运用	任务实施过程中资料查阅	是否查阅信息资料	10		
		正确运用信息资料			
任务完成情况	掌握了卷材防水层施工工艺流程	内容正确，错一处扣2分	10		
	掌握了卷材防水层检验批划分规定	内容正确，错一处扣2分	10		
	掌握了卷材防水层工程质量验收的主控项目和一般项目的验收内容、检查数量、检验方法	内容正确，错一处扣2分	10		

班级			组名		姓名		
出勤情况							
评价内容	评价要点		考查要点		分数	教师评定	
						结论	分数
任务完成情况	能正确划分卷材防水层检验批		内容正确，错一处扣2分		10		
	能对卷材防水层进行质量验收		内容正确，错一处扣2分		10		
	能正确填写卷材防水层检验批现场验收检查原始记录表、检验批质量验收记录表、分项工程质量验收记录表		内容正确，错一处扣2分		10		
素质目标达成情况	出勤情况		缺勤1次扣2分		10		
	具有规范意识，讲原则、守规矩		根据情况，酌情扣分		5		
	具有严谨求实、专心细致的工作作风		根据情况，酌情扣分		5		
	具有团结协作意识		根据情况，酌情扣分		5		
	具有吃苦耐劳的精神		根据情况，酌情扣分		5		

6.3.8 相关知识点

6.3.8.1 卷材防水层施工工艺流程

材料准备→基层验收→作业面清理→铺贴防水卷材→卷材收口处理→及时保护完成品。

6.3.8.2 卷材防水层检验批划分规定

相关知识点

卷材防水层宜按屋面面积 500～1 000 m² 划分为一个检验批，不足 500 m² 的应按一个检验批。

6.3.8.3 卷材防水层的主控项目验收内容、检查数量和检验方法

检查数量：卷材防水层每个检验批主控项目的检查数量，应按屋面面积每 100 m² 抽查 1 处，每处应为 10 m²，且不得少于 3 处。接缝密封防水应按每 50 m 抽查一处，每处应为 5 m，且不得少于 3 处。

验收内容和检验方法：

(1)防水卷材及其配套材料的质量，应符合设计要求。

检验方法：检查出厂合格证、质量检验报告和进场检验报告。

(2)卷材防水层不得有渗漏和积水现象。

检验方法：雨后观察或淋水、蓄水试验。

(3)卷材防水层在檐口、檐沟、天沟、水落口、泛水、变形缝和伸出屋面管道的防水构造，应符合设计要求。

检验方法：观察检查。

6.3.8.4　卷材防水层的一般项目验收内容、检查数量和检验方法

卷材防水层每个检验批一般项目的检查数量同主控项目。

(1)卷材的搭接缝应黏结或焊接牢固，密封应严密，不得扭曲、皱折和翘边。

检验方法：观察检查。

(2)卷材防水层的收头应与基层黏结，钉压应牢固，密封应严密。

检验方法：观察检查。

(3)卷材防水层的铺贴方向应正确，卷材搭接宽度的允许偏差为−10 mm。

检验方法：观察和尺量检查。

(4)屋面排气构造的排气道应纵横贯通，不得堵塞；排气管应安装牢固，位置应正确，封闭应严密。

检验方法：观察检查。

6.3.8.5　卷材防水层的一般项目允许偏差测量方法

卷材搭接宽度：

(1)按每 10 m² 的区域作为 1 个实测区。

(2)每个实测区随机抽取至少 3 个疑似卷材搭接宽度不足的地方，用钢尺进行实测实量，作为 3 个实测点的数据。屋面实测点数共计不少于 10 个。

6.3.9　项目拓展

项目拓展

任务四　细部构造工程质量验收与资料管理

6.4.1　任务描述

根据×××学院实验实训综合楼 EPC 总承包的建筑和结构施工图(建施 10、建施 15、建施 35、建施 36)、工程量清单、专项施工方案，以及《屋面工程质量验收规范》(GB 50207—2012)中关于细部构造工程质量验收的规定，完成以下工作任务：

(1)划分女儿墙处防水细部构造的检验批。

(2)对女儿墙处防水细部构造质量验收中的主控项目进行质量检查。

(3)操作检测工具对女儿墙处防水细部构造中的防水附加层铺设进行实体检测。

任务描述

(4)利用建筑工程资料管理软件填写女儿墙和山墙检验批质量验收记录、女儿墙和山墙分项工程质量验收记录。

6.4.2 学习目标

1. 知识目标

(1)掌握女儿墙和山墙处防水细部构造施工工艺流程。

(2)掌握女儿墙处防水细部构造检验批划分规定。

(3)掌握女儿墙处防水细部构造质量验收的主控项目和一般项目的验收内容、检查数量、检验方法。

2. 能力目标

(1)能正确划分女儿墙处防水细部构造的检验批。

(2)能对女儿墙处防水细部构造进行质量验收。

(3)能正确填写女儿墙处防水细部构造检验批现场验收检查原始记录表、检验批质量验收记录表、分项工程质量验收记录表。

3. 素质目标

(1)培养按规范、规则开展工作的意识。

(2)培养重视细节、认真严谨的精神及团结协作的意识。

(3)培养不畏艰难、吃苦耐劳的精神和实事求是、具体问题具体分析的素质。

6.4.3 任务分析

1. 重点

(1)主控项目和一般项目质量验收。

(2)填写质量验收记录表。

2. 难点

(1)确定检验批容量。

(2)掌握女儿墙处卷材收头的质量控制要求。

6.4.4 素质养成

(1)在主控项目、一般项目验收条文描述中,引导学生养成规范、规矩意识,具有质量第一的原则与立场。

(2)细部防水构造对整个屋面的防水性能有重要影响,通过任务的学习,培养学生重视细节、认真严谨的工匠精神。

(3)通过填写表格,培养学生从实际情况出发,实事求是、具体问题具体分析的素质。

6.4.5 任务分组

填写学生任务分配表(表 6.4.5)。

表 6.4.5 学生任务分配表

班级		组号		指导教师	
组长		学号			

组员	姓名	学号	姓名	学号

任务分工	

6.4.6 工作实施

任务工作单一

组号：_____ 姓名：_____ 学号：_____ 编号： 6.4.6—1

引导问题：

(1)根据图纸说出本工程有哪些防水细部构造需要进行质量验收?

(2)简述女儿墙处防水细部构造施工工艺流程。

(3)女儿墙处防水细部构造检验批划分规定是什么? 本工程女儿墙处防水细部构造可以划分为多少个检验批?

任务工作单二

组号：_____ 姓名：_____ 学号：_____ 编号： 6.4.6—2

引导问题：

(1)简述本项目女儿墙处防水细部构造中附加防水层的材料要求及构造要求。

(2)简述本项目女儿墙处防水细部构造卷材铺贴施工时卷材收口处应注意的要求。

(3)简述女儿墙处防水细部构造的主控项目验收内容、检查数量和检验方法。

(4)结合本项目图纸，请按照随机且有代表性的原则编写一个检验批的一般项目允许偏差实体检测方案(表6.4.6)。

表 6.4.6　实体检测方案

序号	检测项目	检测部位	检验方法

任务工作单三

组号：＿＿＿＿＿＿　姓名：＿＿＿＿＿＿　学号：＿＿＿＿＿＿　编号：6.4.6－3

引导问题：

(1)填写女儿墙处防水细部构造检验批现场验收检查原始记录有哪些应注意的事项？请按照检测方案模拟填写女儿墙处防水细部构造检验批现场验收检查原始记录表。

质量验收记录表

(2)如何正确填写女儿墙处防水细部构造检验批质量验收记录表？请按照女儿墙处防水细部构造检验批现场验收检查原始记录填写卷材防水层检验批质量验收记录表。

(3)如何正确填写女儿墙处防水细部构造分项工程质量验收记录表？请根据本项目检验批划分方案填写女儿墙处防水细部构造分项工程质量验收记录表。

6.4.7　评价反馈

任务工作单一

组号：＿＿＿＿＿＿　姓名：＿＿＿＿＿＿　学号：＿＿＿＿＿＿　编号：6.4.7－1

个人自评表

班级		组名		日期	年 月 日
评价指标	评价内容			分数	分数评定
信息理解与运用	能有效利用工程案例资料查找有用的相关信息；能将查到的信息有效地传递到学习中			10	
感知课堂生活	是否熟悉各自的工作岗位，认同工作价值；在学习中是否能获得满足感，课堂氛围如何			10	

班级		组名		日期	年 月 日
评价指标	评价内容			分数	分数评定
参与状态	与教师、同学之间是否相互理解与尊重；与教师、同学之间是否保持多向、丰富、适宜的信息交流			10	
	能处理好合作学习和独立思考的关系，做到有效学习；能提出有意义的问题或能发表个人见解			10	
知识、能力获得情况	掌握了女儿墙处防水细部构造施工工艺流程			5	
	掌握了女儿墙处防水细部构造检验批划分规定			5	
	掌握了女儿墙处防水细部构造质量验收的主控项目和一般项目的验收内容、检查数量、检验方法			5	
	能正确划分女儿墙处防水细部构造检验批			10	
	能对女儿墙处防水细部构造进行质量验收			10	
	能正确填写女儿墙处防水细部构造检验批现场验收检查原始记录表、检验批质量验收记录表、分项工程质量验收记录表			10	
思维状态	是否能发现问题、提出问题、分析问题、解决问题			5	
自评反思	按时按质完成任务；较好地掌握了专业知识点；较强的信息分析能力和理解能力			10	
自评分数					
有益的经验和做法					
总结反思建议					

任务工作单二

组号：_____ 姓名：_____ 学号：_____ 编号：6.4.7-2

小组互评表

班级		被评组名		日期	年 月 日
评价指标	评价内容			分数	分数评定
信息理解与运用	该组能否有效利用工程案例资料查找有用的相关信息			5	
	该组能否将查到的信息有效地传递到学习中			5	
感知课堂生活	该组是否熟悉各自的工作岗位，认同工作价值			5	
	该组在学习中是否能获得满足感			5	
参与状态	该组与教师、同学之间是否相互理解与尊重			5	
	该组与教师、同学之间是否保持多向、丰富、适宜的信息交流			5	
	该组能否处理好合作学习和独立思考的关系，做到有效学习			5	
	该组能否提出有意义的问题或发表个人见解			5	

班级		被评组名		日期	年 月 日
评价指标	评价内容			分数	分数评定
任务完成情况	能正确填写女儿墙处防水细部构造检验批现场验收检查原始记录表			15	
	能正确填写女儿墙处防水细部构造检验批质量验收记录表			15	
	能正确填写女儿墙处防水细部构造分项工程质量验收记录表			15	
思维状态	该组是否能发现问题、提出问题、分析问题、解决问题			5	
自评反思	该组能严肃、认真地对待自评			10	
互评分数					
简要评述					

任务工作单三

组号：_____ 姓名：_____ 学号：_____ 编号： 6.4.7－3

教师评价表

班级		组名		姓名		
出勤情况						
评价内容	评价要点	考查要点	分数	教师评定		
				结论	分数	
信息理解与运用	任务实施过程中资料查阅	是否查阅信息资料	10			
		正确运用信息资料				
任务完成情况	掌握了女儿墙处防水细部构造施工工艺流程	内容正确，错一处扣2分	10			
	掌握了女儿墙处防水细部构造检验批划分规定	内容正确，错一处扣2分	10			
	掌握了女儿墙处防水细部构造质量验收的主控项目和一般项目的验收内容、检查数量、检验方法	内容正确，错一处扣2分	10			
	能正确划分女儿墙处防水细部构造检验批	内容正确，错一处扣2分	10			
	能对女儿墙处防水细部构造进行质量验收	内容正确，错一处扣2分	10			
	能正确填写女儿墙处防水细部构造检验批现场验收检查原始记录表、检验批质量验收记录表、分项工程质量验收记录表	内容正确，错一处扣2分	10			

班级		组名		姓名	
出勤情况					
评价内容	评价要点	考查要点	分数	教师评定	
				结论	分数
素质目标达成情况	出勤情况	缺勤1次扣2分	10		
	具有规范意识、讲原则、守规矩	根据情况，酌情扣分	5		
	具有严谨求实、专心细致的工作作风	根据情况，酌情扣分	5		
	具有团结协作意识	根据情况，酌情扣分	5		
	具有吃苦耐劳的精神	根据情况，酌情扣分	5		

6.4.8 相关知识点

6.4.8.1 女儿墙处防水细部构造施工工艺流程

材料准备→基层验收→作业面清理→按图纸要求铺贴卷材防水层→卷材收口处理→及时保护防水细部构造。

相关知识点

6.4.8.2 女儿墙处防水细部构造检验批划分规定

屋面工程各分项工程宜按屋面面积 500～1 000 m² 划分为一个检验批，不足 500 m² 的应按一个检验批。

6.4.8.3 女儿墙处防水细部构造的主控项目验收内容、检查数量和检验方法

检查数量：女儿墙处防水细部构造每个检验批主控项目应全数检验。

验收内容和检验方法：

(1)女儿墙的防水构造应符合设计要求。

检验方法：观察检查。

(2)女儿墙和山墙的压顶向内排水坡度不应小于5%，压顶内侧下端应做成鹰嘴或滴水槽。

检验方法：观察和坡度尺检查。

(3)女儿墙和山墙的根部不得有渗漏和积水现象。

检验方法：雨后观察或淋水试验。

6.4.8.4 女儿墙处防水细部构造的一般项目验收内容、检查数量和检验方法

检查数量：女儿墙处防水细部构造每个检验批一般项目应全数检验。

验收内容和检验方法：

(1)女儿墙和山墙的泛水高度及附加层铺设应符合设计要求。

检验方法：观察和尺量检查。

(2)女儿墙和山墙的卷材应满粘，卷材收头应用金属压条钉压固定，并应用密封材料封严。

检验方法：观察检查。

(3)女儿墙和山墙的涂膜应直接涂刷至压顶下，涂膜收头应用防水涂料多遍涂刷。

检验方法：观察检查。

6.4.9 项目拓展

项目拓展

项目七 建筑装饰装修工程质量验收与资料管理

任务一 抹灰工程质量验收与资料管理

7.1.1 任务描述

根据×××学院实验实训综合楼建筑施工图、×××学院实验实训综合楼抹灰工程施工方案、《建筑装饰装修工程质量验收标准》(GB 50210—2018)、《抹灰砂浆技术规程》(JGJ/T 220—2010)，完成以下工作任务：

任务描述

(1)划分抹灰分项工程检验批。

(2)对内外墙抹灰工程主控项目进行质量检查。

(3)操作检测工具对抹灰工程一般项目允许偏差实体检测。

(4)利用建筑工程资料管理软件填写抹灰工程检验批现场验收检查原始记录、检验批质量验收记录、分项工程质量验收记录。

7.1.2 学习目标

1. 知识目标

(1)掌握抹灰工程施工工艺流程。

(2)掌握抹灰工程分项工程检验批划分规定。

(3)掌握抹灰工程质量验收的主控项目和一般项目的验收内容、检查数量、检验方法。

2. 能力目标

(1)能正确划分抹灰工程检验批。

(2)能对抹灰工程进行质量验收。

(3)能正确填写抹灰工程检验批现场验收检查原始记录表、检验批质量验收记录表、分项工程质量验收记录表。

3. 素质目标

(1)培养质量意识。

(2)培养规范意识，讲原则、守规矩。

(3)培养严谨求实、专心细致的工作作风。

(4)培养辩证思维意识。

(5)培养吃苦耐劳的精神。

7.1.3　任务分析

1. 重点

(1)主控项目和一般项目质量验收。

(2)填写质量验收记录表。

2. 难点

(1)设计图纸各部位抹灰工程做法与要求识读。

(2)验收项目检测操作规范。

7.1.4　素质养成

(1)在主控项目、一般项目验收条文描述中，引导学生养成规范意识，具有质量第一的原则与立场。

(2)抹灰层是基层与面层的结合面，与基层的黏结牢固程度、平直度等因素直接影响内外墙、顶棚装饰面层的质量、安全、美感，通过完成制订任务，培养系统辩证的思维意识。

(3)在质量验收、填写质量验收表格过程中，要专心细致、如实记录数据、准确评价验收结果，训练中养成分工合作、不怕苦不怕累的精神。

7.1.5　任务分配

填写学生任务分配表(表 7.1.5)。

表 7.1.5　学生任务分配表

班级		组号		指导教师	
组长		学号			
组员	姓名	学号		姓名	学号
任务分工					

7.1.6 工作实施

任务工作单一

组号：_____ 姓名：_____ 学号：_____ 编号：_7.1.6-1_

引导问题：

(1)简述抹灰工程施工工艺流程。

(2)阅读建筑施工图和抹灰工程施工方案，列出本工程地上和地下内外墙、顶棚抹灰砂浆种类及做法要求。

(3)本工程项目内墙抹灰可以划分为多少个检验批？并填写本项目抹灰工程检验批划分方案（表7.1.6-1）。

表 7.1.6-1　检验批划分方案

子分部工程	分项工程	检验批划分部位	容量
抹灰	一般抹灰		

任务工作单二

组号：_____ 姓名：_____ 学号：_____ 编号：_7.1.6-2_

引导问题：

(1)简述本项目室内墙面、柱面和门洞的阳角做法。

(2)抹灰工程验收时应检查哪些文件记录？

(3)简述一般抹灰工程的主控项目验收内容、检查数量和检验方法。

(4)简述一般抹灰工程的一般项目允许偏差检测部位要求。

(5)结合本项目图纸,按照随机且有代表性的原则编写室内抹灰一个检验批的一般项目允许偏差实体检测方案(表7.1.6-2)。

表 7.1.6-2　实体检测方案

序号	检测项目	检测部位	检验方法

任务工作单三

组号:＿＿＿＿＿　姓名:＿＿＿＿＿　学号:＿＿＿＿＿　编号:　7.1.6－3

引导问题:

(1)按照检测方案模拟填写抹灰工程检验批现场验收检查原始记录表。

质量验收记录表

(2)请按照抹灰工程检验批现场验收检查原始记录填写抹灰工程检验批质量验收记录表。

7.1.7　评价反馈

任务工作单一

组号:＿＿＿＿＿　姓名:＿＿＿＿＿　学号:＿＿＿＿＿　编号:　7.1.7－1

个人自评表

班级		组名		日期	年 月 日
评价指标	评价内容			分数	分数评定
信息理解与运用	能有效利用工程案例资料查找有用的相关信息;能将查到的信息有效地传递到学习中			10	
感知课堂生活	是否熟悉各自的工作岗位,认同工作价值;在学习中是否能获得满足感,课堂氛围如何			10	
参与状态	与教师、同学之间是否相互理解与尊重;与教师、同学之间是否保持多向、丰富、适宜的信息交流			10	
	能处理好合作学习和独立思考的关系,做到有效学习;能提出有意义的问题或能发表个人见解			10	

班级			组名		日期	年 月 日
评价指标	评价内容				分数	分数评定
知识、能力获得情况	掌握一般抹灰施工工艺流程				5	
	掌握抹灰分项工程检验批划分规定				5	
	掌握一般抹灰质量验收的主控项目和一般项目的验收内容、检查数量、检验方法				5	
	能正确划分抹灰工程检验批				10	
	能对一般抹灰工程进行质量验收				10	
	能正确填写一般抹灰工程检验批现场验收检查原始记录表、检验批质量验收记录表、分项工程质量验收记录表				10	
思维状态	是否能发现问题、提出问题、分析问题、解决问题				5	
自评反思	按时按质完成任务；较好地掌握了专业知识点；较强的信息分析能力和理解能力				10	
自评分数						
有益的经验和做法						
总结反思建议						

任务工作单二

组号：＿＿＿＿＿＿＿　姓名：＿＿＿＿＿＿＿　学号：＿＿＿＿＿＿＿　编号：＿7.1.7－2＿

小组互评表

班级			被评组名		日期	年 月 日
评价指标	评价内容				分数	分数评定
信息理解与运用	该组能否有效利用工程案例资料查找有用的相关信息				5	
	该组能否将查到的信息有效地传递到学习中				5	
感知课堂生活	该组是否熟悉各自的工作岗位，认同工作价值				5	
	该组在学习中是否能获得满足感				5	
参与状态	该组与教师、同学之间是否相互理解与尊重				5	
	该组与教师、同学之间是否保持多向、丰富、适宜的信息交流				5	
	该组能否处理好合作学习和独立思考的关系，做到有效学习				5	
	该组能否提出有意义的问题或发表个人见解				5	
任务完成情况	能正确填写抹灰工程检验批现场验收检查原始记录表				15	
	能正确填写抹灰工程检验批质量验收记录表				15	
	能正确填写抹灰工程分项工程质量验收记录表				15	

班级		被评组名		日期	年 月 日
评价指标	评价内容			分数	分数评定
思维状态	该组是否能发现问题、提出问题、分析问题、解决问题			5	
自评反思	该组能严肃、认真地对待自评			10	
互评分数					
简要评述					

任务工作单三

组号：_____ 姓名：_____ 学号：_____ 编号： 7.1.7-3

教师评价表

班级		组名		姓名	
出勤情况					
评价内容	评价要点	考查要点	分数	教师评定	
				结论	分数
信息理解与运用	任务实施过程中资料查阅	是否查阅信息资料	10		
		正确运用信息资料			
任务完成情况	掌握抹灰工程施工工艺流程	内容正确，错一处扣2分	10		
	掌握抹灰分项工程检验批划分规定	内容正确，错一处扣2分	10		
	掌握抹灰工程质量验收的主控项目和一般项目的验收内容、检查数量、检验方法	内容正确，错一处扣2分	10		
	能正确划分抹灰分项工程检验批	内容正确，错一处扣2分	10		
	能对抹灰工程进行质量验收	内容正确，错一处扣2分	10		
	能正确填写抹灰工程检验批现场验收检查原始记录表、检验批质量验收记录表、分项工程质量验收记录表	内容正确，错一处扣2分	10		
素质目标达成情况	出勤情况	缺勤1次扣2分	10		
	具有规范意识，讲原则、守规矩	根据情况，酌情扣分	5		
	具有严谨求实、专心细致的工作作风	根据情况，酌情扣分	5		
	具有团结协作意识	根据情况，酌情扣分	5		
	具有吃苦耐劳的精神	根据情况，酌情扣分	5		

7.1.8 相关知识点

7.1.8.1 一般抹灰砂浆工艺流程

（1）内墙抹灰施工工艺流程：基层清理→浇水湿润→吊垂直、套方、找规矩、抹灰饼→抹水泥踢脚或墙裙→做护角，抹水泥窗台→墙面充筋→修补预留孔洞、电视槽、盒等→抹罩面灰。如有具体施工方案，以施工方案为准。

（2）外墙抹灰施工工艺流程：基层处理→湿润基层→找规矩、做灰饼→设置标筋→阳角做护角→抹底层灰→抹窗台板、墙裙或踢脚板→抹面层灰→清理→成品保护。

7.1.8.2 抹灰分项工程检验批划分规定

各分项工程的检验批应按下列规定划分。

(1)相同材料、工艺和施工条件的室外抹灰工程每 1 000 m² 应划分为一个检验批，不足 1 000 m² 时也应划分为一个检验批；

(2)相同材料、工艺和施工条件的室内抹灰工程每 50 个自然间应划分为一个检验批，不足 50 间也应划分为一个检验批，大面积房间和走廊可按抹灰面积每 30 m² 计为 1 间。

7.1.8.3 抹灰分项工程验收内容和检查数量

(1)抹灰工程验收时应检查下列文件和记录：

1)抹灰工程的施工图、设计说明及其他设计文件；

2)材料的产品合格证书、性能检验报告、进场验收记录和复验报告；

3)隐蔽工程验收记录；

4)施工记录。

(2)抹灰工程应对下列材料及其性能指标进行复验：

1)砂浆的拉伸黏结强度；

2)聚合物砂浆的保水率。

(3)抹灰工程应对下列隐蔽工程项目进行验收：

1)抹灰总厚度大于或等于 35 mm 时的加强措施；

2)不同材料基体交接处的加强措施。

(4)抹灰工程检查数量应符合下列规定：

1)室内每个检验批应至少抽查 10%，并不得少于 3 间，不足 3 间时应全数检查。

2)室外每个检验批每 100 m² 应至少抽查一处，每处不得小于 10 m²。

7.1.8.4 抹灰主控项目验收内容和检验方法

(1)一般抹灰所用材料的品种和性能应符合设计要求及现行国家标准的有关规定。

检验方法：检查产品合格证书、进场验收记录、性能检验报告和复验报告。

(2)抹灰前基层表面的尘土、污垢和油渍等应清除干净，并应洒水润湿或进行界面处理。

检验方法：检查施工记录。

(3)抹灰工程应分层进行。当抹灰总厚度大于或等于 35 mm 时，应采取加强措施。不同材料基体交接处表面的抹灰，应采取防止开裂的加强措施，当采用加强网时，加强网与各基体的搭接宽度不应小于 100 mm。

检验方法：检查隐蔽工程验收记录和施工记录。

(4)抹灰层与基层之间及各抹灰层之间应黏结牢固，抹灰层应无脱层和空鼓，面层应无爆灰和裂缝。

检验方法：观察；用小锤轻击检查；检查施工记录。

7.1.8.5 抹灰工程一般项目验收内容和检验方法

(1)一般抹灰工程的表面质量应符合下列规定：

1)普通抹灰表面应光滑、洁净、接槎平整，分格缝应清晰；

2)高级抹灰表面应光滑、洁净、颜色均匀、无抹纹，分格缝和灰线应清晰美观。

检验方法：观察；手摸检查。

(2)护角、孔洞、槽、盒周围的抹灰表面应整齐、光滑；管道后面的抹灰表面应平整。

检验方法：观察。

(3)抹灰层的总厚度应符合设计要求；水泥砂浆不得抹在石灰砂浆层上；罩面石膏灰不得抹在水泥砂浆层上。

检验方法：检查施工记录。

(4)抹灰分格缝的设置应符合设计要求，宽度和深度应均匀，表面应光滑，棱角应整齐。

检验方法：观察；尺量检查。

(5)有排水要求的部位应做滴水线(槽)。滴水线(槽)应整齐顺直，滴水线应内高外低，滴水槽的宽度和深度应满足设计要求，且均不应小于 10 mm。

检验方法：观察；尺量检查。

(6)一般抹灰工程质量的允许偏差和检验方法应符合《建筑装饰装修工程质量验收标准》(GB 50210—2018)表 4.2.10 的规定。

7.1.9　项目拓展

项目拓展

任务二　外墙防水工程质量验收与资料管理

7.2.1　任务描述

根据×××学院实验实训综合楼项目外墙建筑装饰装修方案、建筑施工图、材料产品合格证书、性能检验报告，以及《建筑装饰装修工程质量验收标准》(GB 50210—2018)等材料，完成以下工作任务：

(1)划分×××学院实验实训综合楼项目外墙防水工程检验批方案。

(2)对外墙防水工程主控项目进行质量检查，并操作检测工具完成一般项目允许偏差实体检测。

任务描述

(3)利用建筑工程资料管理软件填写外墙防水工程现场验收检查原始记录、检验批质量验收记录、分项工程质量验收记录。

7.2.2　学习目标

1. 知识目标

(1)掌握外墙砂浆防水施工工艺流程。

(2)掌握外墙防水工程检验批划分规定。

(3)掌握外墙防水质量验收的主控项目和一般项目的验收内容、检查数量、检验方法。

2. 能力目标

(1)能正确划分外墙防水检验批方案。

(2)能对外墙防水工程进行质量验收。

(3)能正确填写外墙防水工程检验批现场验收检查原始记录表、检验批质量验收记录表、分项工程质量验收记录表。

3. 素质目标

(1)培养安全意识。

(2)培养规范意识，讲原则、守规矩。

(3)培养严谨求实、专心细致的工作作风。

(4)培养团结协作意识。

7.2.3　任务分析

1. 重点

(1)主控项目和一般项目质量验收。

(2)填写质量验收记录表。

2. 难点

(1)划分外墙防水检验批。

(2)验收项目检测操作规范。

7.2.4　素质养成

(1)在主控项目、一般项目验收条文描述中，引导学生养成规范意识、安全意识，具有质量第一的原则与立场。

(2)外墙防水与建筑的适用性密切相关，通过学习本项目，强化学生的质量意识与安全意识。

(3)在质量验收、填写质量验收表格过程中，要专心细致、如实记录数据、准确评价验收结果，训练中养成分工合作、不怕苦不怕累的精神。

7.2.5　任务分配

填写学生任务分配表(表7.2.5)。

表 7.2.5　学生任务分配表

班级		组号		指导教师		
组长		学号				
组员	姓名		学号		姓名	学号
任务分工						

7.2.6 工作实施

任务工作单一

组号：_____ 姓名：_____ 学号：_____ 编号：7.2.6-1

引导问题：

(1)简述外墙防水砂浆施工流程。

(2)简述外墙防水工程检验批划分规定。

任务工作单二

组号：_____ 姓名：_____ 学号：_____ 编号：7.2.6-2

引导问题：

(1)简述本项目外墙防水砂浆要求。

(2)简述外墙防水工程的主控项目验收内容、检查数量和检验方法。

(3)简述外墙防水工程的一般项目允许偏差检测部位要求。

(4)结合本项目图纸，请按照随机且有代表性的原则编写一个检验批的一般项目允许偏差实体检测方案(表7.2.6)。

表 7.2.6 外墙防水检验批划分

序号	检验项目	检验批划分部位	检验方法

任务工作单三

组号：_____ 姓名：_____ 学号：_____ 编号：7.2.6-3

引导问题：

(1)请按照检测方案模拟填写外墙砂浆防水工程检验批现场验收检查原始记录表。

质量验收记录表

(2)请根据外墙防水检验批现场验收检查原始记录填写外墙防水检验批质量验收记录表。

7.2.7 评价反馈

任务工作单一

组号：_____ 姓名：_____ 学号：_____ 编号：7.2.7-1

个人自评表

班级		组名		日期	年 月 日
评价指标	评价内容			分数	分数评定
信息理解与运用	能有效利用工程案例资料查找有用的相关信息；能将查到的信息有效地传递到学习中			10	
感知课堂生活	是否熟悉各自的工作岗位，认同工作价值；在学习中是否能获得满足感，课堂氛围如何			10	
参与状态	与教师、同学之间是否相互理解与尊重；与教师、同学之间是否保持多向、丰富、适宜的信息交流			10	
	能处理好合作学习和独立思考的关系，做到有效学习；能提出有意义的问题或能发表个人见解			10	
知识、能力获得情况	掌握外墙砂浆防水施工工艺流程			5	
	掌握外墙砂浆防水分项工程检验批划分规定			5	
	掌握外墙砂浆防水质量验收的主控项目和一般项目的验收内容、检查数量、检验方法			5	
	能正确划分外墙砂浆防水检验批			10	
	能对外墙砂浆防水工程进行质量验收			10	
	能正确填写外墙砂浆防水检验批现场验收检查原始记录表、检验批质量验收记录表、分项工程质量验收记录表			10	

班级		组名		日期	年 月 日
评价指标	评价内容			分数	分数评定
思维状态	是否能发现问题、提出问题、分析问题、解决问题			5	
自评反思	按时按质完成任务；较好地掌握了专业知识点；较强的信息分析能力和理解能力			10	
自评分数					
有益的经验和做法					
总结反思建议					

任务工作单二

组号：_____ 姓名：_____ 学号：_____ 编号： 7.2.7－2

小组互评表

班级		被评组名		日期	年 月 日
评价指标	评价内容			分数	分数评定
信息理解与运用	该组能否有效利用工程案例资料查找有用的相关信息			5	
	该组能否将查到的信息有效地传递到学习中			5	
感知课堂生活	该组是否熟悉各自的工作岗位，认同工作价值			5	
	该组在学习中是否能获得满足感			5	
参与状态	该组与教师、同学之间是否相互理解与尊重			5	
	该组与教师、同学之间是否保持多向、丰富、适宜的信息交流			5	
	该组能否处理好合作学习和独立思考的关系，做到有效学习			5	
	该组能否提出有意义的问题或发表个人见解			5	
任务完成情况	能正确填写外墙砂浆防水检验批现场验收检查原始记录表			15	
	能正确填写外墙砂浆防水检验批质量验收记录表			15	
	能正确填写外墙砂浆防水工程质量验收记录表			15	
思维状态	该组是否能发现问题、提出问题、分析问题、解决问题			5	
自评反思	该组能严肃、认真地对待自评			10	
互评分数					
简要评述					

任务工作单三

组号：_____ 姓名：_____ 学号：_____ 编号：7.2.7-3

教师评价表

班级		组名		姓名	
出勤情况					
评价内容	评价要点	考查要点	分数	教师评定 结论	教师评定 分数
信息理解与运用	任务实施过程中资料查阅	是否查阅信息资料	10		
		正确运用信息资料			
任务完成情况	掌握外墙砂浆防水施工工艺流程	内容正确，错一处扣2分	10		
	掌握外墙砂浆防水工程检验批划分规定	内容正确，错一处扣2分	10		
	掌握外墙砂浆防水工程质量验收的主控项目和一般项目的验收内容、检查数量、检验方法	内容正确，错一处扣2分	10		
	能正确划分外墙砂浆防水工程检验批	内容正确，错一处扣2分	10		
	能对外墙砂浆防水工程进行质量验收	内容正确，错一处扣2分	10		
	能正确填写外墙砂浆防水工程检验批现场验收检查原始记录表、检验批质量验收记录表、分项工程质量验收记录表	内容正确，错一处扣2分	10		
素质目标达成情况	出勤情况	缺勤1次扣2分	10		
	具有规范意识，讲原则、守规矩	根据情况，酌情扣分	5		
	具有严谨求实、专心细致的工作作风	根据情况，酌情扣分	5		
	具有团结协作意识	根据情况，酌情扣分	5		
	具有吃苦耐劳的精神	根据情况，酌情扣分	5		

7.2.8 相关知识点

7.2.8.1 外墙防水砂浆施工工艺流程

搭防雨篷→扫除墙面灰→基层处理→提前两天洒水湿润墙体→钉挂钢网→吊垂直、套方、找规矩→定位标筋→抹底层砂浆→防水砂浆施工→防水砂浆养护。

7.2.8.2 外墙防水工程一般规定

(1)外墙防水工程验收时应检查下列文件和记录：

1)外墙防水工程的施工图、设计说明及其他设计文件；

2)材料的产品合格证书、性能检验报告、进场验收记录和复验报告；

3)施工方案及安全技术措施文件；

4)雨后或现场淋水检验记录；

5)隐蔽工程验收记录；

6)施工记录；

7)施工单位的资质证书及操作人员的上岗证书。

（2）外墙防水工程应对下列材料及其性能指标进行复验：

1）防水砂浆的黏结强度和抗渗性能；

2）防水涂料的低温柔性和不透水性；

3）防水透气膜的不透水性。

（3）外墙防水工程应对下列隐蔽工程项目进行验收：

1）外墙不同结构材料交接处的增强处理措施的节点；

2）防水层在变形缝、门窗洞口、穿外墙管道、预埋件及收头等部位的节点；

3）防水层的搭接宽度及附加层。

（4）相同材料、工艺和施工条件的外墙防水工程每 1 000 m² 应划分为一个检验批，不足 1 000 m² 时也应划分为一个检验批。

（5）每个检验批每 100 m² 应至少抽查一处，每处检查不得小于 10 m²，节点构造应全数进行检查。

7.2.8.3　砂浆防水工程质量验收

（1）主控项目。

1）砂浆防水层所用砂浆品种及性能应符合设计要求及国家现行标准的有关规定。

检验方法：检查产品合格证书、性能检验报告、进场验收记录和复验报告。

2）砂浆防水层在变形缝、门窗洞口、穿外墙管道和预埋件等部位的做法应符合设计要求。

检验方法：观察；检查隐蔽工程验收记录。

3）砂浆防水层不得有渗漏现象。

检验方法：检查雨后或现场淋水检验记录。

4）砂浆防水层与基层之间及防水层各层之间应黏结牢固，不得有空鼓。

检验方法：观察；用小锤轻击检查。

（2）一般项目。

1）砂浆防水层表面应密实、平整，不得有裂纹、起砂和麻面等缺陷。

检验方法：观察。

2）砂浆防水层施工缝位置及施工方法应符合设计及施工方案要求。

检验方法：观察。

3）砂浆防水层厚度应符合设计要求。

检验方法：尺量检查；检查施工记录。

7.2.9　项目拓展

项目拓展

7.3.1　金属门窗安装质量验收与资料管理

7.3.1.1　任务描述

根据×××学院实验实训综合楼建筑和结构施工图、工程量清单、专项施工方案、安全功能试验检验报告，以及《建筑装饰装修工程质量验收标准》(GB 50210—2018)中的关于门窗工程质量验收的规定，完成以下工作任务：

任务描述

(1)划分金属门窗安装分项工程检验批。

(2)对金属门窗安装质量验收中的主控项目进行质量检查。

(3)操作检测工具对金属门窗安装的门窗横框水平度、垂直度、门窗框固定进行实体检测。

(4)利用建筑工程资料管理软件填写金属门窗安装分项工程检验批质量验收原始记录、检验批质量验收记录、分项工程质量验收记录。

7.3.1.2　学习目标

(1)知识目标：

1)掌握金属门窗安装的施工工艺流程。

2)掌握金属门窗安装的检验批划分规定。

3)掌握金属门窗安装质量验收的主控项目和一般项目的验收内容、检查数量、检验方法。

(2)能力目标：

1)能正确划分金属门窗安装的检验批。

2)能对金属门窗安装进行质量验收。

3)能正确填写金属门窗安装检验批现场验收检查原始记录表、检验批质量验收记录表、分项工程质量验收记录表。

(3)素质目标：

1)培养质量意识。

2)培养学生遵守计算规范、按图施工和遵守国家标准规范的习惯。

3)培养学生辩证思维意识。

4)培养团结协作意识。

7.3.1.3　任务分析

(1)重点。

1)主控项目和一般项目质量验收。

2)填写质量验收记录表。

(2)难点。

1)掌握门窗工程建筑设计图纸及深化设计图纸识读。

2)检验批质量验收记录表。

7.3.1.4　素质养成

(1)在主控项目、一般项目验收条文描述中，培养安全意识和遵守国家标准规范的习惯；

(2)由于门窗工程安装质量直接影响到使用阶段的防水、抗风、防雷等功能，因此在质量验收的过程中，要培养学生系统辩证思维意识；

（3）填写质量验收表格过程中，要专心细致、如实记录数据、准确评价验收结果，训练中养成分工合作、不怕苦不怕累的精神。

7.3.1.5　任务分组

填写学生任务分配表（表7.3.1.5）。

表7.3.1.5　学生任务分配表

班级		组号		指导教师	
组长		学号			
组员	姓名	学号	姓名	学号	
任务分工					

7.3.1.6　工作实施

任务工作单一

组号：＿＿＿＿＿＿　姓名：＿＿＿＿＿＿　学号：＿＿＿＿＿＿　编号：　7.3.1.6－1

引导问题：

（1）本项目中采用的金属门窗是哪一种材料？

（2）简述金属门窗安装的施工工艺流程。

（3）金属门窗的检验批划分规定分别是什么？本工程项目的金属门窗划分为多少个检验批？

任务工作单二

组号：＿＿＿＿＿＿　姓名：＿＿＿＿＿＿　学号：＿＿＿＿＿＿　编号：　7.3.1.6－2

引导问题：

（1）简述本项目对金属门窗所用材料的要求。

（2）简述金属门窗的主控项目验收内容、检查数量和检验方法。

(3)简述金属门窗的一般项目允许偏差检测要求。

(4)结合本项目图纸,请按照随机且有代表性的原则编写一个检验批的一般项目允许偏差实体检测方案(表7.3.1.6)。

表 7.3.1.6　实体检测方案

序号	检测项目	检测部位	检验方法

任务工作单三

组号:＿＿＿＿＿＿　姓名:＿＿＿＿＿＿　学号:＿＿＿＿＿＿　编号:<u>7.3.1.6－3</u>

引导问题:

(1)填写金属门窗安装检验批现场验收检查原始记录有哪些应注意的事项?请按照检测方案模拟填写金属门窗安装检验批现场验收检查原始记录表。

质量验收记录表

(2)如何正确填写金属门窗安装检验批质量验收记录表?请按照金属门窗安装检验批现场验收检查原始记录填写铝合金门窗安装检验批质量验收记录表。

(3)如何正确填写金属门窗安装分项工程检验批质量验收记录表?请根据本项目检验批质量验收原始记录表来填写金属门窗安装分项工程检验批质量验收记录表。

7.3.1.7　评价反馈

任务工作单一

组号:＿＿＿＿＿＿　姓名:＿＿＿＿＿＿　学号:＿＿＿＿＿＿　编号:<u>7.3.1.7－1</u>

个人自评表

班级		组名		日期	年 月 日
评价指标	评价内容			分数	分数评定
信息理解与运用	能有效利用工程案例资料查找有用的相关信息;能将查到的信息有效地传递到学习中			10	

班级		组名		日期	年 月 日
评价指标	评价内容			分数	分数评定
感知课堂生活	是否熟悉各自的工作岗位，认同工作价值；在学习中是否能获得满足感，课堂氛围如何			10	
参与状态	与教师、同学之间是否相互理解与尊重；与教师、同学之间是否保持多向、丰富、适宜的信息交流			10	
	能处理好合作学习和独立思考的关系，做到有效学习；能提出有意义的问题或能发表个人见解			10	
知识、能力获得情况	掌握了金属门窗安装施工工艺流程			5	
	掌握了金属门窗安装检验批划分规定			5	
	掌握了金属门窗安装质量验收的主控项目和一般项目的验收内容、检查数量、检验方法			5	
	能正确划分金属门窗安装检验批			10	
	能对金属门窗安装进行质量验收			10	
	能正确填写金属门窗安装检验批现场验收检查原始记录表、检验批质量验收记录表、分项工程质量验收记录表			10	
思维状态	是否能发现问题、提出问题、分析问题、解决问题			5	
自评反思	按时按质完成任务；较好地掌握了专业知识点；较强的信息分析能力和理解能力			10	
自评分数					
有益的经验和做法					
总结反思建议					

任务工作单二

组号：＿＿＿＿＿＿　姓名：＿＿＿＿＿＿　学号：＿＿＿＿＿＿　编号：7.3.1.7－2

小组互评表

班级		被评组名		日期	年 月 日
评价指标	评价内容			分数	分数评定
信息理解与运用	该组能否有效利用工程案例资料查找有用的相关信息			5	
	该组能否将查到的信息有效地传递到学习中			5	
感知课堂生活	该组是否熟悉各自的工作岗位，认同工作价值			5	
	该组在学习中是否能获得满足感			5	

班级		被评组名		日期	年 月 日
评价指标	评价内容			分数	分数评定
参与状态	该组与教师、同学之间是否相互理解与尊重			5	
	该组与教师、同学之间是否保持多向、丰富、适宜的信息交流			5	
	该组能否处理好合作学习和独立思考的关系，做到有效学习			5	
	该组能否提出有意义的问题或发表个人见解			5	
任务完成情况	能正确填写金属门窗安装工程检验批现场验收检查原始记录表			15	
	能正确填写金属门窗安装工程检验批质量验收记录表			15	
	能正确填写金属门窗安装工程分项工程质量验收记录表			15	
思维状态	该组是否能发现问题、提出问题、分析问题、解决问题			5	
自评反思	该组能严肃、认真地对待自评			10	
互评分数					
简要评述					

任务工作单三

组号：_____ 姓名：_____ 学号：_____ 编号：7.3.1.7－3

教师评价表

班级		组名		姓名		
出勤情况						
评价内容	评价要点		考查要点	分数	教师评定	
					结论	分数
信息理解与运用	任务实施过程中资料查阅		是否查阅信息资料	10		
			正确运用信息资料			
任务完成情况	掌握了金属门窗安装工程施工工艺流程		内容正确，错一处扣2分	10		
	掌握了金属门窗安装分项工程检验批划分规定		内容正确，错一处扣2分	10		
	掌握了金属门窗安装工程质量验收的主控项目和一般项目的验收内容、检查数量、检验方法		内容正确，错一处扣2分	10		
	能正确划分金属门窗安装分项工程检验批		内容正确，错一处扣2分	10		
	能对金属门窗安装工程进行质量验收		内容正确，错一处扣2分	10		
	能正确填写金属门窗安装工程检验批质量验收原始记录表、检验批质量验收记录表、分项工程质量验收记录表		内容正确，错一处扣2分	10		

班级		组名		姓名	
出勤情况					

评价内容	评价要点	考查要点	分数	教师评定	
				结论	分数
素质目标达成情况	出勤情况	缺勤1次扣2分	10		
	具有系统辩证思维意识	根据情况，酌情扣分	5		
	具有计算规范、按图施工的意识	根据情况，酌情扣分	5		
	具有团结协作意识	根据情况，酌情扣分	5		
	具有吃苦耐劳的精神	根据情况，酌情扣分	5		

7.3.1.8　相关知识点

(1)金属门窗安装施工工艺流程：弹线、找规矩→门窗洞口处理→门窗洞口内埋设连接铁件→窗拆包检查→按图纸编号运至安装地点→检查保护膜→塑钢窗安装→门窗口四周嵌缝、填充保温材料→清理→安装五金配件→安装门窗密封条→质量检查。

相关知识点

(2)金属门窗安装分项工程检验批划分规定。同一品种、类型和规格的金属门窗每100樘应划分为一个检验批，不足100樘也应划分为一个检验批。

(3)金属门窗安装工程检查数量。金属门窗每个检验批应至少抽查5%，并不得少于3樘，不足3樘时应全数检查；高层建筑的外窗每个检验批应至少抽查10%，并不得少于6樘，不足6樘时应全数检查。

(4)金属门窗安装工程的主控项目验收内容、检验方法。

1)金属门窗的品种、类型、规格、尺寸、性能、开启方向、安装位置、连接方式及门窗的型材壁厚应符合设计要求及现行国家标准的有关规定。金属门窗的防雷、防腐处理及填嵌、密封处理应符合设计要求。

检验方法：观察；尺量检查；检查产品合格证书、性能检验报告、进场验收记录和复验报告；检查隐蔽工程验收记录。

2)金属门窗框和附框的安装应牢固。预埋件及锚固件的数量、位置、埋设方式、与框的连接方式应符合设计要求。

检验方法：手扳检查；检查隐蔽工程验收记录。

3)金属门窗扇应安装牢固、开关灵活、关闭严密、无倒翘。推拉门窗扇应安装防止扇脱落的装置。

检验方法：观察；开启和关闭检查；手扳检查。

4)金属门窗配件的型号、规格、数量应符合设计要求，安装应牢固，位置应正确，功能应满足使用要求。

检验方法：观察；开启和关闭检查；手扳检查。

(5)金属门窗安装工程的一般项目验收内容和检验方法。

1)金属门窗表面应洁净、平整、光滑、色泽一致，应无锈蚀、擦伤、划痕和碰伤。漆膜或保护层应连续。型材的表面处理应符合设计要求及现行国家标准的有关规定。

检验方法：观察。

2)金属门窗推拉门窗扇开关力不应大于50 N。

检验方法：用测力计检查。

3）金属门窗框与墙体之间的缝隙应填嵌饱满，并应采用密封胶密封。密封胶表面应光滑、顺直、无裂纹。

检验方法：观察；轻敲门窗框检查；检查隐蔽工程验收记录。

4）金属门窗扇的密封胶条或密封毛条装配应平整、完好，不得脱槽，交角处应平顺。

检验方法：观察；开启和关闭检查。

5）排水孔应畅通，位置和数量应符合设计要求。

检验方法：观察。

6）钢门窗安装的留缝限值、允许偏差和检验方法应符合《建筑装饰装修工程质量验收标准》（GB 50210—2018）中表 6.3.10 的规定。

7）铝合金门窗安装的留缝限值、允许偏差和检验方法应符合《建筑装饰装修工程质量验收标准》（GB 50210—2018）中表 6.3.11 的规定。

（6）金属门窗安装工程的一般项目允许偏差测量方法。

1）门窗框垂直度。

测量工具：1 m/2 m 靠尺。

测量方法：

①户内每一樘门或窗都可以作为 1 个实测区，累计实测实量 10 个实测区。

②用 2 m 靠尺分别测量每一樘铝合金门或窗两边竖框垂直度，取 2 个实测值中的最大数值作为判断该实测指标合格率的 1 个计算点。

③所选 2 套房中窗框正面垂直度的实测区不能满足 10 个时，需增加实测套房数。

2）门窗框水平度。

测量工具：放线仪及钢尺。

测量方法：

①每个铝合金窗作为一个实测点。

②从水平线引测，测量水平线到底框两端及中点的距离，将数值差值作为判断该实测指标达标率的 1 个计算点。

3）门窗框固定。

测量工具：目测、5 m 卷尺。

测量方法：

①实测区与合格率计算点：户内每一扇外门窗都可以作为 1 个实测区，累计实测实量 8 个实测区。1 个实测区作为 1 个实测合格率计算点。同一套房内的所有外门窗全测。所选 2 套房中窗框固定的实测区不能满足 15 个时，需增加实测套房数。

②在同一实测区选取 4 个框边，采用目测、尺量方法，测量固定片间距和设置范围，检查是否符合设计要求、砌块上是否采用射钉。

7.3.1.9 项目拓展

项目拓展

7.3.2 门窗玻璃安装质量验收与资料管理

7.3.2.1 任务描述

根据×××学院实验实训综合楼建筑和结构施工图、工程量清单、专项施工方案、安全功能试验检验报告，以及《建筑装饰装修工程质量验收标准》(GB 50210—2018)中关于门窗玻璃安装工程质量验收的规定，完成以下工作任务：

任务描述

(1)划分门窗玻璃安装分项工程检验批。

(2)对门窗玻璃安装质量验收中的主控项目进行质量检查。

(3)利用建筑工程资料管理软件填写门窗玻璃安装分项工程的检验批质量验收原始记录、检验批质量验收记录、分项工程质量验收记录。

7.3.2.2 学习目标

(1)知识目标：

1)掌握门窗玻璃安装的施工工艺流程。

2)掌握门窗玻璃安装的检验批划分规定。

3)掌握门窗玻璃安装质量验收的主控项目和一般项目的验收内容、检查数量、检验方法。

(2)能力目标：

1)能正确划分门窗玻璃安装的检验批。

2)能对门窗玻璃安装进行质量验收。

3)能正确填写门窗玻璃检验批现场验收检查原始记录表、检验批质量验收记录表、分项工程质量验收记录表。

(3)素质目标：

1)培养质量意识。

2)培养学生遵守计算规范、按图施工和遵守国家标准规范的习惯。

3)培养学生的安全意识。

4)培养团结协作意识。

7.3.2.3 任务分析

(1)重点。

1)主控项目和一般项目质量验收。

2)填写质量验收记录表。

(2)难点。

检验批质量验收记录表。

7.3.2.4 素质养成

(1)在主控项目、一般项目验收条文描述中，培养安全意识和国家标准规范习惯。

(2)由于门窗玻璃安装的牢固性直接影响使用阶段的安全，因此在质量验收的过程中，培养学生质量安全意识。

(3)填写质量验收表格过程中，要专心细致、如实记录数据、准确评价验收结果，训练中养成分工合作、不怕苦不怕累的精神。

7.3.2.5 任务分组

填写学生任务分配表(表7.3.2.5)。

表 7.3.2.5　学生任务分配表

班级		组号		指导教师	
组长		学号			

	姓名	学号	姓名	学号
组员				

任务分工	

7.3.2.6　工作实施

任务工作单一

组号：_____　姓名：_____　学号：_____　编号：　7.3.2.6－1

引导问题：

(1)简述门窗玻璃安装的施工工艺流程。

(2)门窗玻璃的检验批划分规定分别是什么？本工程项目墙面的门窗玻璃划分为多少个检验批？

任务工作单二

组号：_____　姓名：_____　学号：_____　编号：　7.3.2.6－2

引导问题：

(1)简述本项目采用的门窗玻璃品种及规格。

(2)简述门窗玻璃安装质量验收的主控项目验收内容、检查数量和检验方法。

(3)简述门窗玻璃安装质量验收的一般项目验收内容、检查数量和检验方法。

任务工作单三

组号：_____ 姓名：_____ 学号：_____ 编号： 7.3.2.6－3

引导问题：

(1)填写门窗玻璃安装检验批现场验收检查原始记录有哪些应注意的事项？请按照检测方案模拟填写门窗玻璃安装检验批现场验收检查原始记录表。

质量验收记录表

(2)如何正确填写门窗玻璃安装检验批质量验收记录表？请按照门窗玻璃安装检验批现场验收检查原始记录填写门窗玻璃安装检验批质量验收记录表。

(3)如何正确填写门窗玻璃安装分项工程检验批质量验收记录表？请根据本项目检验批质量验收原始记录表填写门窗玻璃安装分项工程检验批质量验收记录表。

7.3.2.7 评价反馈

任务工作单一

组号：_____ 姓名：_____ 学号：_____ 编号： 7.3.2.7－1

个人自评表

班级		组名		日期	年 月 日
评价指标	评价内容			分数	分数评定
信息理解与运用	能有效利用工程案例资料查找有用的相关信息；能将查到的信息有效地传递到学习中			10	
感知课堂生活	是否熟悉各自的工作岗位，认同工作价值；在学习中是否能获得满足感，课堂氛围如何			10	
参与状态	与教师、同学之间是否相互理解与尊重；与教师、同学之间是否保持多向、丰富、适宜的信息交流			10	
	能处理好合作学习和独立思考的关系，做到有效学习；能提出有意义的问题或能发表个人见解			10	
知识、能力获得情况	掌握了门窗玻璃安装施工工艺流程			5	
	掌握了门窗玻璃安装检验批划分规定			5	
	掌握了门窗玻璃安装质量验收的主控项目和一般项目的验收内容、检查数量、检验方法			5	

班级		组名		日期	年 月 日
评价指标		评价内容		分数	分数评定
知识、能力获得情况	能正确划分门窗玻璃安装检验批			10	
	能对门窗玻璃安装进行质量验收			10	
	能正确填写门窗玻璃安装检验批现场验收检查原始记录表、检验批质量验收记录表、分项工程质量验收记录表			10	
思维状态	是否能发现问题、提出问题、分析问题、解决问题			5	
自评反思	按时按质完成任务；较好地掌握了专业知识点；较强的信息分析能力和理解能力			10	
自评分数					
有益的经验和做法					
总结反思建议					

任务工作单二

组号：_____ 姓名：_____ 学号：_____ 编号：7.3.2.7-2

小组互评表

班级		被评组名		日期	年 月 日
评价指标		评价内容		分数	分数评定
信息理解与运用	该组能否有效利用工程案例资料查找有用的相关信息			5	
	该组能否将查到的信息有效地传递到学习中			5	
感知课堂生活	该组是否熟悉各自的工作岗位，认同工作价值			5	
	该组在学习中是否能获得满足感			5	
参与状态	该组与教师、同学之间是否相互理解与尊重			5	
	该组与教师、同学之间是否保持多向、丰富、适宜的信息交流			5	
	该组能否处理好合作学习和独立思考的关系，做到有效学习			5	
	该组能否提出有意义的问题或发表个人见解			5	
任务完成情况	能正确填写门窗玻璃安装工程检验批现场验收检查原始记录表			15	
	能正确填写门窗玻璃安装工程检验批质量验收记录表			15	
	能正确填写门窗玻璃安装工程分项工程质量验收记录表			15	
思维状态	该组是否能发现问题、提出问题、分析问题、解决问题			5	
自评反思	该组能严肃、认真地对待自评			10	
互评分数					
简要评述					

任务工作单三

组号：_____ 姓名：_____ 学号：_____ 编号：7.3.2.7—3

教师评价表

班级			组名		姓名	
出勤情况						
评价内容	评价要点		考查要点	分数	教师评定	
					结论	分数
信息理解与运用	任务实施过程中资料查阅		是否查阅信息资料	10		
			正确运用信息资料			
任务完成情况	掌握了门窗玻璃安装工程施工工艺流程		内容正确，错一处扣2分	10		
	掌握了门窗玻璃安装分项工程检验批划分规定		内容正确，错一处扣2分	10		
	掌握了门窗玻璃安装工程质量验收的主控项目和一般项目的验收内容、检查数量、检验方法		内容正确，错一处扣2分	10		
	能正确划分门窗玻璃安装分项工程检验批		内容正确，错一处扣2分	10		
	能对门窗玻璃安装工程进行质量验收		内容正确，错一处扣2分	10		
	能正确填写门窗玻璃安装工程检验批质量验收原始记录表、检验批质量验收记录表、分项工程质量验收记录表		内容正确，错一处扣2分	10		
素质目标达成情况	出勤情况		缺勤1次扣2分	10		
	具有规范意识，讲原则、守规矩		根据情况，酌情扣分	5		
	具有安全意识		根据情况，酌情扣分	5		
	具有团结协作意识		根据情况，酌情扣分	5		

7.3.2.8 相关知识点

(1)门窗玻璃安装施工工艺流程：清理玻璃槽→填放玻璃垫块→安装单面胶条及压条→安装中空玻璃、胶条及压条→修整打胶→清理。

相关知识点

(2)门窗玻璃安装分项工程检验批划分规定。同一品种、类型和规格的门窗玻璃每100樘应划分为一个检验批，不足100樘也应划分为一个检验批。

(3)门窗玻璃安装工程检查数量。门窗玻璃每个检验批应至少抽查5%，并不得少于3樘，不足3樘时应全数检查；高层建筑的外窗每个检验批应至少抽查10%，并不得少于6樘，不足6樘时应全数检查。

(4)门窗玻璃安装工程的主控项目验收内容和检验方法。

1)玻璃的层数、品种、规格、尺寸、色彩、图案和涂膜朝向应符合设计要求。

检验方法：观察；检查产品合格证书、性能检验报告和进场验收记录。

2)门窗玻璃裁割尺寸应正确。安装后的玻璃应牢固，不得有裂纹、损伤和松动。

检验方法：观察；轻敲检查。

3)玻璃的安装方法应符合设计要求。固定玻璃的钉子或钢丝卡的数量、规格应保证玻璃安装牢固。

检验方法：观察；检查施工记录。

4)镶钉木压条接触玻璃处应与裁口边缘平齐。木压条应互相紧密连接，并应与裁口边缘紧贴，割角应整齐。

检验方法：观察。

5)密封条与玻璃、玻璃槽口的接触应紧密、平整。密封胶与玻璃、玻璃槽口的边缘应黏结牢固、接缝平齐。

检验方法：观察。

6)带密封条的玻璃压条，其密封条应与玻璃贴紧，压条与型材之间应无明显缝隙。

检验方法：观察；尺量检查。

(5)门窗玻璃安装工程的一般项目验收内容、检验方法。

1)玻璃表面应洁净，不得有腻子、密封胶和涂料等污渍。中空玻璃内外表面均应洁净，玻璃中空层内不得有灰尘和水蒸气。门窗玻璃不应直接接触型材。

检验方法：观察。

2)腻子及密封胶应填抹饱满、黏结牢固；腻子及密封胶边缘与裁口应平齐。固定玻璃的卡子不应在腻子表面显露。

检验方法：观察。

3)密封条不得卷边、脱槽，密封条接缝应黏结。

检验方法：观察。

7.3.2.9　项目拓展

项目拓展

任务四　幕墙工程质量验收与资料管理

7.4.1　任务描述

根据×××学院实验实训综合楼建筑施工图、幕墙深化设计图纸、工程量清单、专项施工方案、安全功能试验检验报告、《玻璃幕墙工程技术规范》(JGJ 102—2003)，以及《建筑装饰装修工程质量验收标准》(GB 50210—2018)中关于玻璃幕墙工程质量验收的规定，完成以下工作任务：

(1)划分玻璃幕墙工程分项工程检验批。

任务描述

(2)对玻璃幕墙工程质量验收中的主控项目进行质量检查。

(3)操作检测工具对玻璃幕墙工程一般项目允许偏差实体检测。

(4)利用建筑工程资料管理软件填写玻璃幕墙工程分项工程的检验批质量验收原始记录、检验批质量验收记录、分项工程质量验收记录。

7.4.2 学习目标

1. 知识目标

(1)掌握玻璃幕墙的施工工艺流程。

(2)掌握玻璃幕墙的检验批划分规定。

(3)掌握玻璃幕墙质量验收的主控项目和一般项目的验收内容、检查数量、检验方法。

2. 能力目标

(1)能正确划分玻璃幕墙的检验批。

(2)能对玻璃幕墙进行质量验收。

(3)能正确填写玻璃幕墙检验批现场验收检查原始记录表、检验批质量验收记录表、分项工程质量验收记录表。

3. 素质目标

(1)培养质量意识。

(2)培养学生规范意识,讲原则、守规矩。

(3)培养学生安全意识。

(4)培养团结协作意识。

7.4.3 任务分析

1. 重点

(1)主控项目和一般项目质量验收。

(2)填写质量验收记录表。

2. 难点

(1)幕墙设计图纸识读。

(2)检验批质量验收记录表。

7.4.4 素质养成

(1)在主控项目、一般项目验收条文描述中,培养质量意识。

(2)由于玻璃幕墙在满足建筑装饰美观的情况下,还要承受温度、风荷载、地震等作用,因此通过精心设计和施工来保证在使用期间的安全,培养学生安全意识。

(3)填写质量验收表格过程中,要专心细致、如实记录数据、准确评价验收结果,训练中养成分工合作、不怕苦不怕累的精神。

7.4.5 任务分组

填写学生任务分配表(表7.4.5)。

表7.4.5 学生任务分配表

班级		组号		指导教师	
组长		学号			
组员	姓名	学号		姓名	学号
任务分工					

7.4.6 工作实施

任务工作单一

组号:_____ 姓名:_____ 学号:_____ 编号:__7.4.6-1__

引导问题:

(1)阅读本项目玻璃幕墙深化设计图纸,说出本项目中采用的玻璃幕墙是哪一种类型?

(2)简述玻璃幕墙工程的施工工艺流程。

(3)根据验收规范要求,请列出本项目使用的需要复验的材料及各项材料应复验的性能指标。

任务工作单二

组号:_____ 姓名:_____ 学号:_____ 编号:__7.4.6-2__

引导问题:

(1)请列出玻璃幕墙的检验批划分规定,本工程项目玻璃幕墙划分为多少个检验批?

（2）请列出玻璃幕墙质量验收时，应提供的文件和记录。

（3）简述玻璃幕墙验收的主控项目验收内容、检查数量和检验方法。

（4）简述玻璃幕墙验收的一般项目验收内容、检查数量和检验方法。

（5）结合本项目图纸，请按照随机且有代表性的原则编写一个检验批的一般项目允许偏差实体检测方案（表7.4.6）。

表7.4.6　实体检测方案

序号	检测项目	检测部位	检验方法

（6）简述本项目玻璃幕墙工程应进行验收的隐蔽工程项目。

任务工作单三

组号：＿＿＿＿＿＿　姓名：＿＿＿＿＿＿　学号：＿＿＿＿＿＿　编号：　7.4.6－3

引导问题：

（1）填写玻璃幕墙工程检验批现场验收检查原始记录有哪些应注意的事项？请按照检测方案模拟填写玻璃幕墙工程检验批现场验收检查原始记录表。

质量验收记录表

（2）如何正确填写玻璃幕墙工程检验批质量验收记录表？请按照玻璃幕墙工程检验批现场验收检查原始记录填写玻璃幕墙安装检验批质量验收记录表。

（3）如何正确填写玻璃幕墙工程分项工程检验批质量验收记录表？请根据本项目检验批质量验收原始记录来填写玻璃幕墙工程分项工程检验批质量验收记录表。

7.4.7 评价反馈

任务工作单一

组号：＿＿＿＿＿＿ 姓名：＿＿＿＿＿＿ 学号：＿＿＿＿＿＿ 编号： 7.4.7－1

个人自评表

班级		组名		日期	年 月 日
评价指标	评价内容			分数	分数评定
信息理解与运用	能有效利用工程案例资料查找有用的相关信息；能将查到的信息有效地传递到学习中			10	
感知课堂生活	是否熟悉各自的工作岗位，认同工作价值；在学习中是否能获得满足感，课堂氛围如何			10	
参与状态	与教师、同学之间是否相互理解与尊重；与教师、同学之间是否保持多向、丰富、适宜的信息交流			10	
	能处理好合作学习和独立思考的关系，做到有效学习；能提出有意义的问题或能发表个人见解			10	
知识、能力获得情况	掌握了玻璃幕墙工程施工工艺流程			5	
	掌握了玻璃幕墙工程检验批划分规定			5	
	掌握了玻璃幕墙工程质量验收的主控项目和一般项目的验收内容、检查数量、检验方法			5	
	能正确划分玻璃幕墙工程检验批			10	
	能对玻璃幕墙工程进行质量验收			10	
	能正确填写玻璃幕墙工程检验批现场验收检查原始记录表、检验批质量验收记录表、分项工程质量验收记录表			10	
思维状态	是否能发现问题、提出问题、分析问题、解决问题			5	
自评反思	按时按质完成任务；较好地掌握了专业知识点；较强的信息分析能力和理解能力			10	
自评分数					
有益的经验和做法					
总结反思建议					

276

任务工作单二

组号：＿＿＿＿＿＿　姓名：＿＿＿＿＿＿　学号：＿＿＿＿＿＿　编号：7.4.7－2

小组互评表

班级		被评组名		日期	年 月 日
评价指标	评价内容			分数	分数评定
信息理解 与运用	该组能否有效利用工程案例资料查找有用的相关信息			5	
	该组能否将查到的信息有效地传递到学习中			5	
感知课堂 生活	该组是否熟悉各自的工作岗位，认同工作价值			5	
	该组在学习中是否能获得满足感			5	
参与状态	该组与教师、同学之间是否相互理解与尊重			5	
	该组与教师、同学之间是否保持多向、丰富、适宜的信息交流			5	
	该组能否处理好合作学习和独立思考的关系，做到有效学习			5	
	该组能否提出有意义的问题或发表个人见解			5	
任务完成情况	能正确填写玻璃幕墙工程检验批现场验收检查原始记录表			15	
	能正确填写玻璃幕墙工程检验批质量验收记录表			15	
	能正确填写玻璃幕墙工程分项工程质量验收记录表			15	
思维状态	该组是否能发现问题、提出问题、分析问题、解决问题			5	
自评反思	该组能严肃、认真地对待自评			10	
互评分数					
简要评述					

任务工作单三

组号：＿＿＿＿＿＿　姓名：＿＿＿＿＿＿　学号：＿＿＿＿＿＿　编号：7.4.7－3

教师评价表

班级		组名		姓名		
出勤情况						
评价内容	评价要点	考查要点	分数	教师评定		
				结论	分数	
信息理解与运用	任务实施过程中资料查阅	是否查阅信息资料	10			
		正确运用信息资料				
任务完成情况	掌握了玻璃幕墙工程施工工艺流程	内容正确，错一处扣2分	10			
	掌握了玻璃幕墙工程分项工程检验批划分规定	内容正确，错一处扣2分	10			
	掌握了玻璃幕墙工程质量验收的主控项目和一般项目的验收内容、检查数量、检验方法	内容正确，错一处扣2分	10			

班级		组名		姓名		
出勤情况						
评价内容	评价要点	考查要点	分数	教师评定		
				结论	分数	
任务完成情况	能正确划分玻璃幕墙工程分项工程检验批	内容正确，错一处扣2分	10			
	能对玻璃幕墙工程进行质量验收	内容正确，错一处扣2分	10			
	能正确填写玻璃幕墙工程检验批质量验收原始记录表、检验批质量验收记录表、分项工程质量验收记录表	内容正确，错一处扣2分	10			
素质目标达成情况	出勤情况	缺勤1次扣2分	10			
	具有规范意识，讲原则、守规矩	根据情况，酌情扣分	5			
	具有安全意识	根据情况，酌情扣分	5			
	具有团结协作意识	根据情况，酌情扣分	5			
	具有吃苦耐劳的精神	根据情况，酌情扣分	5			

7.4.8 相关知识点

7.4.8.1 玻璃幕墙工程施工工艺流程

测量放线→预埋件的检查与修补→支座的安装→竖龙骨的安装→横龙骨的安装→监理验收合格→层间防火、保温层→隐蔽验收→玻璃安装→压条安装→打胶→清理→验收。

相关知识点

7.4.8.2 玻璃幕墙工程分项工程检验批划分规定

(1)相同设计、材料、工艺和施工条件的玻璃幕墙工程每 1 000 m² 应划分为一个检验批，不足 1 000 m² 也应划分为一个检验批。每个检验批每 100 m² 应至少抽查一处，每处不得小于 10 m²。

(2)同一单位工程的不连续的玻璃幕墙工程应单独划分检验批。

(3)对于异形或特殊要求的玻璃幕墙，检验批的划分应根据玻璃幕墙的结构、工艺特点及玻璃幕墙工程规模，宜由监理单位、建设单位和施工单位协商确定。

7.4.8.3 玻璃幕墙工程验收时，应根据工程实际情况检查的文件和记录的部分或全部

(1)幕墙工程的竣工图或施工图、结构计算书、热工性能计算书、设计变更文件、设计说明及其他设计文件。

(2)建筑设计单位对玻璃幕墙工程设计的确认文件。

(3)玻璃幕墙工程所用材料、构件及组件、紧固件及其他附件的产品合格证书、性能检测报告、进场验收记录和复验报告。

(4)玻璃幕墙工程所用硅酮结构胶的认定证书和抽查合格证明；国家指定检测机构出具的硅酮结构胶相容性的剥离黏结性试验报告。

(5)后置埋件的现场拉拔强度检测报告、锚固锚栓的现场拉拔强度检测报告。

(6)玻璃幕墙的抗风压性能、气密性能、水密性能及平面内变形性能检测报告。开放式幕墙按设计要求检查其相应性能的检测报告。

(7)注胶、养护环境的温度、湿度记录;双组分硅酮结构胶的混匀性试验记录及拉断试验记录。

(8)幕墙与主体结构防雷接地点之间的电阻检测记录。

(9)隐蔽工程验收文件。

(10)幕墙安装施工质量检查记录。

(11)张拉杆索体系预拉力张拉记录。

(12)现场淋水试验记录。

(13)其他质量保证资料。

7.4.8.4 玻璃幕墙工程的主控项目验收内容、检验方法

(1)玻璃幕墙工程所使用的各种材料、构件和组件的质量,应符合设计要求及现行国家产品标准和工程技术规范的规定。

检验方法:检查材料、构件、组件的产品合格证书、进场验收记录、性能检测报告和材料的复验报告。

(2)主体结构的预埋件和后置埋件的位置、数量、规格尺寸及槽式预埋件、后置埋件的拉拔力必须符合设计要求。

检验方法:检查进场验收记录、隐蔽工程验收记录;槽式预埋件、后置埋件的拉拔试验检测报告。

(3)玻璃幕墙构架与主体结构预埋件或后置埋件的连接、幕墙构件之间的连接位置、面板连接件与面板的连接、面板连接件与幕墙构架的连接及安装必须可靠并符合设计要求。

检验方法:手扳检查;检查隐蔽工程验收记录。

(4)隐框或半隐框玻璃幕墙,每块玻璃下端应设置两个铝合金或不锈钢托条,其长度不应少于 100 mm,厚度不应少于 2 mm,托条外端应低于玻璃外表面 2 mm。

检验方法:观察;检查施工记录。

(5)玻璃幕墙的金属构架必须与主体防雷装置可靠接通,并应符合设计要求。

检验方法:观察;检查隐蔽工程验收记录。

(6)玻璃幕墙的防火、保温、防潮材料的设置应符合设计要求,填充应密实、均匀、厚度一致。

检验方法:观察;检查隐蔽工程验收记录。

(7)玻璃幕墙节点、各种结构变形缝、墙角的连接点应符合设计要求。

检验方法:检查隐蔽工程验收记录和施工记录。

(8)玻璃幕墙开启窗的配件应齐全,安装应牢固,安装位置和开启方向、角度应正确;开启应灵活,关闭应严密。

检验方法:观察;手扳检查;开启和关闭检查。

(9)玻璃幕墙应无渗漏。

检验方法:检查现场淋水记录。

7.4.8.5 玻璃幕墙工程的一般项目验收内容、检验方法

(1)玻璃幕墙表面应平整、洁净;整幅玻璃的色泽均匀一致;不得有污染和镀膜损坏。

检验方法:观察。

(2)每平方米玻璃的表面质量和检验方法应符合《玻璃幕墙工程技术规范》(JGJ 102—2003)

表 11.2.2-1 的规定。

（3）一个分格铝合金型的表面质量和检验方法应符合《玻璃幕墙工程技术规范》(JGJ 102—2003)表 11.2.2-2 的规定。

（4）明框玻璃幕墙的外露框料或装饰压板应光滑顺直，颜色、规格应符合设计要求，压板安装应牢固。单元玻璃幕墙的单元接缝或隐框玻璃的分格玻璃接缝应光滑顺直、均匀一致。

检验方法：观察；手扳检查；检查进场验收记录。

（5）玻璃幕墙的密封胶缝应横平竖直、深浅一致、宽窄均匀、光滑顺直。

检验方法：观察；手摸检查。

（6）防火、保温材料填充饱满、均匀，表面应密实、平整。

检验方法：检查隐蔽工程验收记录。

（7）玻璃幕墙隐蔽节点的遮封装修牢固、整齐、美观。

检验方法：观察；手扳检查。

（8）隐框、半隐框玻璃幕墙安装的允许偏差和检验方法应符合《玻璃幕墙工程技术规范》(JGJ 102—2003)表 11.2.3 的规定。

7.4.8.6　本项目中玻璃幕墙工程的一般项目允许偏差测量方法

（1）埋板位置。

1）指标说明：该指标反映埋板安装偏差。

2）合格标准：埋板位置偏差不应大于 20 mm，水平标高偏差不应大于 10 mm，平面内偏差不应大于 5 mm。

3）检测工具：5 m 钢卷尺。

4）测量方法和数据记录。

①后补埋件位置尺寸偏差不大于 20 mm，与理论墙面不平度不大于 10 mm。

②后补埋件与墙体应贴合严密，二者间隙应小于 5 mm。

③锚栓与混凝土边缘距离应大于 50 mm。

（2）玻璃表面质量。

1）指标说明：检测玻璃幕墙表面平整度、洁面及整幅玻璃色泽。

2）合格标准：明显划伤和长度＞100 mm 的轻微划伤不允许，长度≤100 mm 的轻微划伤应≤8 mm，擦伤总面积≤100 mm。

3）测量工具：钢尺。

4）测量方法和数据记录。

5）每 500 m² 作为 1 个实测区，1 个实测区取 8 个实测值，1 个实测值作为 1 个合格率计算点；不足 500 m² 时，按 500 m² 做实测。

（3）隐框、半隐框玻璃。

1）指标说明：检测隐框、半隐框玻璃幕墙安装的允许偏差。

2）合格标志：与设计要求及相关规定不符者即为不合格。

3）测量工具：经纬仪、水平仪、2 m 靠尺和塞尺、1 m 水平尺、垂直检测尺、钢直尺、直角检测尺。

4）测量方法和数据记录。

同一实测区通过使用经纬仪检查幕墙高度≤30 m 允许偏差为 10 mm；用水平仪检查幕墙水平度层高≤3 m 允许偏差为 5 mm；幕墙表面平整度用 2 m 靠尺和塞尺检查允许偏差为 2 mm；用垂直检测尺检查板材立面垂直度允许偏差为 2 mm；用 1 m 水平尺和钢直尺检查板材上沿水平度允许偏差为 2 mm；用钢直尺检查相邻板材板角错位允许偏差为 1 mm；用直角检测尺检查阳

角方正允许偏差为 2 mm；拉 5 m 线，不足 5 m 拉通线用钢直尺检查接缝直线度允许偏差为 3 mm；用钢直尺和塞尺检查接缝高低差允许偏差为 1 mm；用钢直尺检查接缝宽度允许偏差为 1 mm。

7.4.8.7 玻璃幕墙工程隐蔽工程验收项目

(1)预埋件或后置埋件、锚栓及连接件；

(2)构件与主体结构的连接节点；

(3)玻璃幕墙四周、玻璃幕墙内表面与主体结构之间的封堵；

(4)玻璃幕墙伸缩缝、变形缝、沉降缝及墙面转角处的构造节点；

(5)隐框玻璃板块的固定；

(6)幕墙防雷连接节点；

(7)幕墙防火、隔烟节点；

(8)单元式玻璃幕墙的封口节点。

7.4.9 项目拓展

项目拓展

任务五 涂饰工程质量验收与资料管理

7.5.1 任务描述

根据×××学院实验实训综合楼建筑施工图、工程量清单、专项施工方案、安全功能试验检验报告，以及《建筑装饰装修工程质量验收标准》(GB 50210—2018)中关于水性涂料涂饰工程质量验收的规定，完成以下工作任务：

(1)划分水性涂料涂饰工程分项工程检验批。

(2)对水性涂料涂饰工程质量验收中的主控项目进行质量检查。

(3)利用建筑工程资料管理软件填写水性涂料涂饰工程分项工程的检验批质量验收原始记录、检验批质量验收记录、分项工程质量验收记录。

任务描述

7.5.2 学习目标

1. 知识目标

(1)掌握水性涂料涂饰的施工工艺流程。

(2)掌握水性涂料涂饰的检验批划分规定。

(3)掌握水性涂料涂饰质量验收的主控项目和一般项目的验收内容、检查数量、检验方法。

2. 能力目标

(1)能正确划分水性涂料涂饰的检验批。

(2)能对水性涂料涂饰进行质量验收。

(3)能正确填写水性涂料涂饰检验批现场验收检查原始记录表、检验批质量验收记录表、分项工程质量验收记录表。

3. 素质目标

(1)培养质量意识。

(2)培养学生规范意识，讲原则、守规矩。

(3)培养学生审美意识。

(4)培养团结协作意识。

7.5.3 任务分析

1. 重点

(1)主控项目和一般项目质量验收。

(2)填写质量验收记录表。

2. 难点

(1)观感质量验收。

(2)检验批质量验收记录表。

7.5.4 素质养成

(1)在主控项目、一般项目验收条文描述中，培养安全意识和国家标准规范习惯。

(2)外墙涂料给建筑穿上漂亮的衣服，在进行观感质量验收时，培养学生的审美意识。

(3)填写质量验收表格过程中，要专心细致、如实记录数据、准确评价验收结果，训练中养成分工合作、不怕苦、不怕累的精神。

7.5.5 任务分组

填写学生任务分配表(表7.5.5)。

表7.5.5 学生任务分配表

班级		组号		指导教师	
组长		学号			
组员	姓名	学号		姓名	学号
任务分工					

7.5.6 工作实施

任务工作单一

组号：_____ 姓名：_____ 学号：_____ 编号： 7.5.6－1

引导问题：

(1)本项目外墙真石漆墙面构造做法有哪几种？分别使用在哪个部位？

(2)本项目外墙真石漆墙面属于薄涂料涂饰、厚涂料涂饰还是复合涂料涂饰？

(3)简述水性涂料涂饰工程的施工工艺流程。

任务工作单二

组号：_____ 姓名：_____ 学号：_____ 编号： 7.5.6－2

引导问题：

(1)水性涂料涂饰的检验批划分规定是什么？本工程项目的水性涂料涂饰划分为多少个检验批？

(2)简述水性涂料涂饰质量验收的主控项目验收内容、检查数量和检验方法。

(3)简述水性涂料涂饰质量验收的一般项目验收内容、检查数量和检验方法。

任务工作单三

组号：_____ 姓名：_____ 学号：_____ 编号： 7.5.6－3

引导问题：

(1)填写水性涂料涂饰工程检验批现场验收检查原始记录有哪些应注意的事项？请按照检测方案模拟填写水性涂料涂饰工程检验批现场验收检查原始记录表。

质量验收记录表

(2)如何正确填写水性涂料涂饰工程检验批质量验收记录表？请按照水性涂料涂饰工程检验批现场验收检查原始记录填写水性涂料涂饰安装检验批质量验收记录表。

(3)如何正确填写水性涂料涂饰工程分项工程检验批质量验收记录表？请根据本项目检验批质量验收原始记录来填写水性涂料涂饰工程分项工程检验批质量验收记录表。

7.5.7 评价反馈

任务工作单一

组号：_____ 姓名：_____ 学号：_____ 编号：7.5.7-1

个人自评表

班级		组名		日期	年 月 日
评价指标	评价内容			分数	分数评定
信息理解与运用	能有效利用工程案例资料查找有用的相关信息；能将查到的信息有效地传递到学习中			10	
感知课堂生活	是否熟悉各自的工作岗位，认同工作价值；在学习中是否能获得满足感，课堂氛围如何			10	
参与状态	与教师、同学之间是否相互理解与尊重；与教师、同学之间是否保持多向、丰富、适宜的信息交流			10	
	能处理好合作学习和独立思考的关系，做到有效学习；能提出有意义的问题或能发表个人见解			10	
知识、能力获得情况	掌握了水性涂料涂饰工程施工工艺流程			5	
	掌握了水性涂料涂饰工程检验批划分规定			5	
	掌握了水性涂料涂饰工程质量验收的主控项目和一般项目的验收内容、检查数量、检验方法			5	
	能正确划分水性涂料涂饰工程检验批			10	
	能对水性涂料涂饰工程进行质量验收			10	
	能正确填写水性涂料涂饰工程检验批现场验收检查原始记录表、检验批质量验收记录表、分项工程质量验收记录表			10	
思维状态	是否能发现问题、提出问题、分析问题、解决问题			5	
自评反思	按时、按质完成任务；较好地掌握了专业知识点；较强的信息分析能力和理解能力			10	
自评分数					
有益的经验和做法					
总结反思建议					

任务工作单二

组号：＿＿＿＿＿＿＿　姓名：＿＿＿＿＿＿＿　学号：＿＿＿＿＿＿＿　编号： 7.5.7－2

小组互评表

班级		被评组名		日期	年 月 日
评价指标	评价内容			分数	分数评定
信息理解与运用	该组能否有效利用工程案例资料查找有用的相关信息			5	
	该组能否将查到的信息有效地传递到学习中			5	
感知课堂生活	该组是否熟悉各自的工作岗位，认同工作价值			5	
	该组在学习中是否能获得满足感			5	
参与状态	该组与教师、同学之间是否相互理解与尊重			5	
	该组与教师、同学之间是否保持多向、丰富、适宜的信息交流			5	
	该组能否处理好合作学习和独立思考的关系，做到有效学习			5	
	该组能否提出有意义的问题或发表个人见解			5	
任务完成情况	能正确填写水性涂料涂饰工程检验批现场验收检查原始记录表			15	
	能正确填写水性涂料涂饰工程检验批质量验收记录表			15	
	能正确填写水性涂料涂饰工程分项工程质量验收记录表			15	
思维状态	该组是否能发现问题、提出问题、分析问题、解决问题			5	
自评反思	该组能严肃、认真地对待自评			10	
互评分数					
简要评述					

任务工作单三

组号：＿＿＿＿＿＿＿　姓名：＿＿＿＿＿＿＿　学号：＿＿＿＿＿＿＿　编号： 7.5.7－3

教师评价表

班级		组名		姓名		
出勤情况						
评价内容	评价要点	考查要点	分数	教师评定		
				结论	分数	
信息理解与运用	任务实施过程中资料查阅	是否查阅信息资料	10			
		正确运用信息资料				
任务完成情况	掌握了水性涂料涂饰工程施工工艺流程	内容正确，错一处扣2分	10			
	掌握了水性涂料涂饰工程分项工程检验批划分规定	内容正确，错一处扣2分	10			

班级		组名		姓名		
出勤情况						
评价内容	评价要点		考查要点	分数	教师评定	
					结论	分数
任务完成情况	掌握了水性涂料涂饰工程质量验收的主控项目和一般项目的验收内容、检查数量、检验方法		内容正确,错一处扣2分	10		
	能正确划分水性涂料涂饰工程分项工程检验批		内容正确,错一处扣2分	10		
	能对水性涂料涂饰工程进行质量验收		内容正确,错一处扣2分	10		
	能正确填写水性涂料涂饰工程检验批质量验收原始记录表、检验批质量验收记录表、分项工程质量验收记录表		内容正确,错一处扣2分	10		
素质目标达成情况	出勤情况		缺勤1次扣2分	10		
	具有规范意识,讲原则、守规矩		根据情况,酌情扣分	5		
	具有审美意识		根据情况,酌情扣分	5		
	具有团结协作意识		根据情况,酌情扣分	5		
	具有吃苦耐劳的精神		根据情况,酌情扣分	5		

7.5.8 相关知识点

7.5.8.1 水性涂料涂饰工程施工工艺流程

基层处理→局部找平→满刮外墙防水腻子二遍→打磨→滚底漆→满刷面漆两遍→验收。

相关知识点

7.5.8.2 水性涂料涂饰工程分项工程检验批划分规定

(1)室外涂饰工程每一栋楼的同类涂料涂饰的墙面每1 000 m² 应划分为一个检验批,不足1 000 m² 也应划分为一个检验批。

(2)室内涂饰工程同类涂料涂饰墙面每50间应划分为一个检验批,不足50间也应划分为一个检验批,大面积房间和走廊可按涂饰面积每30 m² 计为1间。

7.5.8.3 水性涂料涂饰工程分项工程检验批检查数量

(1)室外涂饰工程每100 m² 应至少检查一处,每处不得小于10 m²。

(2)室内涂饰工程每个检验批应至少抽查10%,并不得少于3间;不足3间时,应全数检查。

7.5.8.4 水性涂料涂饰工程的主控项目验收内容和检验方法

(1)水性涂料涂饰工程所用涂料的品种、型号和性能应符合设计要求及现行国家标准的有关规定。

　　检验方法：检查产品合格证书、性能检验报告、有害物质限量检验报告和进场验收记录。

　　(2)水性涂料涂饰工程的颜色、光泽、图案应符合设计要求。

　　检验方法：观察。

　　(3)水性涂料涂饰工程应涂饰均匀、黏结牢固，不得漏涂、透底、开裂、起皮和掉粉。

　　检验方法：观察；手摸检查。

　　(4)水性涂料涂饰工程的基层处理应符合《建筑装饰装修工程质量验收标准》(GB 50210—2018)中第 12.1.5 条的规定。

　　检验方法：观察；手摸检查；检查施工记录。

7.5.8.5　水性涂料涂饰工程的一般项目验收内容和检验方法

　　(1)薄涂料的涂饰质量和检验方法应符合《建筑装饰装修工程质量验收标准》(GB 50210—2018)表 12.2.5 的规定。

　　(2)厚涂料的涂饰质量和检验方法应符合《建筑装饰装修工程质量验收标准》(GB 50210—2018)表 12.2.6 的规定。

　　(3)复层涂料的涂饰质量和检验方法应符合《建筑装饰装修工程质量验收标准》(GB 50210—2018)表 12.2.7 的规定。

　　(4)涂层与其他装修材料和设备衔接处应吻合，界面应清晰。

　　检验方法：观察。

　　(5)墙面水性涂料涂饰工程的允许偏差和检验方法应符合《建筑装饰装修工程质量验收标准》(GB 50210—2018)表 12.2.9 的规定。

7.5.9　项目拓展

项目拓展

任务六　地面工程质量验收与资料管理

7.6.1　任务描述

　　根据×××学院实验实训综合楼建筑施工图(建施1—2、建施1—3、建施5)、工程量清单，以及《建筑地面工程施工质量验收规范》(GB 50209—2010)中关于砖面层质量验收的规定，完成以下工作任务：

　　(1)划分砖面层这个分项工程的检验批。

　　(2)对砖面层质量验收中的主控项目进行质量检查。

　　(3)操作检测工具对砖面层的平整度进行实体检测。

任务描述

(4)利用建筑工程资料管理软件填写砖面层检验批质量验收记录。

7.6.2 学习目标

1. 知识目标

(1)掌握砖面层的施工工艺流程。

(2)掌握砖面层的检验批划分规定。

(3)掌握砖面层质量验收的主控项目和一般项目的验收内容、检查数量、检验方法。

2. 能力目标

(1)能正确划分砖面层的检验批。

(2)能对砖面层进行质量验收。

(3)能正确填写砖面层检验批现场验收检查原始记录表、检验批质量验收记录表、分项工程质量验收记录表。

3. 素质目标

(1)培养按规范、规则开展工作的意识。

(2)培养审美意识及团结协作的意识。

(3)培养专心细致和实事求是、具体问题具体分析的素质。

7.6.3 任务分析

1. 重点

(1)主控项目和一般项目质量验收。

(2)填写质量验收记录表。

2. 难点

(1)观感质量验收评价。

(2)掌握平整度检测操作方法。

7.6.4 素质养成

(1)在主控项目、一般项目验收条文描述中,引导学生养成规范、规矩意识,具有质量第一的原则与立场。

(2)砖面层是装饰装修中重要的构造层,人们进入建筑内部时,能够通过砖面层的铺贴直观地感受到建筑的美,通过质量验收中验收内容的学习,可以培养学生的审美意识。

(3)在质量验收、填写质量验收表格过程中,培养学生专心细致、实事求是、具体问题具体分析的素质。

7.6.5 任务分组

填写学生任务分配表(表7.6.5)。

表 7.6.5　学生任务分配表

班级		组号		指导教师	
组长		学号			
组员	姓名	学号	姓名	学号	
任务分工					

7.6.6　工作实施

任务工作单一

组号: _____　姓名: _____　学号: _____　编号: __7.6.6-1__

引导问题:

(1)本工程地面的构造做法一共有多少种？这些地面构造做法分别用于本工程何处？

(2)简述地面砖面层施工工艺流程。

(3)砖面层检验批划分规定分别是什么？本工程地面的砖面层划分为多少个检验批？

任务工作单二

组号: _____　姓名: _____　学号: _____　编号: __7.6.6-2__

引导问题:

(1)简述本项目对地面砖面层所用地砖材料、厚度、规格的要求。

(2)简述砖面层的主控项目验收内容、检查数量和检验方法。

(3)简述砖面层的一般项目允许偏差检测要求。

(4)结合本项目图纸，请按照随机且有代表性的原则编写一个检验批的一般项目允许偏差实体检测方案(表7.6.6)。

表7.6.6 实体检测方案

序号	检测项目	检测部位	检验方法

任务工作单三

组号：_____ 姓名：_____ 学号：_____ 编号：7.6.6—3

引导问题：

(1)填写砖面层检验批现场验收检查原始记录有哪些应注意的事项？请按照检测方案模拟填写砖面层检验批现场验收检查原始记录表。

(2)如何正确填写砖面层检验批质量验收记录表？请按照地面砖面层检验批现场验收检查原始记录填写砖面层检验批质量验收记录表。

质量验收记录表

(3)如何正确填写板块面层铺设分项工程质量验收记录表？请根据本项目检验批划分方案填写板块面层铺设分项工程质量验收记录表。

7.6.7 评价反馈

任务工作单一

组号：＿＿＿＿＿ 姓名：＿＿＿＿＿ 学号：＿＿＿＿＿ 编号：7.6.7-1

个人自评表

班级		组名		日期	年 月 日
评价指标	评价内容			分数	分数评定
信息理解与运用	能有效利用工程案例资料查找有用的相关信息；能将查到的信息有效地传递到学习中			10	
感知课堂生活	是否熟悉各自的工作岗位，认同工作价值；在学习中是否能获得满足感，课堂氛围如何			10	
参与状态	与教师、同学之间是否相互理解与尊重；与教师、同学之间是否保持多向、丰富、适宜的信息交流			10	
	能处理好合作学习和独立思考的关系，做到有效学习；能提出有意义的问题或能发表个人见解			10	
知识、能力获得情况	掌握了地面砖面层施工工艺流程			5	
	掌握了地面砖面层检验批划分规定			5	
	掌握了地面砖面层质量验收的主控项目和一般项目的验收内容、检查数量、检验方法			5	
	能正确划分地面砖面层检验批			10	
	能对地面砖面层进行质量验收			10	
	能正确填写地面砖面层检验批现场验收检查原始记录表、检验批质量验收记录表、分项工程质量验收记录表			10	
思维状态	是否能发现问题、提出问题、分析问题、解决问题			5	
自评反思	按时按质完成任务；较好地掌握了专业知识点；较强的信息分析能力和理解能力			10	
自评分数					
有益的经验和做法					
总结反思建议					

任务工作单二

组号：_____ 姓名：_____ 学号：_____ 编号： 7.6.7－2

小组互评表

班级		被评组名		日期	年 月 日
评价指标		评价内容		分数	分数评定
信息理解 与运用		该组能否有效利用工程案例资料查找有用的相关信息		5	
		该组能否将查到的信息有效地传递到学习中		5	
感知课堂 生活		该组是否熟悉各自的工作岗位，认同工作价值		5	
		该组在学习中是否能获得满足感		5	
参与状态		该组与教师、同学之间是否相互理解与尊重		5	
		该组与教师、同学之间是否保持多向、丰富、适宜的信息交流		5	
		该组能否处理好合作学习和独立思考的关系，做到有效学习		5	
		该组能否提出有意义的问题或发表个人见解		5	
任务完成情况		能正确填写地面砖面层检验批现场验收检查原始记录表		15	
		能正确填写地面砖面层检验批质量验收记录表		15	
		能正确填写板块面层铺设分项工程质量验收记录表		15	
思维状态		该组是否能发现问题、提出问题、分析问题、解决问题		5	
自评反思		该组能严肃、认真地对待自评		10	
互评分数					
简要评述					

任务工作单三

组号：_____ 姓名：_____ 学号：_____ 编号： 7.6.7－3

教师评价表

班级		组名		姓名		
出勤情况						
评价内容	评价要点	考查要点	分数	教师评定		
				结论	分数	
信息理解与运用	任务实施过程中资料查阅	是否查阅信息资料	10			
		正确运用信息资料				
任务完成情况	掌握了地面砖面层施工工艺流程	内容正确，错一处扣2分	10			
	掌握了地面砖面层检验批划分规定	内容正确，错一处扣2分	10			
	掌握了地面砖面层质量验收的主控项目和一般项目的验收内容、检查数量、检验方法	内容正确，错一处扣2分	10			

班级		组名		姓名		
出勤情况						
评价内容	评价要点		考查要点	分数	教师评定	
					结论	分数
任务完成情况	能正确划分地面砖面层检验批		内容正确，错一处扣2分	10		
	能对地面砖面层进行质量验收		内容正确，错一处扣2分	10		
	能正确填写地面砖面层检验批现场验收检查原始记录表、检验批质量验收记录表、分项工程质量验收记录表		内容正确，错一处扣2分	10		
素质目标达成情况	出勤情况		缺勤1次扣2分	10		
	具有规范意识，讲原则、守规矩		根据情况，酌情扣分	5		
	具有严谨求实、专心细致的工作作风		根据情况，酌情扣分	5		
	具有团结协作意识		根据情况，酌情扣分	5		
	具有吃苦耐劳的精神		根据情况，酌情扣分	5		

7.6.8 相关知识点

7.6.8.1 地面砖面层施工工艺流程

材料准备→基层验收→作业面清理→弹线定位→砖面层铺设→设置保护措施→勾缝。

7.6.8.2 地面砖面层检验批划分规定

(1)基层(各构造层)和各类面层的分项工程的施工质量应按每一层次或每层施工段(或变形缝)划分检验批，高层建筑的标准层可按每3层(不足3层按3层计)划分检验批。

相关知识点

(2)地面砖面层每个检验批应以各子分部工程的基层(各构造层)和各类面层所划分的分项工程按自然间(或标准间)检验，检查数量应随机检验不应少于3间；不足3间，应全数检查；其中走廊(过道)应以10延长米为1间，工业厂房(按单跨计)、礼堂、门厅应以两个轴线为1间计算。

(3)有防水要求的建筑地面子分部工程的分项工程施工质量每检验批检查数量应按其房间总数随机检验不应少于4间，不足4间，应全数检查。

7.6.8.3 地面砖面层主控项目验收内容、检查数量和检验方法

(1)砖面层所用板块产品应符合设计要求和现行国家有关标准的规定。

检验方法：观察检查和检查形式检验报告、出厂检验报告、出厂合格证。

检查数量：同一工程、同一材料、同一生产厂家、同一型号、同一规格、同一批号检查一次。

(2)砖面层所用板块产品进入施工现场时，应有放射性限量合格的检测报告。

检验方法：检查检测报告。

检查数量：同一工程、同一材料、同一生产厂家、同一型号、同一规格、同一批号检查一次。

(3)面层与下一层的结合(黏结)应牢固，无空鼓(单块砖边角允许有局部空鼓，但每自然间或标准间的空鼓砖不应超过总数的 5%)。

检验方法：用小锤轻击检查。

7.6.8.4 地面砖面层一般项目验收内容、检查数量和检验方法

检查数量：地面砖面层每个检验批一般项目的检查数量同主控项目。

验收内容和检验方法：

(1)砖面层的表面应洁净、图案清晰，色泽应一致，接缝应平整，深浅应一致，周边应顺直。板块应无裂纹、掉角和缺楞等缺陷。

检验方法：观察检查。

(2)面层邻接处的镶边用料及尺寸应符合设计要求，边角应整齐、光滑。

检验方法：观察和用钢尺检查。

(3)踢脚线表面应洁净，与柱、墙面的结合应牢固。踢脚线高度及出柱、墙厚度应符合设计要求，且均匀一致。

检验方法：观察和用小锤轻击及钢尺检查。

(4)楼梯、台阶踏步的宽度、高度应符合设计要求。踏步板块的缝隙宽度应一致；楼层梯段相邻踏步高度差不应大于 10 mm；每踏步两端宽度差不应大于 10 mm，旋转楼梯梯段的每踏步两端宽度的允许偏差不应大于 5 mm。踏步面层应做防滑处理，齿角应整齐，防滑条应顺直、牢固。

检验方法：观察和用钢尺检查。

(5)面层表面的坡度应符合设计要求，不倒泛水、无积水；与地漏、管道结合处应严密牢固，无渗漏。

检验方法：观察、泼水或用坡度尺及蓄水检查。

(6)板、块面层的允许偏差应符合《建筑地面工程施工质量验收规范》(GB 50209—2010)表6.1.8 的要求。

7.6.8.5 地面砖面层的一般项目允许偏差测量方法

表面平整度：

(1)按每一个功能房间作为 1 个实测区。

(2)每一功能房间地面区域内测四个角(约 45°)及中间位置。书房、厨卫等小房间地面任选两个角，与墙面夹角 45°平放靠尺共测量 2 次，中部区域测量 1 次。

7.6.9 项目拓展

项目拓展

项目八 建筑节能工程质量验收与资料管理

任务一 墙体节能工程质量验收与资料管理

8.1.1 任务描述

根据×××学院实验实训综合楼建筑施工图、节能设计图纸、工程量清单、专项施工方案、安全功能试验检验报告、《建筑节能工程施工质量验收标准》(GB 50411—2019)和《建筑工程施工质量验收统一标准》(GB 50300—2013)等，完成以下工作任务：

(1)划分墙体节能分项工程检验批。

(2)对墙体节能工程的主控项目进行质量检查。

(3)利用建筑工程资料管理软件填写墙体节能工程隐蔽工程验收记录、检验批质量验收记录、分项工程质量验收记录。

任务描述

8.1.2 学习目标

1. 知识目标

(1)掌握外墙内保温工程施工工艺流程。

(2)掌握墙体节能分项工程检验批划分规定。

(3)掌握墙体节能工程隐蔽工程质量验收。

2. 能力目标

(1)能正确划分墙体节能分项工程检验批。

(2)能对墙体节能分项工程进行质量验收。

(3)能正确填写墙体节能隐蔽工程质量验收记录表。

(4)能正确填写墙体节能检验批质量验收原始记录表、检验批质量验收记录表和墙体节能分项工程质量验收记录表。

3. 素质目标

(1)培养学生节能意识、环保意识。

(2)培养学生遵守计算规范和国家标准规范习惯。

(3)培养提高能源利用效率的节能意识，为我国的建筑节能事业做出贡献，培养使命担当的精神。

8.1.3 任务分析

1. 重点

(1)主控项目和一般项目质量验收。

(2)填写质量验收记录表。

2. 难点

(1)节能设计图纸识读。

(2)根据施工工艺完整地填写隐蔽工程的质量验收记录表。

8.1.4 素质养成

(1)在主控项目、一般项目验收条文描述中,培养安全意识和国家标准规范习惯。

(2)通过学习节能工程质量验收,引导学生树立起节能意识和"节能的目标不是限制用能,而是提高能源转换和利用效率"的观念。

(3)填写质量验收表格过程中,要专心细致、如实记录数据、准确评价验收结果,训练中养成分工合作、不怕苦、不怕累的精神。

8.1.5 任务分组

填写学生任务分配表(表8.1.5)。

表 8.1.5 学生任务分配表

班级		组号		指导教师	
组长		学号			
组员	姓名	学号		姓名	学号
任务分工					

8.1.6 工作实施

任务工作单一

组号:＿＿＿＿＿＿ 姓名:＿＿＿＿＿＿ 学号:＿＿＿＿＿＿ 编号:＿8.1.6－1

引导问题:

(1)根据本项目节能设计图纸,列出墙体采用的节能措施是什么?

(2)根据本项目节能设计图纸，简述外墙无机保温砂浆内保温的构造做法。

(3)简述外墙无机保温砂浆内保温的施工工艺流程。

(4)根据以上问题得知，本项目的外墙内保温采用保温浆料的做法。请简述其材料进场验收时应复验的材料性能指标、检验方法、检查数量。

(5)请根据本项目节能设计图纸，列出本项目无机保温砂浆设计要求的各项热工性能参数。

任务工作单二

组号：＿＿＿＿＿＿＿ 姓名：＿＿＿＿＿＿＿ 学号：＿＿＿＿＿＿＿ 编号： 8.1.6－2

引导问题：

(1)列出墙体节能的检验批划分规定，本工程项目墙体节能划分为多少个检验批？

(2)简述外墙无机保温砂浆内保温的主控项目验收内容、检查数量和检验方法。

(3)根据本项目的节能土建工程方案，简述外墙无机保温砂浆内保温工程的一般项目验收内容、检查数量和检验方法。

(4)结合本项目的施工方案及任务工作单一中(2)的施工工艺流程，请按照随机且有代表性的原则编写一项主控项目的检测方案(表 8.1.6)。

表 8.1.6 墙体主控项目的检测方案

序号	检测项目	检测方法	检验数量

任务工作单三

组号：＿＿＿＿＿＿　姓名：＿＿＿＿＿＿　学号：＿＿＿＿＿＿　编号：＿8.1.6－3＿

引导问题：

（1）简述墙体节能工程应对哪些部位或内容进行隐蔽工程验收，并应有详细的文字记录和必要的图像资料。

质量验收记录表

（2）根据本项目的施工工艺，列出外墙无机保温砂浆内保温隐蔽工程具体有哪几项。

（3）按照随机且有代表性的原则，模拟填写本项目中任意一项墙体节能工程隐蔽工程的质量验收记录表。

（4）如何正确填写墙体节能工程检验批质量验收原始记录表？根据本项目所涉及的主控项目，模拟填写墙体节能工程检验批质量验收原始记录表。

（5）如何正确填写墙体节能分项工程检验批质量验收记录表？根据本项目检验批质量验收原始记录表来填写墙体节能分项工程检验批质量验收记录表。

（6）如何正确填写墙体节能分项工程质量验收记录表？根据本项目检验批质量验收记录表来填写墙体节能分项工程质量验收记录表。

8.1.7 评价反馈

任务工作单一

组号：＿＿＿＿＿＿　姓名：＿＿＿＿＿＿　学号：＿＿＿＿＿＿　编号：＿8.1.7－1＿

个人自评表

班级		组名		日期	年 月 日
评价指标	评价内容			分数	分数评定
信息理解与运用	能有效利用工程案例资料查找有用的相关信息；能将查到的信息有效地传递到学习中			10	
感知课堂生活	是否熟悉各自的工作岗位，认同工作价值；在学习中是否能获得满足感，课堂氛围如何			10	

班级		组名		日期	年 月 日
评价指标	评价内容			分数	分数评定
参与状态	与教师、同学之间是否相互理解与尊重；与教师、同学之间是否保持多向、丰富、适宜的信息交流			10	
	能处理好合作学习和独立思考的关系，做到有效学习；能提出有意义的问题或能发表个人见解			10	
知识、能力获得情况	能从施工方案和设计图纸中准确找出相应的节能措施			10	
	掌握了外墙无机保温砂浆内保温工程施工工艺流程			10	
	掌握了无机保温砂浆进场质量验收的验收内容、检查数量、检验方法			10	
	能正确填写各项质量验收表格			10	
思维状态	是否能发现问题、提出问题、分析问题、解决问题			10	
自评反思	按时按质完成任务；较好地掌握了专业知识点；较强的信息分析能力和理解能力			10	
自评分数					
有益的经验和做法					
总结反思建议					

任务工作单二

组号：_____ 姓名：_____ 学号：_____ 编号： 8.1.7－2

小组互评表

班级		被评组名		日期	年 月 日
评价指标	评价内容			分数	分数评定
信息理解与运用	该组能否有效利用工程案例资料查找有用的相关信息			5	
	该组能否将查到的信息有效地传递到学习中			5	
感知课堂生活	该组是否熟悉各自的工作岗位，认同工作价值			5	
	该组在学习中是否能获得满足感			5	
参与状态	该组与教师、同学之间是否相互理解与尊重			5	
	该组与教师、同学之间是否保持多向、丰富、适宜的信息交流			5	
	该组能否处理好合作学习和独立思考的关系，做到有效学习			5	
	该组能否提出有意义的问题或发表个人见解			5	
任务完成情况	能正确填写墙体节能隐蔽工程质量验收记录表			10	
	能正确填写墙体节能检验批现场验收检查原始记录表			10	
	能正确填写墙体节能检验批质量验收记录表			10	
	能正确填写墙体节能分项工程质量验收记录表			15	

班级		被评组名		日期	年 月 日
评价指标	评价内容			分数	分数评定
思维状态	该组是否能发现问题、提出问题、分析问题、解决问题			5	
自评反思	该组能严肃、认真地对待自评			10	
互评分数					
简要评述					

任务工作单三

组号：_____　姓名：_____　学号：_____　编号：8.1.7－3

教师评价表

班级		组名		姓名	
出勤情况					
评价内容	评价要点	考查要点	分数	教师评定	
				结论	分数
信息理解与运用	任务实施过程中资料查阅	是否查阅信息资料	10		
		正确运用信息资料			
任务完成情况	掌握了无机保温砂浆内保温施工工艺流程	内容正确，错一处扣2分	10		
	掌握了墙体节能分项工程检验批划分规定	内容正确，错一处扣2分	10		
	掌握了墙体节能工程质量验收的主控项目和一般项目的验收内容、检查数量、检验方法	内容正确，错一处扣2分	10		
	能正确划分墙体节能分项工程检验批	内容正确，错一处扣2分	10		
	能对墙体节能工程进行质量验收	内容正确，错一处扣2分	10		
	能正确填写墙体节能隐蔽工程质量验收记录表、检验批质量验收记录表、分项工程质量验收记录表	内容正确，错一处扣2分	10		
素质目标达成情况	出勤情况	缺勤1次扣2分	10		
	具有规范意识，讲原则、守规矩	根据情况，酌情扣分	5		
	具有节能意识、环保意识	根据情况，酌情扣分	5		
	具有团结协作意识	根据情况，酌情扣分	5		
	具有吃苦耐劳的精神	根据情况，酌情扣分	5		

8.1.8 相关知识点

8.1.8.1 外墙节能工程施工工艺流程

外墙无机保温砂浆内保温施工工艺流程：抹灰用脚手架搭设→基层处理→管线预埋→满钉钢丝网→湿润基层→墙面刷界面剂并养护→找规矩、做灰饼→设置标筋→阳角做护角→抹底层保温砂浆→抹面层保温砂浆→清理→验收。

相关知识点

8.1.8.2 外墙节能分项工程检验批划分规定

（1）采用相同材料、工艺和施工做法的墙面，扣除门窗洞口后的保温墙面面积每 1 000 m² 划分为一个检验批。

（2）检验批的划分也可根据与施工流程相一致且方便施工与验收的原则，由施工单位与监理单位双方协商确定。

8.1.8.3 外墙无机保温砂浆内保温的主控项目验收内容、检查数量和检验方法

（1）墙体节能工程使用的材料、构件应进行进场验收，验收结果应经监理工程师检查认可，且应形成相应的验收记录。各种材料和构件的质量证明文件与相关技术资料应齐全，并应符合设计要求和现行国家有关标准的规定。

检验方法：观察、尺量检查；核查质量证明文件。

检查数量：按进场批次，每批随机抽取 3 个试样进行检查；质量证明文件应按其出厂检验批进行核查。

（2）墙体节能工程使用的材料、产品进场时，应对其下列性能进行复验，复验应为见证取样检验：

1）保温隔热材料的导热系数或热阻、密度、压缩强度或抗压强度、垂直于板面方向的抗拉强度、吸水率、燃烧性能（不燃材料除外）；

2）黏结材料的拉伸黏结强度；

3）抹面材料的拉伸黏结强度、压折比；

4）增强网的力学性能、抗腐蚀性能。

检验方法：核查质量证明文件；随机抽样检验，核查复验报告，其中，导热系数（传热系数）或热阻、密度或单位面积质量、燃烧性能必须在同一个报告中。

检查数量：同厂家、同品种产品，按照扣除门窗洞口后的保温墙面面积所使用的材料用量，在 5 000 m² 以内时应复验 1 次；面积每增加 5 000 m² 应增加 1 次。同工程项目、同施工单位且同期施工的多个单位工程，可合并计算抽检面积。当符合《建筑节能工程施工质量验收标准》（GB 50411—2019）中的第 3.2.3 条的规定时，检验批容量可以扩大一倍。

（3）墙体节能工程施工前应按照设计和施工方案的要求对基层进行处理，处理后的基层应符合保温层施工方案的要求。

检验方法：对照设计和施工方案观察检查；核查隐蔽工程验收记录。

检查数量：全数检查。

（4）墙体节能工程各层构造做法应符合设计要求，并应按照经过审批的施工方案施工。

检验方法：对照设计和施工方案观察检查；核查隐蔽工程验收记录。

检查数量：全数检查。

（5）墙体节能工程的施工，应符合下列规定：保温隔热材料的厚度必须符合设计要求。

检验方法：观察；手扳检查；保温材料厚度采用钢针插入或剖开后尺量检查；核查隐蔽工程验收记录。

检查数量：每个检验批抽查不少于 3 处。

(6)外墙采用保温浆料做保温层时，应在施工中制作同条件试件，检测其导热系数、干密度和抗压强度。保温浆料的试件应见证取样检验。

检验方法：按《建筑节能工程施工质量验收标准》(GB 50411—2019)中的附录 D 的检验方法进行。

检查数量：同厂家、同品种产品，按照扣除门窗洞口后的保温墙面面积，在 5 000 m² 以内时应检验 1 次；面积每增加 5 000 m² 应增加 1 次。同工程项目、同施工单位且同期施工的多个单位工程，可合并计算抽检面积。

(7)外墙和毗邻不供暖空间墙体上的门窗洞口四周墙的侧面，墙体上凸窗四周的侧面，应按设计要求采取节能保温措施。

检验方法：对照设计观察检查，采用红外热像仪检查或剖开检查；核查隐蔽工程验收记录。

检查数量：按《建筑节能工程施工质量验收标准》(GB 50411—2019)中的第 3.4.3 条的规定抽检，最小抽样数量不得少于 5 处。

8.1.8.4 外墙无机保温砂浆内保温的一般项目验收内容、检查数量和检验方法

(1)当节能保温材料与构件进场时，其外观和包装应完整、无破损。

检验方法：观察检查。

检查数量：全数检查。

(2)当采用加强网作为防止开裂的措施时，加强网的铺贴和搭接应符合设计和施工方案的要求。砂浆抹压应密实，不得空鼓，加强网不得褶皱、外露。

检验方法：观察检查；核查隐蔽工程验收记录。

检查数量：每个检验批抽查不少于 5 处，每处不少于 2 m²。

(3)施工产生的墙体缺陷，如穿墙套管、脚手架眼、孔洞、外门窗框或附框与洞口之间的间隙等，应按照专项施工方案采取隔断热桥措施，不得影响墙体的热工性能。

检验方法：对照施工方案观察检查。

检查数量：全数检查。

(4)墙体采用保温浆料时，保温浆料厚度应均匀、接槎应平顺、密实。

检验方法：观察、尺量检查。

检查数量：保温浆料厚度每个检验批抽查 10%，并不少于 10 处。

(5)墙体上的阳角、门窗洞口及不同材料基体的交接处等部位，其保温层应采取防止开裂和破损的加强措施。

检验方法：观察检查；核查隐蔽工程验收记录。

检查数量：按不同部位，每类抽查 10%，并不少于 5 处。

8.1.8.5 外墙无机保温砂浆内保温工程的一般项目允许偏差范围

(1)表面平整。

允许偏差：2 mm。

检验方法：

1)在同一墙面顶部和根部 4 个角中，距离墙边 30~50 mm 位置选取 2 个角按 4°角分别测量 1 次，在距离地面 200 mm 左右的位置水平测量 1 次。

2)墙面优先考虑有门窗、过道洞口的，在各洞口 45°斜测一次，要求靠尺跨过门窗洞口。

检查工具：2 m 靠尺＋楔形塞尺。

（2）阴阳角垂直。

允许偏差：2 mm。

检验方法：用激光扫平仪在阴阳角位置标出一条垂直标线，使用钢直尺或钢卷尺在阴阳角两端和中部分别测量激光标线与阴阳角之间的距离，取 3 次实测值中最大值和最小值，计算其偏差。

检查工具：激光扫平仪＋300 mm 钢直尺或钢卷尺。

（3）立面垂直。

允许偏差：3 mm。

检验方法：在同一面墙距两侧阴阳角约 300 mm 位置，靠尺顶端距上部顶板 30～50 mm 位置时测 1 次垂直度，靠尺底端距下部地面（或踢脚线预留位顶部）30～50 mm 位置时测 1 次，在高度方向居中时测 1 次。当墙长度小于 3 m 时，可选择取消中间尺。

检查工具：2 m 靠尺。

（4）阴阳角方正。

允许偏差：2 mm。

检验方法：选取对观感影响较大的阴阳角，同一个部位，从地面向上 300 mm 和 1 500 mm 位置分别测量 1 次。

检查工具：2 m 检线板。

8.1.9 项目拓展

项目拓展

任务二　门窗节能工程质量验收与资料管理

8.2.1 任务描述

根据×××学院实验实训综合楼建筑施工图、节能设计图纸、门窗深化设计图纸、工程量清单、专项施工方案、安全功能试验检验报告、《建筑节能工程施工质量验收标准》（GB 50411—2019）和《建筑工程施工质量验收统一标准》（GB 50300—2013）等，完成以下工作任务：

（1）划分门窗节能分项工程检验批。

（2）对门窗节能工程的主控项目进行质量检查。

（3）利用建筑工程资料管理软件填写门窗节能工程隐蔽工程验收记录、检验批质量验收记录、分项工程质量验收记录。

任务描述

8.2.2　学习目标

1. 知识目标

(1)掌握门窗节能工程施工工艺流程。

(2)掌握门窗节能分项工程检验批划分规定。

(3)掌握门窗节能工程隐蔽工程质量验收。

2. 能力目标

(1)能正确划分门窗节能分项工程检验批。

(2)能对门窗节能分项工程进行质量验收。

(3)能正确填写门窗节能隐蔽工程质量验收记录表。

(4)能正确填写门窗节能检验批质量验收原始记录表、检验批质量验收记录表和门窗节能工程分项工程验收记录表。

3. 素质目标

(1)培养学生节能意识、环保意识。

(2)培养学生规范意识，讲原则、守规矩。

(3)培养提高能源利用效率的节能意识，为我国的建筑节能事业做出贡献，培养使命担当的精神。

8.2.3　任务分析

1. 重点

(1)门窗节能工程主控项目和一般项目质量验收。

(2)填写质量验收记录表。

2. 难点

(1)门窗节能工程建筑设计图纸及深化设计图纸识读。

(2)根据施工工艺流程准确地填写隐蔽工程检查验收记录表。

8.2.4　素质养成

(1)在主控项目、一般项目验收条文描述中，培养学生规范意识，讲原则、守规矩。

(2)由于门窗的选材及安装质量会直接影响到建筑的节能效果，因此在质量验收的过程中，学生通过了解各种节能的材料及施工工艺，培养成本意识、环保意识。

(3)填写质量验收表格过程中，要专心细致、如实记录数据、准确评价验收结果，训练中养成分工合作、不怕苦、不怕累的精神。

8.2.5　任务分组

填写学生任务分配表(表8.2.5)。

表 8.2.5　学生任务分配表

班级		组号		指导教师	
组长		学号			
组员	姓名	学号	姓名	学号
任务分工				

8.2.6　工作实施

任务工作单一

组号：＿＿＿＿＿＿＿　姓名：＿＿＿＿＿＿＿＿＿　学号：＿＿＿＿＿＿＿＿　编号：　8.2.6－1

引导问题：

(1)根据本项目的节能设计图纸，简述门窗节能工程中采用的节能措施。

(2)简述门窗节能工程的施工工艺流程。

(3)列出本项目门窗工程采用的型材品种、规格及玻璃品种、规格。

(4)本项目所处气候区属于夏热冬暖地区，简述门窗节能工程所用材料进场验收时应复验的材料性能指标、检验方法、检查数量。

任务工作单二

组号：＿＿＿＿＿＿＿　姓名：＿＿＿＿＿＿＿＿＿　学号：＿＿＿＿＿＿＿＿　编号：　8.2.6－2

引导问题：

(1)列出门窗节能的检验批划分规定，本工程项目门窗节能划分为多少个检验批？

(2)简述门窗节能工程的主控项目验收内容、检查数量和检验方法。

(3)简述门窗节能工程的一般项目验收内容、检查数量和检验方法。

(4)简述本项目外墙气密性等级，并列出本项目中所采用的门窗节能材料的性能参数（表8.2.6-1）。

表8.2.6-1　门窗节能材料的性能参数

门窗节能性能指标	参数
传热系数	
遮阳系数	
可见光透射比	
气密性能	

(5)查阅《建筑节能工程施工质量验收标准》(GB 50411—2019)中的第17.1条，列出门窗节能工程需要实施的现场检测项目、检测方法及检验数量（表8.2.6-2）。

表8.2.6-2　现场检测项目、检测方法以及检验数量

检测项目	检测方法	检验数量

任务工作单三

组号：＿＿＿＿＿＿　姓名：＿＿＿＿＿＿　学号：＿＿＿＿＿＿　编号：　8.2.6－3

引导问题：

(1)根据本项目施工图纸，简述外门窗框的保温填充做法。

(2)按照随机且有代表性的原则模拟填写本项目中任意一项门窗节能工程隐蔽工程的质量验收记录表。

质量验收记录表

(3)如何正确填写门窗节能工程检验批质量验收原始记录表？根据本项目所涉及的主控项目，模拟填写门窗节能工程检验批质量验收原始记录表。

（4）如何正确填写门窗节能分项工程检验批质量验收记录表？根据本项目门窗节能检验批质量验收原始记录表来填写门窗节能分项工程检验批质量验收记录表。

（5）如何正确填写门窗节能分项工程质量验收记录表？根据本项目门窗节能检验批质量验收记录表来填写门窗节能分项工程质量验收记录表。

8.2.7 评价反馈

任务工作单一

组号：_____ 姓名：_____ 学号：_____ 编号：8.2.7-1

个人自评表

班级		组名		日期	年 月 日
评价指标	评价内容			分数	分数评定
信息理解与运用	能有效利用工程案例资料查找有用的相关信息；能将查到的信息有效地传递到学习中			10	
感知课堂生活	是否熟悉各自的工作岗位，认同工作价值；在学习中是否能获得满足感，课堂氛围如何			10	
参与状态	与教师、同学之间是否相互理解与尊重；与教师、同学之间是否保持多向、丰富、适宜的信息交流			10	
	能处理好合作学习和独立思考的关系，做到有效学习；能提出有意义的问题或能发表个人见解			10	
知识、能力获得情况	能从施工方案和设计图纸中准确找出相应的节能措施			10	
	掌握了门窗节能工程施工工艺流程			10	
	掌握了门窗节能工程进场材料质量验收的验收内容、检查数量、检验方法			10	
	能正确填写各项质量验收表格			10	
思维状态	是否能发现问题、提出问题、分析问题、解决问题			10	
自评反思	按时按质完成任务；较好地掌握了专业知识点；较强的信息分析能力和理解能力			10	
	自评分数				
有益的经验和做法					
总结反思建议					

任务工作单二

组号：＿＿＿＿＿＿＿＿ 姓名：＿＿＿＿＿＿＿＿ 学号：＿＿＿＿＿＿＿＿ 编号：8.2.7－2

小组互评表

班级	被评组名		日期	年 月 日
评价指标	评价内容		分数	分数评定
信息理解 与运用	该组能否有效利用工程案例资料查找有用的相关信息		5	
	该组能否将查到的信息有效地传递到学习中		5	
感知课堂 生活	该组是否熟悉各自的工作岗位，认同工作价值		5	
	该组在学习中是否能获得满足感		5	
参与状态	该组与教师、同学之间是否相互理解与尊重		5	
	该组与教师、同学之间是否保持多向、丰富、适宜的信息交流		5	
	该组能否处理好合作学习和独立思考的关系，做到有效学习		5	
	该组能否提出有意义的问题或发表个人见解		5	
任务完成情况	能正确填写门窗节能工程隐蔽工程质量验收记录表		10	
	能正确填写门窗节能工程检验批现场验收检查原始记录表		10	
	能正确填写门窗节能工程检验批质量验收记录表		10	
	能正确填写门窗节能工程分项工程质量验收记录表		15	
思维状态	该组是否能发现问题、提出问题、分析问题、解决问题		5	
自评反思	该组能严肃、认真地对待自评		10	
互评分数				
简要评述				

任务工作单三

组号：＿＿＿＿＿＿＿＿ 姓名：＿＿＿＿＿＿＿＿ 学号：＿＿＿＿＿＿＿＿ 编号：8.2.7－3

教师评价表

班级		组名		姓名	
出勤情况					
评价内容	评价要点	考查要点	分数	教师评定	
				结论	分数
信息理解与运用	任务实施过程中资料查阅	是否查阅信息资料	10		
		正确运用信息资料			
任务完成情况	掌握了门窗节能工程施工工艺流程	内容正确，错一处扣2分	10		
	掌握了门窗节能分项工程检验批划分规定	内容正确，错一处扣2分	10		
	掌握了门窗节能工程质量验收的主控项目和一般项目的验收内容、检查数量、检验方法	内容正确，错一处扣2分	10		
	能正确划分门窗节能分项工程检验批	内容正确，错一处扣2分	10		

班级		组名		姓名		
出勤情况						
评价内容	评价要点	考查要点	分数	教师评定		
				结论	分数	
任务完成情况	能对门窗节能工程进行质量验收	内容正确，错一处扣2分	10			
	能正确填写门窗节能工程隐蔽工程质量验收记录表、检验批现场验收检查原始记录表、检验批质量验收记录表、分项工程验收记录表	内容正确，错一处扣2分	10			
素质目标达成情况	出勤情况	缺勤1次扣2分	10			
	具有规范意识，讲原则、守规矩	根据情况，酌情扣分	5			
	具有节能意识、环保意识	根据情况，酌情扣分	5			
	具有团结协作意识	根据情况，酌情扣分	5			
	具有吃苦耐劳的精神	根据情况，酌情扣分	5			

8.2.8 相关知识点

8.2.8.1 门窗工程施工工艺流程

弹线、找规矩→门窗洞口处理→门窗洞口内埋设连接铁件→窗拆包检查→按图纸编号运至安装地点→检查保护膜→铝合金窗安装→门窗口四周嵌缝、填充保温材料→清理→安装五金配件→安装门窗密封条→质量检查。

相关知识点

8.2.8.2 门窗节能工程检验批划分规定

(1)同一厂家的同材质、类型和型号的门窗每200樘划分为一个检验批。

(2)同一厂家的同材质、类型和型号的特种门窗每50樘划分为一个检验批。

(3)异形或有特殊要求的门窗检验批的划分也可根据其特点和数量，由施工单位与监理单位协商确定。

8.2.8.3 门窗节能工程主控项目验收内容、检查数量和检验方法

(1)建筑外门窗的品种、规格应符合设计要求和相关标准的规定。

检验方法：观察、尺量检查；核查质量证明文件。

检查数量：按进场批次，每批随机抽查3个试件进行检查；质量证明文件应按其出厂检验批进行核查。

(2)门窗(包括天窗)节能工程使用的材料、构件进场时，应按工程所处的气候区核查质量证明文件、节能性能标识证书、门窗节能性能计算书、复验报告，并应对下列性能进行复验，复验应为见证取样检验：

1)严寒、寒冷地区：门窗的传热系数、气密性能；

2)夏热冬冷地区：门窗的传热系数、气密性能，玻璃的遮阳系数、可见光透射比；

3)夏热冬暖地区：门窗的气密性能，玻璃的遮阳系数、可见光透射比；

4)严寒、寒冷、夏热冬冷和夏热冬暖地区：透光、部分透光遮阳材料的太阳光透射比、太

阳光反射比，中空玻璃的密封性能。

检验方法：具有节能标识门窗产品，验收时应对照标识证书，核对相关材料、附件、节点构造、传热系数和气密性能；复验玻璃的节能性能指标。

检验数量：

1) 质量证明文件、复验报告和计算报告等全数核查；

2) 按同厂家、同材质、同开启方式、同型材系列的产品各抽查一次；

3) 有节能标识产品，核查标识证书和玻璃检测报告。

(3) 金属外门窗框的隔断热桥措施应符合设计要求和产品标准的规定，金属附框应按照设计要求采取保温措施。

检验方法：随机抽样，对照产品设计图纸，剖开或拆开检查。

检查数量：同厂家、同材质、同规格的产品各抽查不少于1樘。金属附框的保温措施每个检验批按《建筑节能工程施工质量验收标准》(GB 50411—2019)的第3.4.3条的规定抽检。

(4) 外门窗框或附框与洞口之间的间隙应采用弹性闭孔材料填充饱满，并进行防水密封，夏热冬暖地区、温和地区当采用防水砂浆填充间隙时，窗框与砂浆间应用密封胶密封；外门窗框与附框之间的缝隙应使用密封胶密封。

检验方法：观察检查；核查隐蔽工程验收记录。

检查数量：全数检查。

(5) 外窗遮阳设施的性能、尺寸应符合设计和产品标准要求；遮阳设施的安装应位置正确、牢固，满足安全和使用功能的要求。

检验方法：核查质量证明文件；观察、尺量、手扳检查；核查遮阳设施的抗风计算报告或性能检测报告。

检查数量：按计数检验容量抽查；安装牢固程度全数检查。

(6) 用于外门的特种门的性能应符合设计和产品标准要求；特种门安装中的节能措施，应符合设计要求。

检验方法：核查质量证明文件；观察、尺量检查。

检查数量：全数检查。

8.2.8.4 门窗节能工程一般项目验收内容、检查数量和检验方法

(1) 门窗扇密封条和玻璃镶嵌的密封条，其物理性能应符合相关标准中的要求。密封条安装位置应正确，镶嵌牢固，不得脱槽，接头处不得开裂。关闭门窗时密封条应接触严密。

检验方法：观察检查，核查质量证明文件。

检查数量：全数检查。

(2) 门窗镀(贴)膜玻璃的安装方向应符合设计要求，采用密封胶密封的中空玻璃应采用双道密封，采用了均压管的中空玻璃，其均压管应进行密封处理。

检验方法：观察检查。

检查数量：全数检查。

(3) 外门、窗遮阳设施调节应灵活、调节到位。

检验方法：现场调节试验检查。

检查数量：全数检查。

8.2.8.5 门窗节能工程的隐蔽部位

门窗框与墙体缝隙虽然不是能耗的主要部位，却是隐蔽部位，如果处理不好，会大大影响门窗的节能。这些部位主要是密封问题和热桥问题。密封问题对于冬季节能非常重要，热桥问

题则容易引起结露和发霉，所以必须将这些部位处理好，隐蔽部位验收应在隐蔽前进行，并应有详细的文字记录和必要的图像资料。

8.2.8.6　门窗节能工程的现场实体检验

外窗气密性能的实体检验。

检查数量：外窗气密性能现场实体应按单位工程，每种材质、开启方式、型材系列的外窗检验不得少于3樘。同一个工程项目、同一个施工单位且同施工工期施工的多个单位工程（群体建筑），可合并计算。

检测步骤：

(1)气密性能检测前，应测量外窗面积；弧形窗、折线窗应按展开面积计算。将门窗的所有开启缝用胶带封闭，从室内侧用厚度不小于0.2 mm的透明塑料薄膜覆盖整个范围并沿窗边框处密封，密封膜不应重复使用。确认密封良好，连接线路，将风压管与设备上的正压口相连接，在密封膜上安装风压管的另一端和测压管。风压管、测压管与密封膜连接处用胶带密封。

(2)打开总电源，开启控制计算机，进入门窗现场系统控制页面，点击"气密性检测"一项，在菜单栏里点击"数据设定"，设定数据参数及相关的委托信息，然后在菜单栏里点击"退出"键，退出"数据设定"；如直接退出，检测信息将无法保存。进入系统操作系统后，输入试验编号，调整风压频率，一般情况下调整频率为12~15 Pa，也可以根据现场的门窗试件面积而定，调整频率不宜过大。

(3)测量顺序：压差传感归零，进行正压预备加压→正压开始→正压附加空气渗透量检测。正压结束后，将压差传感归零，进行负压预备加压→负压开始→负压附加空气渗透量检测。然后除去开启缝的胶带，做正压、负压总渗透量检测。

(4)在正、负压检测前分别施加3个压差脉冲，压力差绝对值为150 Pa，加压速度约为50 Pa/s。压差稳定作用时间不少于3 s，泄压时间不少于1 s。待压力差回零后，检查密封板及透明膜的密封状态。

(5)根据试验结果对照表8.2.8.6确定门窗气密等级。

表8.2.8.6　门窗气密等级

分级	1	2	3	4	5	6	7	8
单位缝长分级 长指标值 q_1 /$[m^3 \cdot (m \cdot h)^{-1}]$	$4.0 \geqslant$ $q_1 > 3.5$	$3.5 \geqslant$ $q_1 \geqslant 3.0$	$3.0 \geqslant$ $q_1 > 2.5$	$2.5 \geqslant$ $q_1 > 2.0$	$2.0 \geqslant$ $q_1 > 1.5$	$1.5 \geqslant$ $q_1 > 1.0$	$1.0 \geqslant$ $q_1 > 0.5$	$q_1 \leqslant 0.5$
单位面积分级 长指标值 q_2 /$[m^3 \cdot (m^2 \cdot h)^{-1}]$	$12 \geqslant$ $q_2 > 10.5$	$10.5 \geqslant$ $q_2 \geqslant 9.0$	$9.0 \geqslant$ $q_2 > 7.5$	$7.5 \geqslant$ $q_2 > 6.0$	$6.0 \geqslant$ $q_2 > 4.5$	$4.5 \geqslant$ $q_2 > 3.0$	$3.0 \geqslant$ $q_2 > 1.5$	$q_2 \leqslant 1.5$

8.2.9　项目拓展

项目拓展

任务三　屋面节能工程质量验收与资料管理

8.3.1　任务描述

根据×××学院实验实训综合楼建筑施工图、节能设计图纸、工程量清单、专项施工方案、安全功能试验检验报告、《建筑节能工程施工质量验收标准》(GB 50411—2019)和《建筑工程施工质量验收统一标准》(GB 50300—2013)等,完成以下工作任务:

任务描述

(1)划分屋面节能分项工程检验批。

(2)对屋面节能工程的主控项目进行质量检查。

(3)利用建筑工程资料管理软件填写屋面节能工程隐蔽工程验收记录、检验批质量验收记录、分项工程质量验收记录。

8.3.2　学习目标

1. 知识目标

(1)掌握屋面节能工程施工工艺流程。

(2)掌握屋面节能分项工程检验批划分规定。

(3)掌握屋面节能工程隐蔽工程质量验收。

2. 能力目标

(1)能正确划分屋面节能分项工程检验批。

(2)能对屋面节能分项工程进行质量验收。

(3)能正确填写屋面节能隐蔽工程质量验收记录表。

(4)能正确填写屋面节能检验批质量验收原始记录表、检验批质量验收记录表和墙体节能分项工程验收记录表。

3. 素质目标

(1)培养学生节能意识、环保意识。

(2)培养规范意识,讲原则、守规矩。

(3)培养提高能源利用效率的节能意识,为我国的建筑节能事业做出贡献,培养使命担当的精神。

8.3.3　任务分析

1. 重点

(1)屋面节能工程主控项目和一般项目质量验收。

(2)填写质量验收记录表。

2. 难点

(1)节能设计图纸识读。

(2)根据施工工艺完整地填写隐蔽工程检查验收记录表。

8.3.4　素质养成

(1)在主控项目、一般项目验收条文描述中，培养安全意识和国家标准规范习惯。

(2)屋面的节能主要体现在隔热保温上，因此在质量验收的过程中，通过了解和研究不同屋面节能采用的施工工艺，培养学生的环保意识和自主学习意识。

(3)填写质量验收表格过程中，要专心细致、如实记录数据、准确评价验收结果，训练中养成分工合作、不怕苦、不怕累的精神。

8.3.5　任务分组

填写学生任务分配表(表8.3.5)。

表 8.3.5　学生任务分配表

班级		组号		指导教师	
组长		学号			
组员	姓名	学号		姓名	学号
任务分工					

8.3.6　工作实施

任务工作单一

组号：_____　　姓名：_____　　学号：_____　　编号：　8.3.6－1

引导问题：

(1)根据本项目的节能设计图纸，简述屋面节能工程中采用的节能措施和相应的材料。

(2)根据本项目的节能设计图纸，简述保温上人平屋面的构造做法和施工工艺流程。

(3)根据本项目的屋面节能工程所采用的材料，简述保温材料进场验收内容、检验方法及检验数量。

(4)根据本项目的屋面节能工程所采用的材料,列举出应进行复验的材料性能指标、检验方法和检查数量。

任务工作单二

组号:＿＿＿＿＿　姓名:＿＿＿＿＿　学号:＿＿＿＿＿　编号: 8.3.6-2

引导问题:

(1)屋面节能分项工程检验批划分规定是什么?本项目屋面节能工程划分为多少个检验批?

(2)简述屋面节能工程的主控项目验收内容、检查数量和检验方法。

(3)根据本项目的屋面节能设计图纸,简述屋面节能工程的一般项目验收内容、检查数量和检验方法。

(4)简述屋顶节能工程的一般项目允许偏差检测部位要求。

(5)结合本项目的施工方案以及任务工作单一中(2)的施工工艺流程,请按照随机且有代表性的原则编写一个检验批的一般项目允许偏差实体检测方案(表8.3.6)。

表8.3.6　实体检测方案

序号	检测项目	检测方法	检验数量

任务工作单三

组号:＿＿＿＿＿　姓名:＿＿＿＿＿　学号:＿＿＿＿＿　编号: 8.3.6-3

引导问题:

(1)根据本项目屋面节能设计图纸,简述屋顶节能工程应对哪些部位或内容进行隐蔽工程验收,并应有详细的文字记录和必要的图像资料。

质量验收记录表

(2)按照随机且有代表性的原则模拟填写本项目中任意一项屋面节能工程隐蔽工程的质量验收记录表。

（3）如何正确填写屋面节能工程检验批质量验收原始记录表？根据本项目所涉及的主控项目模拟填写屋面节能工程检验批质量验收原始记录表。

（4）如何正确填写屋面节能分项工程检验批质量验收记录表？根据本项目检验批质量验收原始记录表填写屋面节能分项工程检验批质量验收记录表。

（5）如何正确填写屋面节能分项工程质量验收记录表？根据本项目屋面节能检验批质量验收记录表填写屋面节能分项工程质量验收记录表。

8.3.7　评价反馈

任务工作单一

组号：_____　姓名：_____　学号：_____　编号：　8.3.7－1____

个人自评表

班级		组名		日期	年 月 日
评价指标	评价内容			分数	分数评定
信息理解与运用	能有效利用工程案例资料查找有用的相关信息；能将查到的信息有效地传递到学习中			10	
感知课堂生活	是否熟悉各自的工作岗位，认同工作价值；在学习中是否能获得满足感，课堂氛围如何			10	
参与状态	与教师、同学之间是否相互理解与尊重；与教师、同学之间是否保持多向、丰富、适宜的信息交流			10	
	能处理好合作学习和独立思考的关系，做到有效学习；能提出有意义的问题或能发表个人见解			10	
知识、能力获得情况	能从施工方案中准确找出相应的节能措施			10	
	掌握了屋面节能工程施工工艺流程			10	
	掌握了屋面节能工程进场材料质量验收的验收内容、检查数量、检验方法			10	
	能正确填写各项质量验收表格			10	
思维状态	是否能发现问题、提出问题、分析问题、解决问题			10	
自评反思	按时按质完成任务；较好地掌握了专业知识点；较强的信息分析能力和理解能力			10	
自评分数					
有益的经验和做法					
总结反思建议					

任务工作单二

组号：＿＿＿＿＿　姓名：＿＿＿＿＿　学号：＿＿＿＿＿　编号：8.3.7－2

小组互评表

班级		被评组名		日期	年 月 日
评价指标		评价内容		分数	分数评定
信息理解与运用		该组能否有效利用工程案例资料查找有用的相关信息		5	
		该组能否将查到的信息有效地传递到学习中		5	
感知课堂生活		该组是否熟悉各自的工作岗位，认同工作价值		5	
		该组在学习中是否能获得满足感		5	
参与状态		该组与教师、同学之间是否相互理解与尊重		5	
		该组与教师、同学之间是否保持多向、丰富、适宜的信息交流		5	
		该组能否处理好合作学习和独立思考的关系，做到有效学习		5	
		该组能否提出有意义的问题或发表个人见解		5	
任务完成情况		能正确填写屋面节能工程隐蔽工程质量验收记录表		10	
		能正确填写屋面节能工程检验批现场验收检查原始记录表		10	
		能正确填写屋面节能工程检验批质量验收记录表		10	
		能正确填写屋面节能工程分项工程质量验收记录表		15	
思维状态		该组是否能发现问题、提出问题、分析问题、解决问题		5	
自评反思		该组能严肃、认真地对待自评		10	
互评分数					
简要评述					

任务工作单三

组号：＿＿＿＿＿　姓名：＿＿＿＿＿　学号：＿＿＿＿＿　编号：8.3.7－3

教师评价表

班级		组名		姓名	
出勤情况					
评价内容	评价要点	考查要点	分数	教师评定	
				结论	分数
信息理解与运用	任务实施过程中资料查阅	是否查阅信息资料	10		
		正确运用信息资料			
任务完成情况	掌握了屋面节能工程施工工艺流程	内容正确，错一处扣2分	10		
	掌握了屋面节能分项工程检验批划分规定	内容正确，错一处扣2分	10		
	掌握了屋面节能工程质量验收的主控项目和一般项目的验收内容、检查数量、检验方法	内容正确，错一处扣2分	10		

班级		组名		姓名	
出勤情况					
评价内容	评价要点	考查要点	分数	教师评定	
				结论	分数
任务完成情况	能正确划分屋面节能分项工程检验批	内容正确，错一处扣2分	10		
	能对屋面节能工程进行质量验收	内容正确，错一处扣2分	10		
	能正确填写屋面节能工程隐蔽工程质量验收记录表、检验批质量验收记录表、分项工程验收记录表	内容正确，错一处扣2分	10		
素质目标达成情况	出勤情况	缺勤1次扣2分	10		
	具有规范意识，讲原则、守规矩	根据情况，酌情扣分	5		
	具有节能意识、环保意识	根据情况，酌情扣分	5		
	具有团结协作意识	根据情况，酌情扣分	5		
	具有吃苦耐劳的精神	根据情况，酌情扣分	5		

8.3.8 相关知识点

8.3.8.1 倒置式屋面工程基本构造及施工工艺流程

(1)倒置式屋面工程基本构造如图8.3.8.1所示。

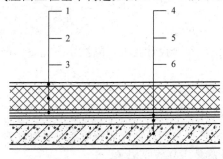

图8.3.8.1 倒置式屋面工程基本构造
1—保护层；2—保温层；3—防水层；
4—找平层；5—找坡层；6—结构层

相关知识点

(2)保温上人平屋面施工工艺：基层处理→找坡层施工→找平层施工→防水层施工→保温层施工→隔离层施工→保护层施工→面层施工。

8.3.8.2 屋面节能工程检验批划分规定

(1)采用相同材料、工艺和施工做法的屋面，扣除天窗、采光顶后的屋面面积，每1 000 m² 面积划分为一个检验批。

(2)检验批的划分也可根据与施工流程相一致且方便施工与验收的原则，由施工单位与监理单位协商确定。

8.3.8.3 屋面节能工程主控项目验收内容、检查数量和检验方法

(1)屋面节能工程使用的保温隔热材料、构件应进行进场验收，验收结果应经监理工程师检查认可，且应形成相应的验收记录。各种材料和构件的质量证明文件与相关技术资料应齐全，

并应符合设计要求和现行国家有关标准的规定。

检验方法：观察、尺量检查；核查质量证明文件。

检查数量：按进场批次，每批随机抽取3个试样进行检查；质量证明文件应按照其出厂检验批进行核查。

（2）屋面节能工程使用的材料进场时，应对其下列性能进行复验，复验应为见证取样检验：

1）保温隔热材料的导热系数或热阻、密度、压缩强度或抗压强度、吸水率、燃烧性能（不燃材料除外）；

2）反射隔热材料的太阳光反射比、半球发射率。

检验方法：核查质量证明文件，随机抽样检验，核查复验报告。其中，导热系数或热阻、密度、燃烧性能必须在同一个报告中。

检查数量：同厂家、同品种产品，扣除天窗、采光顶后的屋面面积在1 000 m² 以内时应复验1次；面积每增加1 000 m² 应增加复验1次。同工程项目、同施工单位且同期施工的多个单位工程，可合并计算抽检面积。当符合《建筑节能工程施工质量验收标准》（GB 50411—2019）第3.2.3条的规定时，检验批容量可以扩大一倍。

（3）屋面保温隔热层的敷设方式、厚度、缝隙填充质量及屋面热桥部位的保温隔热做法，应符合设计要求和有关标准的规定。

检验方法：观察、尺量检查。

检查数量：每个检验批抽查3处，每处10 m²。

（4）屋面的通风隔热架空层，其架空高度、安装方式、通风口位置及尺寸应符合设计及有关标准要求。架空层内不得有杂物。架空面层应完整，不得有断裂和露筋等缺陷。

检验方法：观察、尺量检查。

检查数量：每个检验批抽查3处，每处10 m²。

（5）屋面隔汽层的位置、材料及构造做法应符合设计要求，隔汽层应完整、严密，穿透隔汽层处应采取密封措施。

检验方法：观察检查；核查隐蔽工程验收记录。

检查数量：每个检验批抽查3处，每处10 m²。

（6）坡屋面、架空屋面内保温应采用不燃保温材料，保温层做法应符合设计要求。

检验方法：观察检查；核查复验报告和隐蔽工程验收记录。

检查数量：每个检验批抽查3处，每处10 m²。

（7）当采用带铝箔的空气隔层做隔热保温屋面时，其空气隔层厚度、铝箔位置应符合设计要求。空气隔层内不得有杂物，铝箔应铺设完整。

检验方法：观察、尺量检查。

检查数量：每个检验批抽查3处，每处10 m²。

（8）种植植物的屋面，其构造做法与植物的种类、密度、覆盖面积等应符合设计及相关标准要求，植物的种植与维护不得损害节能效果。

检验方法：对照设计检查。

检查数量：全数检查。

（9）采用有机类保温隔热材料的屋面，防火隔离措施应符合设计和现行国家标准《建筑设计防火规范（2018 年版）》（GB 50016—2014）的规定。

检验方法：对照设计检查。

检查数量：全数检查。

8.3.8.4 屋面节能工程一般项目验收内容、检查数量和检验方法

(1)屋面保温隔热层应按专项施工方案施工,并应符合下列规定:

1)板材应粘贴牢固、缝隙严密、平整。

2)现场采用喷涂、浇筑、抹灰等工艺施工的保温层,应按配合比准确计量、分层连续施工、表面平整、坡向正确。

检验方法:观察、尺量检查,检查施工记录。

检查数量:每个检验批抽查 3 处,每处 10 m²。

(2)反射隔热屋面的颜色应符合设计要求,色泽应均匀一致,没有污迹,无积水现象。

检验方法:观察检查。

检查数量:全数检查。

(3)坡屋面、架空屋面当采用内保温时,保温隔热层应设有防潮措施,其表面应有保护层,保护层的做法应符合设计要求。

检验方法:观察检查;核查隐蔽工程验收记录。

检查数量:每个检验批抽查 3 处,每处 10 m²。

8.3.8.5 屋面节能工程中的隐蔽工程验收项目

屋面节能工程应对下列部位进行隐蔽工程验收,并应有详细的文字记录和必要的图像资料:

(1)基层及其表面处理;

(2)保温材料的种类、厚度、保温层的敷设方式;板材缝隙填充质量;

(3)屋面热桥部位处理;

(4)隔汽层。

8.3.8.6 屋面节能工程一般项目允许偏差部位要求以及测量方法

(1)保温层表面平整度允许偏差见表 8.3.8.6。

表 8.3.8.6 保温层表面平整度允许偏差

项次	项目		允许偏差/mm
1	喷涂硬泡聚氨酯	无找平层	7
		有找平层	5
2	保温板材		5
3	保温板材相邻接缝		3

(2)表面平整度允许偏差测量方法。

测量工具:2 m 靠尺、楔形塞尺。

测量方法:

1)每一个功能房间地面都可以作为 1 个实测区。

2)任选同一功能房间地面的 2 个对角区域,按与墙面夹角 45°平放靠尺测量 2 次,加上房间中部区域测量一次,共测量 3 次。客厅/餐厅或较大房间地面的中部区域需加测 1 次。

3)同一功能房间内的 3 个或 4 个地面平整度实测值,作为判断该实测指标合格率的 3 个或 4 个计算点。

8.3.9 项目拓展

项目拓展

参 考 文 献

[1] 蔡跃.职业教育活页式教材开发指导手册[M].上海：华东师范大学出版社，2020.

[2] 王亚盛，张传勇，于晓春.职业教育新型活页式、工作手册式、融媒体教材系统设计与开发指南[M].北京：化学工业出版社，2021.

[3] 严中华.职业教育课程开发与实施——基于工作过程系统化的职教课程开发与实施[M].北京：清华大学出版社，2009.

[4] 叶鹏，姒依萍，曹勃.任务型课程设计案例集[M].北京：高等教育出版社，2020.

[5] 徐国庆.职业教育项目课程开发指南[M].上海：华东师范大学出版社，2009.

[6] 赵志群.职业教育工学结合一体化课程开发指南[M].北京：清华大学出版社，2009.

[7] 胡兴福，刘继强，等.高职土建类专业的课程思政体系构建与路径研究[M].北京：中国建筑工业出版社，2020.

[8] 《建筑施工手册》编委会.建筑施工手册[M].5版.北京：中国建筑工业出版社，2013.

[9] 彭圣浩.建筑工程质量通病防治手册[M].4版.北京：中国建筑工业出版社，2014.